无源互调建模基础理论

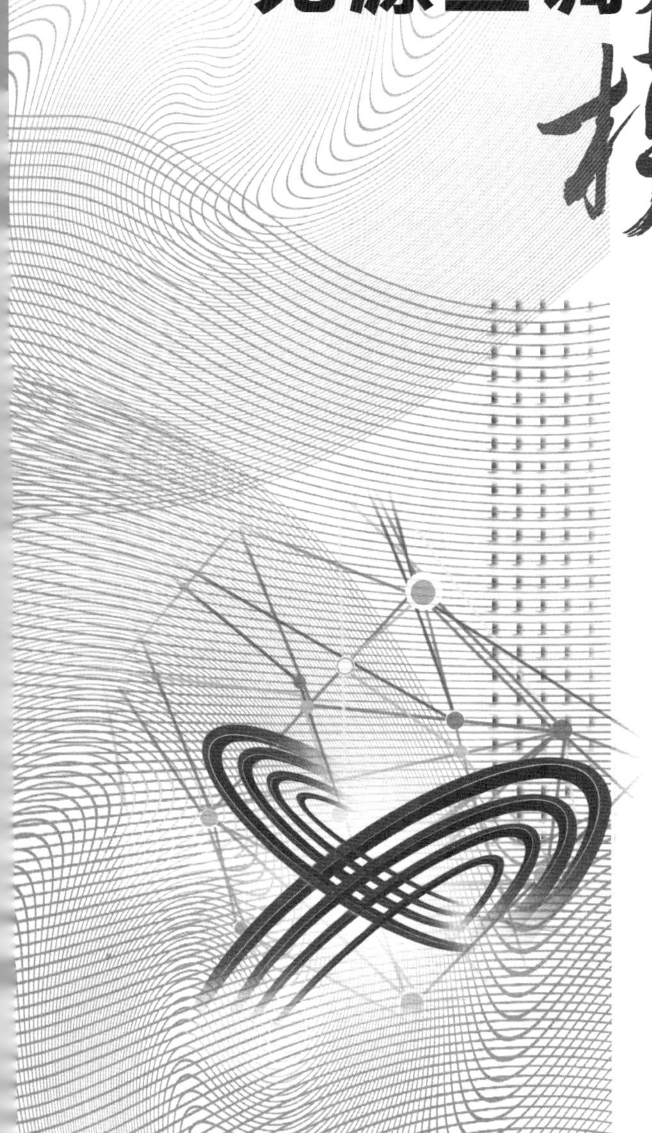

赵小龙　贺永宁　著

西安交通大学出版社
XI'AN JIAOTONG UNIVERSITY PRESS

图书在版编目(CIP)数据

无源互调建模基础理论 / 赵小龙，贺永宁著.
西安 ：西安交通大学出版社，2025.4. -- ISBN 978-7
-5693-4060-0

Ⅰ.TN710

中国国家版本馆 CIP 数据核字第 20250WH649 号

书　　名　无源互调建模基础理论
　　　　　WUYUAN HUTIAO JIANMO JICHU LILUN
著　　者　赵小龙　贺永宁
策划编辑　田　华
责任编辑　王　娜
责任校对　李　佳
封面设计　伍　胜

出版发行　西安交通大学出版社
　　　　　（西安市兴庆南路 1 号　邮政编码 710048）
网　　址　http://www.xjtupress.com
电　　话　(029)82668357　82667874(市场营销中心)
　　　　　(029)82668315(总编办)
传　　真　(029)82668280
印　　刷　西安五星印刷有限公司

开　　本　720 mm×1000 mm　1/16　**印张**　13.5　**字数**　252 千字
版次印次　2025 年 4 月第 1 版　　2025 年 4 月第 1 次印刷
书　　号　ISBN 978-7-5693-4060-0
定　　价　98.00 元

如发现印装质量问题，请与本社市场营销中心联系。
订购热线：(029)82665248　(029)82667874
投稿热线：(029)82668818

前　　言

无源互调作为一种非线性射频效应，近年来在通信设备领域受到日益广泛的关注。传统非线性射频研究主要聚焦于有源器件的非线性特性，相比之下，无源器件的非线性成因复杂、信号强度较低，在国内学术界和产业界长期未获得足够重视，导致相关理论体系和技术解决方案尚不完善。然而，随着5G/6G射频通信技术的发展，新调制方式导致的峰值功率增加、多频段系统集成造成的互扰加剧及新型射频前端方案推动的新结构无源器件设计，使得无源互调效应逐渐成为制约大容量通信系统性能提升的瓶颈之一。因此，建立系统的无源互调理论，为低无源互调系统设计提供支撑，具有重要意义。

无源互调效应主要由非理想的金属-金属界面及非理想的材料特性引起。然而，除了磁性材料的非线性可以通过材料特性测试展现出来外，一般射频系统中来自无源器件的金属-金属界面非线性和其他材料非线性特性都“极弱”(无源互调功率和载波功率相差可达150 dBc以上)，难以通过除无源互调测试以外的方法被观测到。并且，无源互调功率的大小不仅与这些非线性源有关，还与器件结构、装配方式、环境条件及工作条件有关。这些因素都使得无源互调效应研究面临非常大的挑战。因此，无源互调效应在早期被认为是无法预测的，主要依赖高灵敏度设备进行筛查检验。近十年来，随着无源互调测试技术的进步、多学科交叉研究的深入及企事业单位在无源互调领域研究的持续投入，使得无源互调效应的规律逐渐清晰，理论不断完善。

本书基于作者十余年参与解决企事业单位面临的通信系统无源互调问题时形成的建模方法，向读者介绍无源互调的基础理论。聚焦无源互调的物理模型建模和全波数值仿真方法，本书主要内容包括单点接触结构无源互调建模、射频电连接结构无源互调建模、传输矩阵法微带电路无源互调建模、虚拟端口法MIMO单元无源互调建模、基于非线性麦克斯韦方程的无源互调全波仿真。基于无源互调是一种“极弱”非线性效应的特征，本书中无源互调建模和仿真主要运用“线性-非线性分离”及“单向耦合近似”方法。通过运用这两种方法，本书获得了多种具有不同非线性机制的无源互调效应物理模型的显性表达式及全波仿真的FDTD数值算法。在本书最后对无源有源非线性干扰的行为模型进行了简要介绍，并提出了一种物理信息约束的行为模型建模方法，弥补传统黑盒行为模型的高精度和低复杂度难以兼顾的缺点。本书介绍的无源互调物理模型和行为模型给出了多种非线性机制及多种射频结构的无源互调影响因素和变化规律，可用于快速诊断无源互调起因。无源互调全波仿真方法能够辅助设计低无源互调射频器件及验证低无源互调解决方案，具有工程应用前景。本书适合通信系统从业者及致力于非线性射频效应研究的学者参考。

由于作者知识和能力有限，本书可能存在诸多的不足，诚恳地欢迎广大读者提出意见和建议，同时也向热情的读者致以衷心的感谢。

赵小龙

2024 年 5 月

目　录

第1章　绪　论

无源互调效应属于非线性失真的一种，本章首先介绍射频通信系统中的非线性失真概念，然后简要介绍无源互调效应的分类、测试方法、产生机制、基本实验现象及基于"线性-非线性分离"和"单向耦合近似"的建模方法。

1.1　射频通信系统中的非线性失真问题

1.1.1　线性失真与非线性失真

射频通信系统利用射频信号传递信息。实际射频系统及无线信道中的非理想效应，会使得传输的信号失真。信号失真是指一个信号波形的原本形状(或其他特征)发生改变的现象，可以分为线性失真和非线性失真。

系统若只存在线性失真，则输出信号中不会出现新的频率分量，各个频率的输出波形也不会变化，这种幅度失真或者相位失真是由电路的线性电抗元件对不同频率的响应不同引起的。线性失真发生于所有的滤波器中，如图1-1所示的收发机中使用的滤波器。滤波器导致的线性失真主要归因于通带内的纹波和非线性相位特性。因此，为了追求有用信号不失真地传输，需要精心设计滤波器的电性能。

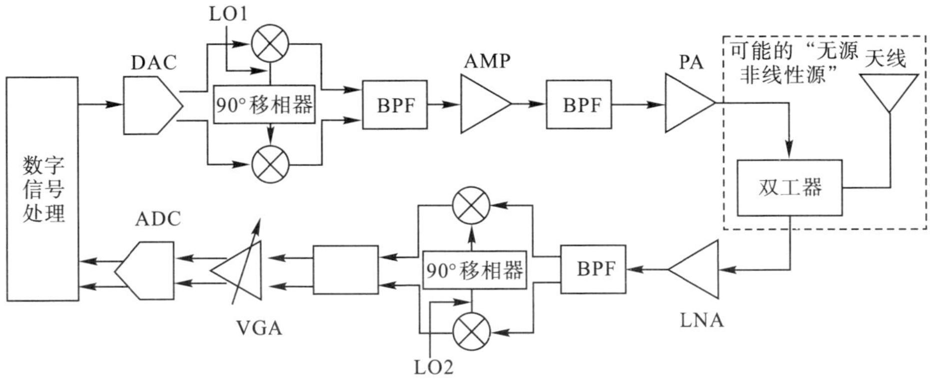

图1-1　零中频收发机结构示意图

[注：LO1/LO2(Local Oscillator，本地振荡器)；DAC(Digital - to - Analog Converter，数模转换器)；ADC(Analog - to - Digital Converter，模数转换器)；BPF(Bandpass Filter，带通滤波器)；AMP(Amplifier，放大器)；VGA(Variable Gain Amplifier，可变增益放大器)；PA(Power Amplifier，功率放大器)；LNA(Low Noise Amplifier，低噪声放大器)。]

非线性失真则是指信号传输中产生了输入信号中没有的频率成分现象。根据失真产物与输入信号的频率关系，非线性失真可分为谐波失真和互调失真。谐波失真是指原有频率的各种倍频的信号干扰现象。互调失真是指两个或多个不同频率的信号互相幅度调制后产生额外的频率分量的现象，通常这些额外的频率分量是不同原始信号频率的线性组合。

非线性失真是由构成系统的元器件存在的非线性效应引起的，这些元器件如功率放大器(简称“功放”)、滤波器、同轴线缆、连接器和天线等。为了说明元器件非线性效应与信号失真的关系，这里将采用多项式行为模型作进一步说明。

假设某元器件的输入信号 x 和输出信号 y 的关系可以采用多项式数学模型描述：

$$y=a_0+a_1x+a_2x^2+a_3x^3+\cdots \tag{1-1}$$

式中：$a_i(i=0,1,2,3,\cdots)$为系数。

当输入为两路载波且两路载波角频率分别为 $\omega_1=2\pi f_1$ 和 $\omega_2=2\pi f_2$，幅度分别为 V_1 和 V_2 时，x 可表示为

$$x=V_1\cos(\omega_1 t)+V_2\cos(\omega_2 t) \tag{1-2}$$

将式(1-2)代入式(1-1)，经化简后可得到由非线性效应产生的各种新的角频率分量产物：

$$\begin{aligned}y=&\frac{a_2}{2}(V_1^2+V_2^2)+\frac{3a_3V_1^3+6a_3V_1V_2^2+4a_1V_1}{4}\cos(\omega_1 t)+\\&\frac{3a_3V_2^3+6a_3V_1^2V_2+4a_1V_2}{4}\cos(\omega_2 t)+\frac{a_2V_1^2}{2}\cos(2\omega_1 t)+\\&\frac{a_2V_2^2}{2}\cos(2\omega_2 t)+\frac{a_3V_1^3}{4}\cos(3\omega_1 t)+\frac{a_3V_2^3}{4}\cos(3\omega_2 t)+\\&a_2V_1V_2\cos(\omega_1 t+\omega_2 t)+a_2V_1V_2\cos(\omega_1 t-\omega_2 t)+\\&\frac{3a_3V_1^2V_2}{4}\cos(2\omega_1 t+\omega_2 t)+\frac{3a_3V_1V_2^2}{4}\cos(\omega_1 t+2\omega_2 t)+\\&\frac{3a_3V_1^2V_2}{4}\cos(2\omega_1 t-\omega_2 t)+\frac{3a_3V_1V_2^2}{4}\cos(\omega_1 t-2\omega_2 t)+\cdots\end{aligned} \tag{1-3}$$

根据式(1-3)，可以看出两路频率不同的信号经过具有非线性特性的元器件后，产生了新的角频率分量，频谱示意图如图 1-2 所示。新产生的角频率分量中 $2\omega_1(2f_1)$、$2\omega_2(2f_2)$、$3\omega_1(3f_1)$和 $3\omega_2(3f_2)$表示谐波失真，而其余新的角频率分量即表示互调失真，且满足 $\omega=c_1\omega_1+c_2\omega_2$，其中 $\omega_i(i=1,2)$为失真信号的角频率，c_1 和 c_2 为非零整数。通常把$|c_1|+|c_2|$称为互调的阶数，其中靠近 f_1 和 f_2 的互调产物，称为第一区互调产物。第一区互调产物，

由于其频率接近输入信号，因此，难以通过滤波的方式去除，是通信系统中最受关注的非线性失真信号。

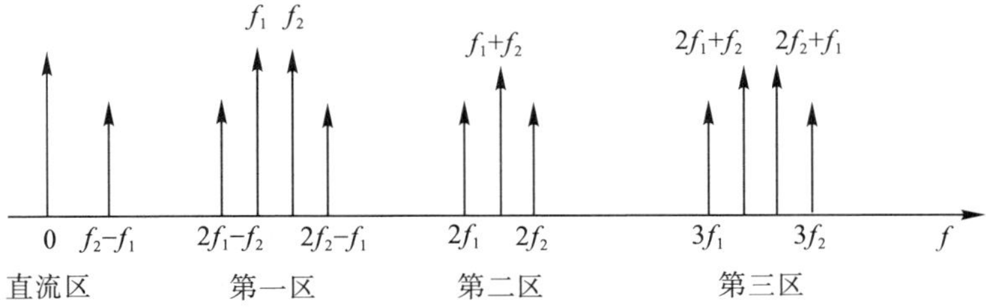

图 1-2　谐波和互调失真产物频谱示意图

1.1.2　有源互调和无源互调

根据失真现象发生在有源器件中还是无源器件中，互调失真又可分为有源互调和无源互调(Passive Intermodulation，PIM)。有源互调通常由二极管、晶体管等半导体器件具有的非线性特性引起，如功放中晶体管的非线性使得功放在高功率输出下出现互调失真。功放的互调失真通常需要在系统中引入预失真器来抑制。无源互调则通常由电连接结构或者材料的寄生非线性特性引起，这也是本书将重点论述的内容。易发生无源互调的射频部件包括连接器、滤波器、天线等。

在通信系统中，全球移动通信系统(Global System for Mobile Communications，GSM)、码分多址(Code Division Multiple Access，CDMA)及宽带码分多址(Wideband CDMA，WCDMA)均采用收发频分复用技术。如图 1-1 所示的收发系统，该系统包含有源器件与无源器件，故而可能产生有源互调，也可能产生无源互调。对于发射链路而言，功放是最主要的有源非线性源。在功放后端连接的双工器、线缆、连接器和天线等部件则是主要的无源非线性源。在发射链路中，有源非线性与无源非线性同时存在，不过有源非线性的影响程度远大于无源非线性。所以，发射链路重点关注功放有源非线性对发送信号造成的失真问题，这也是功放数字预失真技术重点研究的方向。就接收链路来说，其接收信号中非线性失真的主要来源是发射链路上的无源非线性源，即图 1-1 虚线框所标示的非线性源。由于接收链路传输信号的强度相较于发射链路要微弱得多，发射链路中产生的干扰便极易对接收链路造成影响 。在收发频分复用系统里，尽管发送信号和接收信号的频段不同，但这两个频段极为接近，这就导致发射链路产生的互调信号有可能落入接收链路的频段范围内，进而干扰接收信号 。一般通过设计高隔离度的双工器来阻止功放产生的有源非线性产物进入接收链路。所以，对于接收链路，通常不考虑发射链路功放非线性产物的影响 。由此可知，接收链路受到的干扰主要是发射链路上双工器及其后续无源器件产生的无源互调干扰 。鉴于发送信号和接收信号功率相差可达 150 dBc，即便无源互调比有源互调功率小得多，依然能够对接收信号形成干扰。

1.2 无源互调效应简介

由系统寄生的弱非线性特性引起的无源互调效应(PIM 效应)，是限制大功率射频通信系统，如通信卫星、地面基站和舰船通信等系统，通信容量增加、制造和维护成本降低的主要因素之一。从卫星通信中的射频部件，到民用的基站天线，无源互调效应已经成为衡量通信系统优良性的一项重要指标。无源互调效应属于可靠性问题，涉及材料、工艺、装配、环境等诸多因素，因此对其进行理论分析和测试验证具有挑战性。

无源互调效应几乎存在于任何无线通信系统中，并且在蜂窝通信应用中尤为突出。主要原因是蜂窝通信使用的频段都非常接近。例如，LTE band 2(LTE 第 2 频段)的下行频率范围是 1930～1990 MHz，上行频率范围是 1850～1910 MHz，如果发射载波的频率分别是 1940 MHz 和 1980 MHz，则产生的频率为 1900 MHz 的 PIM 信号将落入上行频率范围内，从而干扰接收信号。由于接收信号的功率通常非常低，PIM 干扰将阻塞接收信道，造成误码率(Bit Error Rate，BER)升高、网络带宽降低，甚至造成掉线。现场实验表明，PIM 功率轻微增加将会导致下行速率显著下降。通过路测表明，当剩余 PIM 功率从－125 dBm 增加到－105 dBm 时，下行速率却下降了约 18%[1]。因此，即使较小的 PIM 功率也会导致较大的接收机性能下降。(LTE，Long Term Evolution，长期演进技术)。

相比于传统的 2G 和 3G 技术，5G 和 4G/LTE 网络因为带宽增加及需要单个符号的数字密度以支持更高阶调制方案，意味着相邻符号值之间的相位空间更小，导致更容易受到 PIM 信号干扰。与此同时，通信系统功率的增大、多载波技术的应用，以及新的调制方式带来的高峰均功率比(Peak - to - Average Power Ratio，PAPR)，同样对系统线性度提出了更严格的要求[2-5]。

无源互调效应的研究可追溯至 20 世纪 60 年代在美国退役的邦克山号航空母舰(USS Bunker Hill，CV - 17)上进行的舰上电磁环境干扰研究[6]。1968 年林肯实验室在 LES - 5 和 LES - 6 卫星测试中第一次发现了卫星系统的 PIM 问题[7]。随后在 1975—1985 年发射的五颗通信卫星中有四颗因为 PIM 问题而受到严重干扰，而剩余的一颗也因为在轨 PIM 问题而产生偶发的随机突发噪声[8]。几次严重的 PIM 诱发的卫星通信事故凸显了 PIM 问题的严重性，促使人们开展 PIM 机理和抑制方法的研究。我国发射的风云二号气象卫星在进行有效载荷测量时，也发现了 PIM 问题[9]。而在军事领域，非线性产生谐波或者互调的现象在雷达探测系统、基站通信系统、移动终端系统中也备受关注[10-13]。

西安空间天线技术研究所、华为技术有限公司、中兴通讯股份有限公司和荣耀终端有限公司等企事业单位均长期投入 PIM 抑制方法研究。西安交通大学主办的“移动通信无源互调研讨会”定期开展关于无源互调干扰研究方面的探讨。欧洲航空航天局举办的“微放电低气压放电无源互调”(Multipactor Corona Passive Intermodulation，MULCOPIM)国际会议长期以 PIM 作为主要讨论议题之一。长久以来，通信技术公司[14-15]、设备制造企业[16-17]，以及基站天线标准检测单位[18-20]都将无源互调干扰称为通信系统的“幽灵”，因此，通过产学研深度结合揭示 PIM 产生根源并获得量化建模分析方法，具有重要的科学意义和应用价值。

图 1-3 表明，自 20 世纪 70 年代起每年新增 PIM 研究论文的数量大致呈指数增加，可见无源互调干扰研究正逐渐受到国内外学者的广泛关注。

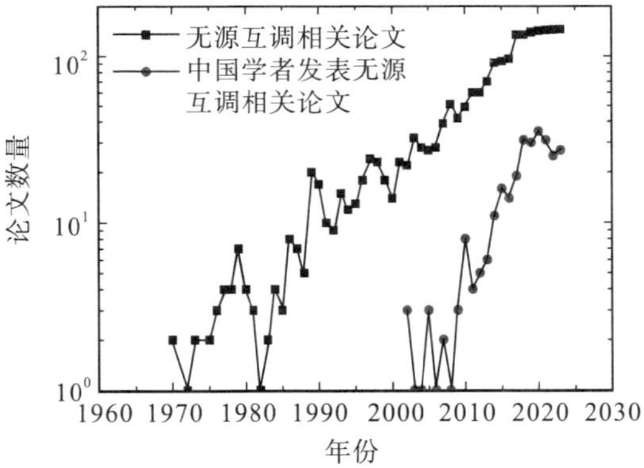

图 1-3　20 世纪 70 年代起每年发表的关于无源互调研究的论文数量

(注：数据来源于科学引文索引网站 Web of Science。)

无源互调研究涉及产生机理、建模、测试、抑制方法等诸多方面。本书主要介绍无源互调产生机理和建模理论方面的内容。无源互调模型分为行为模型和物理模型。行为模型是利用数学函数逼近实测输入输出数据获得的，如式(1-1)就是一种行为模型，这种模型不具有预测性。物理模型是根据元器件工作的物理原理推导得到的，可用于规律预测。本书主要关注物理模型，其中第 2、第 3 和第 4 章介绍基于接触非线性和材料非线性的无源互调物理模型，第 5 章介绍 MIMO 天线中的 PIM 规律，第 6 章介绍基于非线性麦克斯韦方程的无源互调全波仿真方法。作为对照，本书第 7 章对无源和有源非线性干扰的行为模型也进行了简要介绍。

1.2.1 无源互调问题分类

射频无源器件通常由金属和介质材料构成，因此可以推断其非线性也主要来自材料本身及材料界面，其中，材料界面包括金属-金属、金属-介质和介质-介质三种情况。金属-金属接触非线性是一种典型的由于接触界面引起的非理想效应，而其他界面非线性尚未被证实是射频无源互调效应的主要因素。因此，根据无源互调非线性起源的不同，可以粗略地将无源互调分为接触非线性互调、材料非线性互调及其他。

接触非线性互调是指由金属-金属接触引起的无源互调(PIM)效应。通常射频部件连接不良会产生 PIM 效应，并且 PIM 功率随接触力的变化而变化[21-25]，这类互调效应通常出现在腔体部件或者连接器中，其常被归因于金属表面的氧化或沾污导致的类半导体效应[26-28]及接触电阻引起的电热耦合效应。

材料非线性互调是指由于实际金属或者介质材料的电学特性与场强之间的非线性关系而引起的无源互调效应。材料的电导率、磁导率和介电常数等都可能与外加场强有依赖关系，从而使得射频部件中的电流密度-电场强度、电位移矢量-电场强度及磁场强度-磁感应强度等关系表现出非线性特征，进而引起 PIM 效应。这里将这三类材料非线性分别称为电导非线性、介电非线性和磁滞非线性。微带电路的互调通常被认为与材料非线性有关，目前已被实验验证的机理包括磁滞非线性效应、电热耦合效应和介电非线性效应。

另外，可能的 PIM 非线性来源还包括低气压及微放电效应，即在射频部件中当电场足够强，可以引起气体放电或者二次电子倍增，这些因素也可以引起 PIM 效应。然而，这两种机制也可以视作是等离子体及电子团引起的非线性效应，从而可以被归类到材料非线性中。

根据 PIM 信号的传输方式，又可以将 PIM 效应分为传导型和辐射型。传导型 PIM 是指干扰信号通过介质或者导体传输，而辐射型 PIM 则是指干扰信号通过空间耦合形式传输。

1.2.2 无源互调效应测试方法及表现

根据不同应用场景，PIM 的测试方法也不尽相同。从载波信号角度，可以分为双载波、多载波测试；从待测件角度，可以分为单端口、双端口、多端口测试；从测试频段角度，可以分为 700 MHz 频段、900 MHz 频段、1800 MHz频段测试等。

如下给出的双载波测试系统图 1－4，是较为常见的一种 PIM 测试方法。

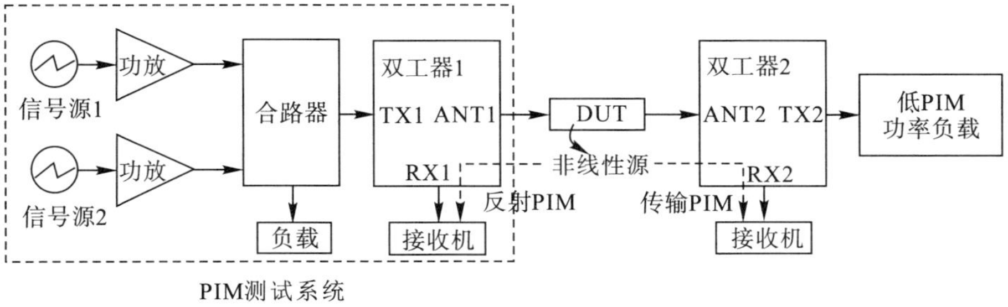

图 1－4　PIM 双载波测试系统原理框图

（注：TX1，Transmitter 1，发射端口 1；ANT1，Antenna 1，天线端口 1；RX1，Receiver 1，接收端口 1。）

PIM 效应的特征：较大载波功率时才能被观测到，载波与 PIM 信号频率比较接近。故搭建 PIM 测试系统的关键在于：①提供适当功率的载波信号；②将 PIM 信号从总信号中分离出来。

在图 1－4 的测试系统中，双载波 f_1 和 f_2 由两个信号源提供，并单独通过功放放大到所需的功率，然后经过合路器送入双工器 1，载波通过双工器 1 的天线端口(ANT)进入待测件(Devivce Under Test，DUT)。对于双端口待测件，通过待测件的载波再送入双工器 2，并最终被低 PIM 负载吸收。PIM 信号从两个双工器的接收端口(RX)输出，并利用功率计测量获得 PIM 功率。将 PIM 信号从总的信号中分离是采用双工器实现的。从双工器 1 的接收端口输出的 PIM 信号，称为反射 PIM 信号，而从双工器 2 输出的 PIM 信号，称为传输 PIM 信号。当 DUT 是单端口器件时，只能进行反射 PIM 测试。当有三个或更多端口时，一般需要使用低 PIM 负载匹配 DUT 的其余端口。

PIM 测试系统具有以下特点：大功率信号源、高灵敏度接收机、低 PIM 组件。信号源输出单一频率的正弦信号，该信号的频率必须足够稳定，保证 PIM 产物的功率可以被精确检测。两路载波的功率通过信号源和功放一起调控。高灵敏度接收机可用频谱分析仪或者检波器实现。所用到的低 PIM 组件主要包括合路模块、双工模块及滤波器，为得到准确的 PIM 测试数据，这些组件自身的 PIM 功率至少要比待测件 PIM 功率低 10 dB 上。

通常地面通信系统要求：两路载波功率均为 43 dBm 时，PIM 功率低于－150 dBc，即低于－107 dBm。因此，对于测试系统，该系统自身的 PIM 功率，也叫剩余 PIM 功率，通常需要低于－120 dBm，即通常要求测试系统的剩余 PIM 功率比待测件 PIM 功率低 10 dB 以上。为此，在搭建 PIM 测试系统时，应注意图 1-4 中两个双工器之间的信号传输链路使用低 PIM 线缆及低 PIM 连接器，以降低系统剩余 PIM 功率。

为了测试更小功率的 PIM 产物，必须首先降低 PIM 测试系统的剩余 PIM 功率。考虑图 1-4 中双工器 1 的实际情况，从 TX1 输入的载波总有一部分泄漏到 RX1 端口而被频谱分析仪接收。频谱分析仪的前置放大器具有非线性特性，若此处泄漏的载波过大，则前置放大器激发出的互调将使系统的剩余 PIM 功率增加。因此，双工器除了在 ANT 端口满足低 PIM 功率性能(≤−130 dBm@2×43 dBm)，以及设计适合 PIM 测试的 TX 频带与 RX 频带外，还应结合频谱分析仪考虑 TX 与 RX 的隔离度。对频谱分析仪进行互调性能分析，两路信号通过合路器合路后，直接输入频谱分析仪中，测试结果表明当输入载波大于等于 2×−54 dBm时，某频谱分析仪的三阶互调功率就会大于等于−130 dBm。这意味着在 ANT 端口负载匹配的情况下，当 2×43 dBm的载波功率从 TX 端口输入双工器时，RX 端口接收到的载波功率不能大于 2×−54 dBm，即双工器 TX 与 RX 端口间的隔离度要大于等于 97 dB,否则系统的剩余互调将因该频谱分析仪产生的互调而不达标。需要强调，对于不同的 PIM 测试系统，双工器隔离度指标应根据具体的频谱分析仪 PIM 特性而定。因此，针对该 PIM 测试系统，必须测试双工器的隔离度。图 1-5 给出了一种用于 2.6 GHz 频段 PIM 测试的双工器 S 参数(散射参数)及隔离度测量结果。

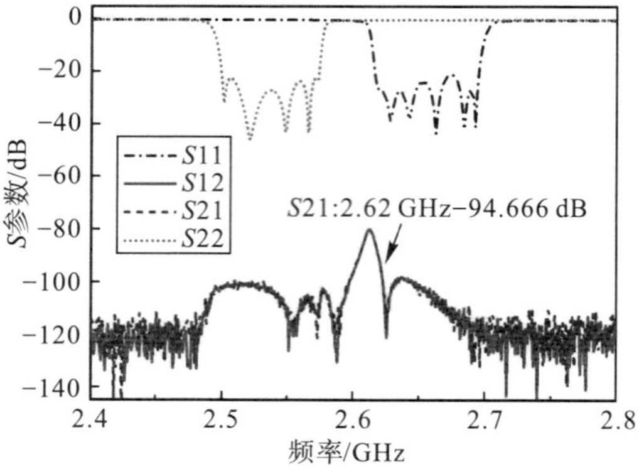

图 1-5 一种用于 2.6 GHz 频段 PIM 测试的双工器 S 参数及隔离度测量结果

(注：TX 为端口 1，RX 为端口 2，双工器 S21 的隔离度为 94.67 dB@2.62 GHz。)

此外，射频部件的 PIM 特性与频率和带宽的相关性很大，测试系统难以通用，需要根据测试目的专门搭建。根据国家市场监督管理总局发布的《无源互调测试仪校准规范》(JJF1463—2014)，可将各通信标准规范成统一的测试频率范围[29]，如表 1-1 所示。目前，许多厂商都依此标准生产 PIM 测试系统，但 PIM 测试的频率范围也可以根据研究需要灵活调整。

表 1-1　各通信标准对应的 PIM 测试系统频率范围

序号	通信标准	发送频率范围/MHz	接收频率范围/MHz
1	NADC/AMPS	869～894	824～849
2	EGSM	925～960	880～915
3	GSM	935～960	890～915
4	DCS1800	1805～1880	1710～1785
5	PCS1900	1930～1990	1850～1910
6	WCDMA/CDMA2000 TD-SCDMA	2110～2170	1920～2060
7	WLAN	2400～2483.5	2305～2336.5
8	WiMAX/UMTS2/BRS-EBS	2620～2695	2545～2580
9	Wireless IP/Wimax	3510～3594	3410～3484

图 1-6 给出了利用图 1-4 所示测试系统测量得到的同轴连接器及一段微带线的三阶 PIM 实验结果。可见同轴连接器的传输和反射 PIM 功率相当，而微带线的传输和反射 PIM 功率可以相差很大。背后的物理原理我们将在第 4 章介绍。

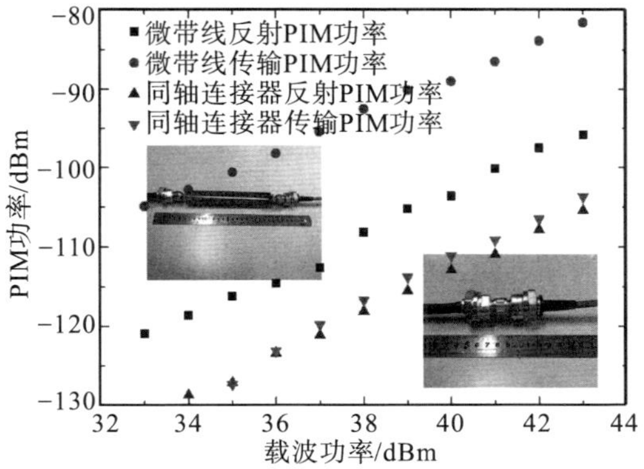

图 1-6　同轴连接器和微带线的三阶 PIM 测量结果

前面提到 PIM 的产生机理主要包括接触非线性和材料非线性，下面我们通过两个原理性实验，使读者获得对这两种机制的直观认识。

首先，介绍一种基于缝隙波导的近场耦合测试[30-31]系统，其原理如图

1－7所示。在图 1－4 给出的测试系统中，我们将待测件更换为一开了横缝的矩形波导。实验中采用 S 波段波导管，横向缝隙长 6 mm、宽 2 mm。可以想见，有载波通过该缝隙波导时，将在缝隙处产生近场辐射。如果将具有非线性特性的待测样品放置在缝隙波导的辐射场中，则可以激励出 PIM 信号，同时，PIM 信号将通过缝隙耦合回缝隙波导，则可以在波导的输入和输出端口检测到 PIM 信号。整个测试系统如图 1－8 所示。

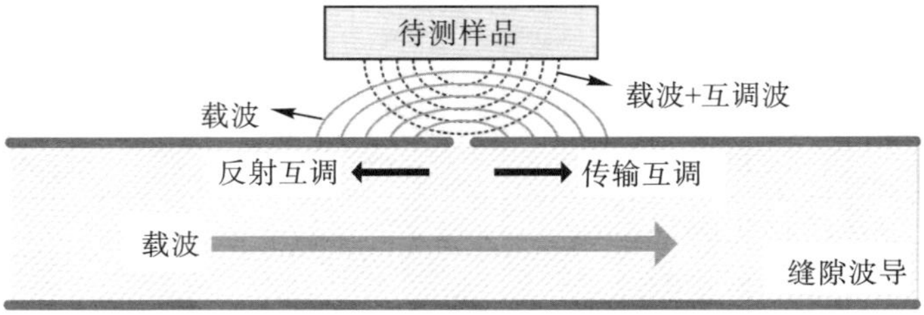

图 1－7　基于缝隙波导的近场耦合 PIM 测试原理图

图 1－8　基于缝隙波导的近场耦合 PIM 测试系统

（注：载波频率 $f_1=2.620$ GHz，$f_2=2.690$ GHz，接收频率 $f_3=2.55$ GHz。系统的 ANT 端口型号为 DIN 7/16，波导系统的型号为 BJ32。）

1. 金属-金属接触非线性 PIM 实验

为了观测接触 PIM，我们将铝片和铝丝放置在波导缝隙上，如图 1－9(a)的内插图所示，并让铝丝逐渐靠近铝片，同时测量 PIM 功率。可以发现，当铝丝碰触到铝片后，测量到了显著的 PIM 功率，如图 1－9(b)所示。当铝片和铝丝未接触时，PIM 信号在系统噪声－121 dBm 附近，当铝片和铝丝接触后，则产生约－55 dBm 的 PIM 信号。我们同时验证了单独放置铝片及单独放置铝丝均未观察到明显 PIM 信号。因此可以得出结论，测量得到的 PIM 信号是由铝片和铝丝形成的金属-金属接触结构引起的。

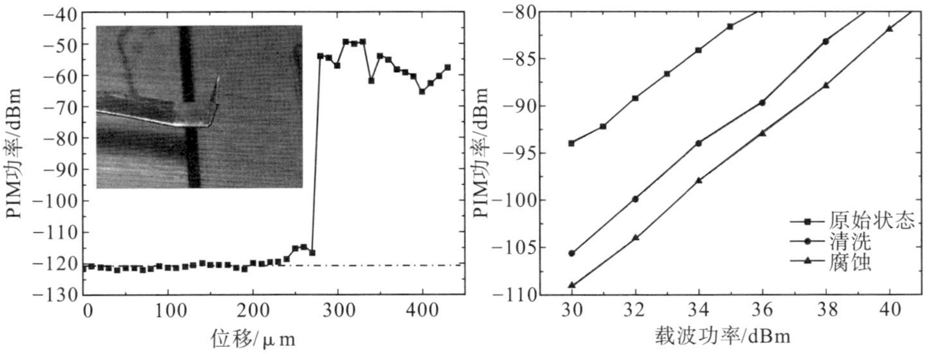

（a）两者靠近直到接触过程中的PIM功率　（b）不同方式表面处理后的PIM功率对比[32]

图 1－9　铝片-铝丝单点接触结构的 PIM 功率变化

我们利用丙酮、乙醇和去离子水对铝片和铝丝进行清洗，可以看到 PIM 功率随之显著下降，如图 1－9(b)所示。再将铝片和铝丝放入一定浓度的 NaOH 化学试剂中，对其表面的氧化层进行腐蚀，可见 PIM 功率进一步降低。这些现象表明，金属表面的状态对 PIM 功率具有显著影响。对于放置在普通环境中的金属铝，表面将被氧化，并存在沾污物，这些是恶化金属-金属接触非线性的主要原因。因此，去除这些因素，将有利于降低 PIM 功率。在第 3 章中我们将对这一效应展开具体讨论。

2. 材料非线性 PIM 实验

我们首先在玻璃基板上利用热蒸发法蒸镀一层金属银薄膜(纯度 99.99%)，厚度为 200 nm，并将该薄膜刻成～0.3 mm 宽和 23 mm 长的细长线条。将该金属银线条放置在波导缝隙之上，如图 1－10 所示。可以看到开始时系统测得的 PIM 功率处于底噪附近，当把银金属线条放到缝隙之上后，较短时间内便可以观测到随时间变化比较稳定的 PIM 功率。由于该结构不具有金属-金属接触结构，因此推断 PIM 来源于金属薄膜本身，其是一种材料非线性结构。作为对比，我们将硅片也裁切成长条形状，并将该硅条放置在波导缝隙上，则也可以观测到明显的 PIM 信号，同时可以注意到，硅条放置在缝隙之上后，PIM 功率并非立即达到稳定值，而是存在一个缓慢下降过程。我们推测这一现象与硅条处于辐射场中产生的自热效应有关。硅条发热导致材料属性变化，进而 PIM 功率随之变化，当温度达到稳定后，PIM 功率随之稳定。

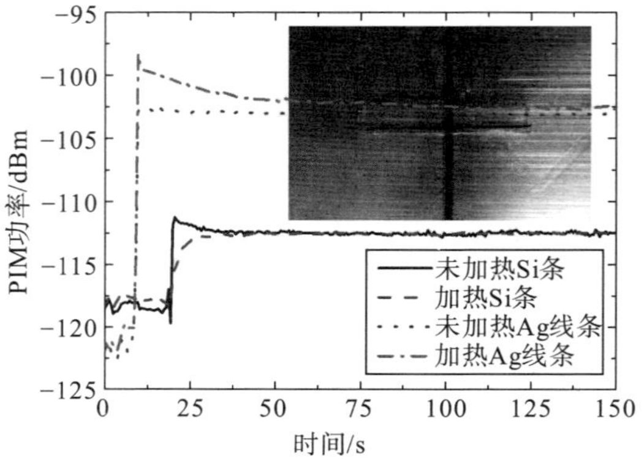

图 1-10　观测镀银线条和 Si 条放置在波导缝隙过程中的 PIM 功率变化

（注：加热是指放置前先对样品进行加热，然后放置在波导缝隙上让其自然冷却。）

既然温度可能影响 PIM 功率，我们进一步先将银线条和硅条加热到一定温度，然后再放置在缝隙上，让其自然冷却，并观测 PIM 功率的变化。可以观测到，在这一过程中，银线条的 PIM 功率随着时间增加先降低而后达到稳定。而硅条则是先上升而后达到稳定，变化趋势与银线条相反。以上现象的原因是银属于金属，具有正的电阻率温度系数，而硅为半导体，电阻率温度系数为负值。这一规律与上述 PIM 功率变化规律具有相关性。因此，推断实验中观测到的 PIM 信号是由自热效应引起的，这种 PIM 机制通常被称为电热耦合效应，可以采用材料电阻非线性或电导非线性来描述，我们将在第 2 章中进一步分析。

需要补充的是，电热耦合效应只是材料非线性机制的一种，产生 PIM 的可能原因还包括介电非线性、磁滞非线性等。另外，金属-金属接触的非线性也可能来自接触电阻导致的电热耦合效应。判断 PIM 的产生机制，需要首先在理论上获得不同机制下的 PIM 功率变化规律，然后进行实验测量与理论预期比较。

我们知道，实际射频部件 PIM 功率测量结果往往存在波动性，在本书 3.4 节，将会对接触 PIM 的波动性进行简要介绍，但是，读者将会看到本书其余章节都在试图给出 PIM 的确定性规律。需要说明的是，我们所寻求的确定性规律与实测结果的波动性并不矛盾。这种确定性规律代表的是大量测试表现出的统计规律。当我们能够进一步描述波动特性背后的机理时，可将这些机理引入本书给出的模型中，则可以用于分析实测的 PIM 波动问题。

1.2.3 调制信号带宽的影响

虽然双载波测试是无源互调特性评估的常用方法，但是需要注意的是实际通信系统中的信号通常具有一定带宽。因此这里有必要对调制信号的 PIM 问题进行简要说明。

由调制信号产生的无源互调信号相比于该调制信号本身，拥有更大的带宽，例如 25 MHz 带宽的调制信号产生的三阶互调具有 75 MHz 带宽，产生的五阶互调具有 125 MHz 带宽。对于时域信号 x，其频谱为 X，则对于非线性项 x^3，其频谱可用卷积表示为 $X\otimes X\otimes X$，式中$\otimes$代表卷积算符。根据卷积运算的性质，可知，当 x 的带宽为 M，则 x^3 干扰项的带宽为 $3M$，即三阶互调的带宽为 $3M$。同理，五阶互调的带宽为 $5M$。

图 1-11 给出了 GSM900 频段的下行和上行射频信号频谱。若下行调制信号 TX 的瞬时带宽为 25 MHz，我们对三阶互调进行分析。由分析可知，三阶互调主要与三次非线性项有关，图 1-11 给出了$(\mathrm{TX})^3$ 的频谱。可见三阶互调干扰的带宽为 75 MHz，并且三阶互调频段与上行信号频段部分交叠，因此，该互调信号对上行信号产生了干扰。

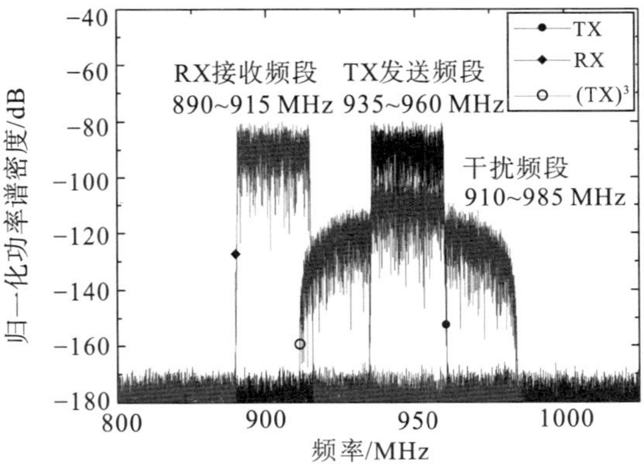

图 1-11 GSM900 频段的 PIM 干扰频谱示意图

1.3 射频非线性物理机制

射频有源器件的非线性主要来自晶体管和二极管等半导体有源器件，由于有源器件通常比无源器件非线性效应强，因此在分析有源器件非线性问题时，无源部分的非线性往往被忽略。对于发射机，通常主要关注有源器件的非线性效应。

现代通信系统中，发射功率提升，且接收机灵敏度升高，导致接收机更易被干扰。因此，对于高灵敏度接收机，射频无源器件的非线性问题已不能被忽视。

一般构成射频无源器件的材料主要包括导体和介质，据此射频无源器件的非线性来源包括导体非线性、介质非线性、导体-导体界面非线性。通常将导体-导体界面非线性称为接触非线性，比如波导法兰连接、同轴连接的金属-金属接触将产生非线性效应。将导体非线性和介质非线性统称为材料非线性。目前已知的导体非线性来源主要是磁滞非线性和电热耦合非线性。介质非线性的主要来源包括磁滞非线性、介电非线性、介质漏电非线性等。

下面对几种主要的非线性机制进行分别介绍。

1.3.1 电热耦合非线性机制

在射频部件中，导体和介质都存在发热问题。我们知道射频部件中发热的热源大小与场强的二次方成正比。对于射频信号，场强的二次方将产生直流分量和交流分量。假设对于双载波激励信号，电场强度可以表示为

$$E=E_1\cos(\omega_1 t)+E_2\cos(\omega_2 t) \tag{1-4}$$

式中：E_1 和 E_2 分别为两路载波场强的幅值；ω_1 和 ω_2 分别为两路载波的角频率。因此热源 $P_{\text{loss}}\propto E^2$，则

$$P_{\text{loss}}\propto\frac{1}{2}E_1^2+\frac{1}{2}E_2^2+2E_1E_2\cos[(\omega_1-\omega_2)t]+\frac{1}{2}E_1^2\cos(2\omega_1 t)+\frac{1}{2}E_2^2\cos(2\omega_2 t)+2E_1E_2\cos[(\omega_1+\omega_2)t] \tag{1-5}$$

由式(1-5)可见，热源存在直流分量和交流分量，如图1-12给出的热源频谱示意图所示。

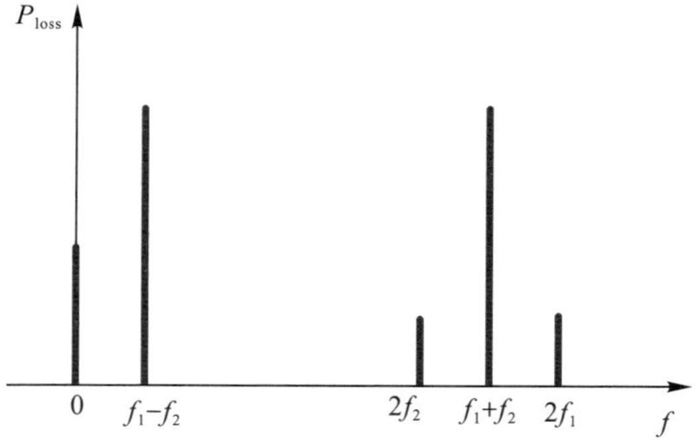

图1-12 频率为 f_1 和 f_2 的双载波激励下热源的频谱示意图

热源交流分量包括 $\omega_1-\omega_2$、$2\omega_1$、$2\omega_2$ 和 $\omega_1+\omega_2$。虽然这些交流分量没有三阶互调对应的频率分量，但是热源引起材料发热，将通过材料属性的温度

变化导致三阶互调、三次谐波等干扰。例如，传导电流密度 $J_c=\sigma E$，式中 σ 为电导率，可以写成电阻率的倒数，即 $\sigma=\dfrac{1}{\rho}$，ρ 为电阻率。对于金属导体，通常具有正的温度系数，则 $\rho=\rho_0(1+\alpha\Delta T)$，式中 ρ_0 为室温下的电阻率，α 为电阻率温度系数，ΔT 为由热源发热引起的温度变化。那么此时的传导电流密度可以写为

$$J_c=\frac{E}{\rho_0(1+\alpha\Delta T)}\approx\frac{E}{\rho_0}-\frac{\alpha}{\rho_0}E\Delta T \tag{1-6}$$

因为温度变化 $\Delta T\propto P_{\text{loss}}$，那么

$$J_c\approx\frac{E}{\rho_0}-\frac{\alpha}{\rho_0}KEP_{\text{loss}} \tag{1-7}$$

式中：K 为比例系数。将 E 和 P_{loss} 的表达式(1-4)和式(1-5)带入式(1-7)，则有

$$J_c=\frac{E}{\rho_0}-\frac{\alpha}{\rho_0}K'\left[\begin{array}{c}\left(\frac{5}{2}E_1E_2^2+\frac{3}{4}E_1^3\right)\cos(\omega_1 t)+\left(\frac{5}{2}E_1^2E_2+\frac{3}{4}E_2^3\right)\cos(\omega_2 t)+\\ \left[\left(\frac{5}{4}E_1^2E_2\right)\cos[(2\omega_1-\omega_2)t]+\left(\frac{5}{4}E_1E_2^2\right)\cos[(2\omega_2-\omega_1)t]\right]+\\ \frac{1}{4}E_1^3\cos(3\omega_1 t)+\frac{1}{4}E_2^3\cos(3\omega_2 t)+\\ \frac{5}{4}E_1^2E_2\cos[(2\omega_1+\omega_2)t]+\frac{5}{4}E_1E_2^2\cos[(\omega_1+2\omega_2)t]\end{array}\right] \tag{1-8}$$

式中：K' 为比例系数。

从式(1-8)可以看出，传导电流包含了三阶互调分量，$2\omega_1-\omega_2$ 和 $2\omega_2-\omega_1$。并且从公式推导过程可以得出，该三阶互调干扰主要是由热源交流分量中的差频项 $\omega_1-\omega_2$ 引起的。

由此可见，温度变化是载波信号的函数，同时，导体的电阻率是温度的函数，因此导体的电阻率是载波信号的函数，从而引起传导电流密度方程 $J_c=\sigma E$ 不再是线性关系，即 $J_c=\sigma(E)\cdot E$。由于这个过程是由热效应引起的，因此把该非线性机制称为电热耦合效应。对 J_c-E 关系进行泰勒展开，可以得到

$$J_c=\sigma^e E+\sigma_1 E^2+\sigma_2 E^3+\cdots \tag{1-9}$$

式中：σ^e 为电导率的线性部分；$\sigma_i(i=1,2,3,\cdots)$ 为各阶非线性电导率。

在射频部件中，热源实质是导体损耗和介质损耗部件。除了导体损耗，介质损耗也会导致介质材料的属性是载波的函数，从而引起材料非线性。通常情况，导体损耗在频率较低时较为显著，而介质损耗在频率较高时较为显著(见图 1-13)。然而由介质损耗引起的电热耦合 PIM 还未被实验验证，这里不再进一步讨论。

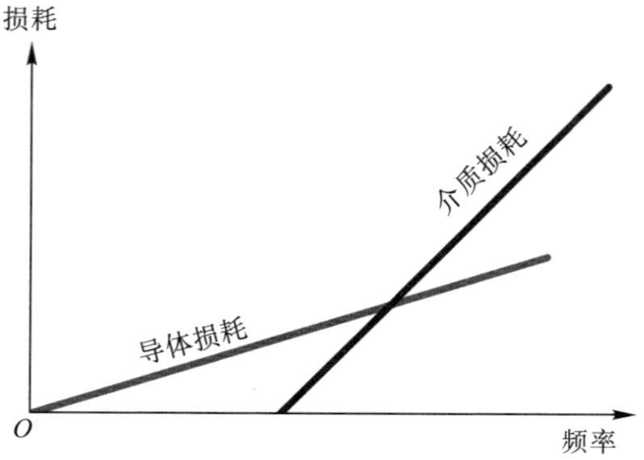

图 1－13　导体损耗和介质损耗随频率变化示意图

1.3.2　接触非线性机制

实际金属表面往往存在自然氧化层或沾污物（见图 1－14），因此当金属-金属接触时，将存在金属-氧化物-金属（Metal－Oxide－Metal，MOM）或金属-绝缘体-金属（Metal－Insulator－Metal，MIM）接触结构。根据固体电子学理论，这些结构将存在非线性电流机制。对于纳米级的氧化层，隧穿电流是主要的电流机制，随着氧化层的加厚，隧穿电流减弱，而热电子发射电流将变成主要的非线性机制。

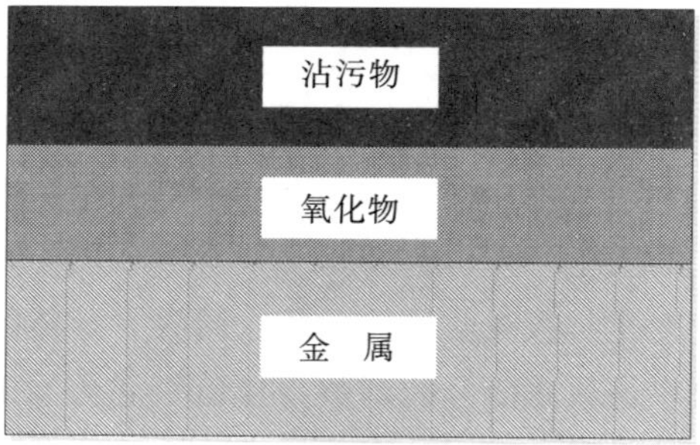

图 1－14　金属表面的氧化物和沾污物示意图

1. 隧穿电流

根据量子隧穿理论，电子隧穿过程不仅依赖于势垒高度，同时对势垒形状，即势垒沿着隧穿方向的函数也具有强烈的依赖性。基于 WKB 近似的西蒙（Simmon）理论，给出的外加偏压 V 下隧穿电流的表达式为

$$J_{\mathrm{TU}}=\frac{6.2\times10^{10}}{\Delta s^2}\{\varphi_{\mathrm{I}}\exp(-1.025\Delta s\varphi_{\mathrm{I}}^{1/2})-(\varphi_{\mathrm{I}}+V)\exp[-1.025\Delta s(\varphi_{\mathrm{I}}+V)^{1/2}]\} \tag{1-10}$$

式中：

$$\varphi_{\mathrm{I}}=\varphi_{\mathrm{b}}-\frac{V}{2s}(s_1+s_2)-\frac{5.75}{\varepsilon_{\mathrm{r}}(s_2-s_1)}\ln\left[\frac{s_2(s-s_1)}{s_1(s-s_2)}\right] \tag{1-11}$$

当 $V<\varphi_{\mathrm{b}}$ 时，有

$$\begin{cases}s_1=6/\varepsilon_{\mathrm{r}}\varphi_{\mathrm{b}}\\ s_2=s[1-46/(3\varphi_{\mathrm{b}}\varepsilon_{\mathrm{r}}s+20-2V\varepsilon_{\mathrm{r}}s)]+6/\varepsilon_{\mathrm{r}}\varphi_{\mathrm{b}}\end{cases} \tag{1-12}$$

当 $V>\varphi_{\mathrm{b}}$ 时，有

$$\begin{cases}s_1=6/\varepsilon_{\mathrm{r}}\varphi_{\mathrm{b}}\\ s_2=(\varphi_{\mathrm{b}}\varepsilon_{\mathrm{r}}s-28)/\varepsilon_{\mathrm{r}}V\end{cases} \tag{1-13}$$

式中：φ_{b} 为不考虑镜像力效应下势垒高度，单位为 eV；s 指代氧化物厚度，单位取 Å；ε_{r} 为相对介电常数；计算得到的隧穿电流密度 J_{TU}的单位为 $\mathrm{A/cm^2}$。

2. 热电子发射电流

根据固体电子学理论，金属和氧化物接触，存在热电子发射电流机制。考虑到金属接触对应金属-氧化物-金属的结构，可以将其看作是两个背靠背的金属-氧化物接触结构的串联，因此电流主要由反偏结构的 $J-V$ 特性决定。那么对于金属-氧化物-金属电接触结构的热电子发射电流密度可以表示为

$$J_{\mathrm{TH}}(V)=AT^2\exp\left(-\frac{q\varphi_{\mathrm{b}}}{k_{\mathrm{B}}T}\right)\left[1-\exp\left(\frac{qV}{k_{\mathrm{B}}T}\right)\right] \tag{1-14}$$

式中：$A=\dfrac{4\pi m^* qk_{\mathrm{B}}{}^2}{h^3}$；$m^*$ 为电子有效质量；φ_{b} 是金属-氧化物界面势垒高度；T 为温度；q 为单位电荷量；k_{B} 为玻尔兹曼常数；h 为普朗克常数。

如果考虑镜像力产生的势垒降低效应，那么得到更为准确的热电子发射电流密度公式：

$$J_{\mathrm{Th,image}}(V)=AT^2\exp\left(-\frac{\varphi_{\mathrm{b}}-\Delta\varphi}{k_{\mathrm{B}}T}\right)\left[1-\exp\left(\frac{qV}{k_{\mathrm{B}}T}\right)\right] \tag{1-15}$$

式中：镜像力导致的势垒降低幅度 $\Delta\varphi$ 为

$$\Delta\varphi=\sqrt{\frac{qE}{4\pi\varepsilon_0\varepsilon_{\mathrm{r}}}} \tag{1-16}$$

式中：ε_0 为真空介电常数。

除此之外，当氧化层或沾污层较厚时，金属接触的非线性电流机制还包括普尔-弗伦克尔(Poole - Frenkel，P - F)热发射电流机制、空间电荷限制电流机制等，在应用时需要根据实际金属材料和表面状态等因素判断哪种导电机制占主导。

需要指出的是，金属-金属接触将产生接触电阻，在接触电阻上将产生焦耳热，因此，电热耦合非线性效应也可能是接触非线性的一种来源。

1.3.3 介电非线性机制

介电常数描述了介质的电极化现象。在外加电场的作用下介质中将产生极化效应。通常情况下可以用如下的本构方程描述这种极化效应：

$$\boldsymbol{D}=\varepsilon\boldsymbol{E} \tag{1-17}$$

式中：$\boldsymbol{D}$ 为电位移矢量；ε 为介电常数；$\boldsymbol{E}$ 为电场强度。

介电常数与材料的电偶极矩有关。射频部件中实际使用的介质材料通常可以看作是正负电荷不重合的粒子的组合。每个粒子可以视为一个电偶极子。未施加电场时，各个电偶极子的取向杂乱无章。在外加电场的作用下，粒子的电子云形状发生变化，即电偶极子将沿着电场的方向排列，从而引起极化，如图 1-15 的示意图所示。

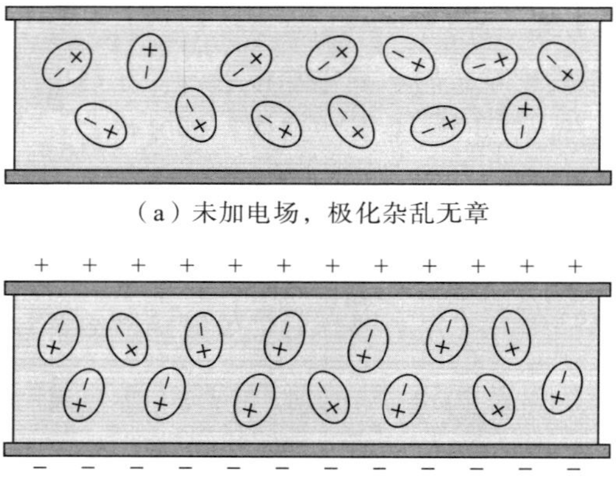

（a）未加电场，极化杂乱无章

（b）施加电场，极化沿着电场取向排列

图 1-15 未加电场和施加电场条件下的介质极化示意图

由于电偶极子的极化需要一定的时间，因此对于不同频率的电场信号，介质的极化程度也不相同，即介电常数会随频率变化而变化。如图 1-16 给出了介电常数随外加电场频率变化的示意图。因此，式(1-17)可以写为频率的函数：

$$\boldsymbol{D}(\omega)=\varepsilon(\omega)\boldsymbol{E}(\omega) \tag{1-18}$$

式中：ω 为角频率。可见式(1-18)为频域表达式。将式(1-18)的频域表达转换为时域表达，则可以通过卷积运算表示为

$$\boldsymbol{D}(t)=\int_{-\infty}^{t}\varepsilon(t-t')\boldsymbol{E}(t')\mathrm{d}t' \tag{1-19}$$

根据式(1-19)可知，$\boldsymbol{D}$ 和 $\boldsymbol{E}$ 的关系将存在非线性。常规的电磁计算中，通常假设本构关系是线性的，即不考虑介电常数的色散，而在分析互调问题时，这种由于色散引起的非线性就需要考虑了。

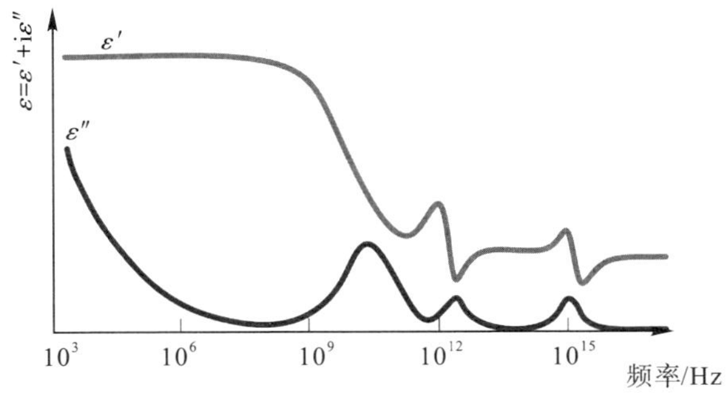

图 1－16　介质介电常数随外加电场频率变化示意图

（注：ε′为介电常数实部，ε″为介电常数虚部。）

由于通过式(1－19)直接推导出 $\boldsymbol{D}$ 和 $\boldsymbol{E}$ 非线性关系的显性表达式非常困难，因此可以采用幂级数表示：

$$\boldsymbol{D}=\varepsilon\boldsymbol{E}+\varepsilon_1\boldsymbol{E}^2+\varepsilon_2\boldsymbol{E}^3+\cdots \tag{1-20}$$

式中：ε 代表介电常数的线性部分，ε_i（$i=1$，2，3…）为各阶非线性介电常数。值得一提的是，这种介电非线性效应在非线性光学领域被应用于实现非线性光学元件作用。

1.3.4　介质漏电非线性机制

在介质中可能会存在 P－F 热发射电流机制、空间电荷限制电流机制等非线性电流机制，我们把这类因介质漏电导致的非线性，称为介质漏电非线性。

1. P－F 热发射电流

当绝缘介质和半导体层中的电场强度达到 $10^5\sim10^7$ V/cm 时，将发生雪崩击穿，普尔定律指出这种大数量电子雪崩过程引起的电导增加对场强呈现指数依赖规律。1938 年弗伦克尔发现了预击穿条件下不同的指数规律。

在强场下，由于 P－F 效应的热发射电流密度方程为

$$J_{\mathrm{FP}}=A_1E\exp\left\{-\frac{q}{k_{\mathrm{B}}T}\left[\varphi_{\mathrm{b}}-\left(\frac{q}{\pi\varepsilon_0\varepsilon_{\mathrm{r}}}\right)^{\frac{1}{2}}E^{\frac{1}{2}}\right]\right\} \tag{1-21}$$

式中：A_1 为常数；E 为电场强度；q 为单位电荷量；k_{B} 为玻尔兹曼常数；T 为温度；φ_{b} 为势垒高度；ε_0 为真空介电常数；ε_{r} 为相对介电常数。

2. 空间电荷限制电流

当金属与介质材料接触，金属一侧施加负偏压，则会有电子注入介质中。随着电压的变化，注入电荷量也发生变化。注入的电荷量可通过平板电容公式估算，即

$$Q=CV=\frac{\varepsilon_0\varepsilon_r V}{h} \tag{1-22}$$

式中：Q 为电荷量；C 为电容；V 为电压；h 为介质层厚度。

电荷从电极一端渡越到另一端的渡越时间为

$$\tau_r=\frac{h^2}{V\mu_E} \tag{1-23}$$

式中：μ_E 为迁移率。

则空间电荷限制电流密度可以表示为

$$J=\frac{Q}{\tau_r}=\frac{\varepsilon_0\varepsilon_r\mu_E V^2}{h^3} \tag{1-24}$$

更为准确的推导结果需要乘以因子 9/8，即

$$J=\frac{9\varepsilon_0\varepsilon_r\mu_E V^2}{8h^3} \tag{1-25}$$

这种情况下电流密度与电压的二次方成正比。

1.3.5 磁滞非线性机制

电子的轨道磁矩和自旋磁矩使得构成物质的原子或分子具有磁矩。原子或分子的总磁矩，即为该材料的磁化强度 M。可以说任何物质都具有磁性，而射频系统中所关心的主要为磁性较强的铁磁性材料，如镍、铁氧体。这类材料的 $M-H$（磁场强度）曲线通常具有较为显著的非线性特性，如图 1－17 所示。

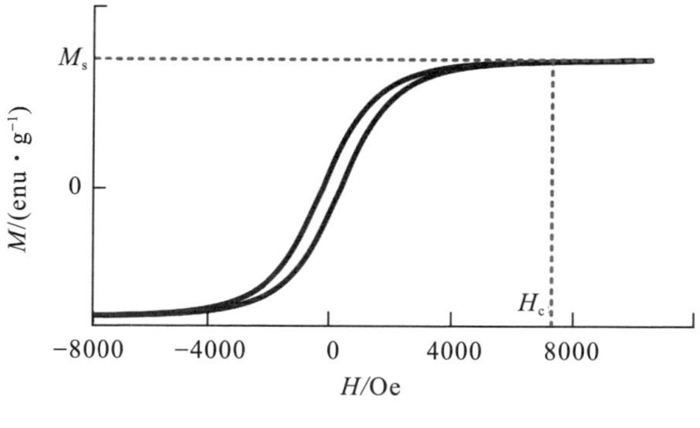

图 1－17 铁氧体的典型磁化曲线示意图

（注：1 emu · g^{-1}＝1000 A · m^2/kg，1 Oe＝79.58 A/m。）

金属镍常被选作镀层材料。但在对互调指标有严格要求的场景下，一般不宜使用镍材料。若不得不采用镍镀层，通常需在镍镀层之上覆盖足够厚的其他金属材料。铁氧体常应用于环形器、隔离器等非互易器件中。在 5G 通

信系统里，环形器和隔离器的互调指标备受关注。如图1-17所示，随着磁场强度增加，铁氧体的磁化强度逐渐趋于饱和，该饱和状态下的磁化强度值称为饱和磁化强度，记为 M_s。射频铁氧体通常工作在饱和区，也就是要给铁氧体施加一个恒定磁场 H_c，使其处于磁饱和状态。

在磁性材料中，磁感应强度可以表示为

$$B=\mu_0 H+M=\mu H \tag{1-26}$$

式中：μ_0 为真空磁导率；μ 为磁导率。由图1-17可知，$M-H$ 关系具有非线性特性，将会导致磁性材料中由式(1-26)给出的本构方程所描述的 $B-H$ 关系具有非线性特性。一般的，也可以将该非线性关系表示为幂级数形式：

$$B=\mu H+\mu_1 H^2+\mu_2 H^3+\cdots \tag{1-27}$$

式中：μ 代表磁导率的线性部分；$\mu_i(i=1,\ 2,\ 3\cdots)$为各阶非线性磁导率。

1.4 无源互调建模方法

1.4.1 无源互调物理模型和行为模型

无源互调效应是一种射频无源器件中由寄生非线性特性引起的信号失真现象。为了抑制无源互调失真，必须研究无源互调的产生机理、影响因素和模型。

无源互调模型可以分为物理模型和行为模型。物理模型通常是从非线性机理及射频器件工作原理出发推导得到的，可以给出无源互调随材料参数、器件结构参数、载波频率、载波功率等因素变化的规律。物理模型可用于指导如何通过结构和工艺优化降低射频器件的PIM功率。行为模型通常采用通用数学模型表达，并通过对实验数据进行拟合，获得数学模型中的参数取值，可用于无源互调的数字对消技术。目前无源互调建模研究受到关注的主要是物理模型。

通信系统中需要关注无源互调效应的元器件包括天线、传输线、连接器、功分器、移相器和隔离器等。需要对这些器件的无源互调进行建模。无源互调的产生主要有接触非线性机制和材料非线性机制，因此对于不同射频元器件，具有相同非线性机制的元器件的无源互调建模过程具有相似之处。

1. 接触非线性无源互调建模

接触非线性无源互调的特点与射频电接触特性相关。面对传统的射频器件设计，主要考虑是否便于装配，因而在电性能方面通常认为金属-金属接触是理想的，即假定两个金属接触后形成一个整体，而不考虑接触界面的影响。

传统“电接触”是研究导体和导体接触中的力、电、热和化学等效应的专门学科。而在无源互调效应被关注之前，金属电接触的非线性特性并未被关注，主要原因是金属电接触的非线性效应非常弱，只有在射频电连接非线性效应测量中才能被测到。因此，对于接触非线性无源互调问题，需要针对接触界面的电磁非线性展开专门的建模研究。主要需要解决两方面问题，一是接触非线性与哪些物理因素有关，以及模型是什么；二是接触界面特性如何影响射频器件中的电磁场，即如何转化为器件以测得的无源互调失真信号。通过将非线性物理机理与传统电接触理论结合起来，可以建立接触非线性模型，而接触非线性如何转化为无源互调则需要结合射频元器件的结构进行分析。

2. 材料非线性无源互调建模

材料非线性的特点是非线性通常是沿着电磁波的传播方向分布的，因此不同位置处产生的非线性信号叠加，将导致射频器件不同端口处测得的 PIM 功率大小不同。微带电路通常追求小型化、高功率传输密度，故材料非线性是导致其无源互调效应的主要因素之一。微带电路无源互调建模，可以采用传输线理论与材料非线性机制结合的方法进行。在传输线理论中，我们将传输线等效为集总电路模型，因此，建立材料非线性与等效集总元件参数之间的关系，即可利用传输线理论获得微带电路的无源互调模型。在微带电路设计中，我们通常使用不同结构的微带线组合实现各种不同功能的微带电路，因此，首先建立均匀微带线结构的无源互调模型，然后建立不同微带线结构组合的无源互调分析方法，即可评估不同微带电路的无源互调失真。通常微带电路设计理论中，采用网络参量描述微带结构特性。与此类似，在无源互调特性分析中，也可以采用网络参量描述无源互调特性。通过建立微带线的无源互调矩阵，可以较为方便地描述一段微带线的无源互调传输特性。在此基础上，可以利用无源互调矩阵评估不同结构微带电路的无源互调失真。

3. 无源互调的全波仿真

在射频器件设计理论中，由于器件结构的多样性和复杂性，通常只能对传输线和滤波器等少量器件建立严格的解析模型，获得器件特性受器件结构影响的显性表达式。与此类似，我们也只能针对几种典型结构射频器件的无源互调效应建立解析模型。更一般的射频器件无源互调，需要借助电磁仿真进行分析。电磁仿真已经成为现代射频器件设计不可或缺的工具。全波电磁仿真通过求解本构方程和边界条件约束下的麦克斯韦方程获得待求解射频器件特性。对于无源互调效应，材料非线性可以通过本构方程引入麦克斯韦方程，而接触非线性可以通过界面边界条件引入麦克斯韦方程进行分析。显然，引入非线性机制的麦克斯韦方程是一组非线性方程组。为了在保证计算精度的条件下简化非线性方程计算及节约计算时间，可以采用线性-非线性分离算法及单向耦合近似方法进行分析。

1.4.2　LNS 方法和单向耦合近似理论思路

传统射频器件建模是基于物理规律的线性近似得到的，假设线性近似条件下，获得的器件中的电场强度和磁场强度分别为 E_0 和 H_0。无源互调建模的基本思路是将 1.3 节导出的关于非线性机制的数学表达式引入射频器件的建模过程中，求解非线性方程，得到器件的非线性响应。在实际应用中，通常只有在借助数值计算方法进行分析时才会考虑直接求解非线性方程。在推导非线性物理模型表达式时，通常采用合理的近似，从而获得解析模型。

在考虑非线性效应时，器件中的总电场强度和总磁场强度分别表示为 E 和 H。我们把非线性场强定义为总场强与线性场强之差：

$$E_p = E - E_0 \tag{1-28}$$

$$H_p = H - H_0 \tag{1-29}$$

式中：E_p 和 H_p 分别为非线性电场强度和非线性磁场强度。由此，我们将总场分解为线性场和非线性场，则无源互调失真公式可由非线性场强导出。由于 E_0 和 H_0 可利用传统射频理论获得，因此无源互调建模问题可以转化为已知 E_0 和 H_0 的条件下求解 E_p 和 H_p 问题。我们把这种建模方法称为线性-非线性分离(Linearity - Nonlinearity Separation，LNS)方法。

无源互调干扰信号相比于射频器件中传播的有用信号小得多。通常地面通信系统要求两路载波功率均为 43 dBm 时，PIM 功率低于－150 dBc。由此可以推断射频器件中的非线性效应通常很弱，即 $E_p \ll E_0$、$H_p \ll H_0$。因此，可以忽略非线性场对线性场的影响。也就是说只需要考虑线性场单向影响非线性场，而不考虑反向影响，这其实是一种单向耦合近似。

通常射频器件的工作信号从器件的一个端口馈入。该信号对应的电磁波将在射频器件中被传输和散射(线性场)，当电磁波遇到非线性源，将激励出非线性场，产生的非线性场也将在射频器件中传输和散射，最后同线性场一起被系统所接收。结合单向耦合近似，非线性场强的计算过程可以分解为三个过程：①计算非线性源处的线性场强 E_0 和 H_0；②根据线性场和非线性机制，计算非线性场的激励源 S；③根据非线性激励源 S，计算射频器件中的非线性场强 E_p 和 H_p。

本书第 2 至第 5 章，将基于非线性麦克斯韦方程介绍几类典型场景的无源互调物理模型的解析建模理论，第 6 章将介绍基于该建模思路的无源互调全波仿真算法。作为补充，在第 7 章中，将对无源互调的行为模型进行简要介绍。

1.5 本章小结

本章简要介绍了无源互调的概念、分类、基本测试方法、非线性机制和建模思路。后续章节将展开介绍无源互调的建模理论，并提供一些检验方法。需要指出的是，本书重点内容在于阐释如何建立从非线性物理机制到射频器件无源互调的理论模型。读者可参考本书建模过程设计出符合特定工程应用场景的无源互调模型。

参考文献

[1] ANRITSU AMERICA, Passive Intermodulation (PIM)[EB/OL]. [2025-05-15]. https://www.anritsu.com/en-us/test-measurement/technologies/pim

[2] KEARNEY F, CHEN S. Passive intermodulation (PIM) effects in base stations: understanding the challenges and solutions [J]. Analog Dialogue, 2017, 51(1): 25-29.

[3] 蒋江湖，吴少周，张世全，等．移动通信天线的无源互调干扰研究[J]. 陕西理工学院学报：自然科学版，2011，27(2)：46-50.

[4] 范颂东．基站天线无源互调干扰的分析与预防[J]. 机电信息，2014(09)：152-154.

[5] 刘少东．多系统并存条件下无源互调的影响分析[J]. 电信技术，2017，8(11)：34-39.

[6] ELSNER R F, FRAZIER M J, SMULKSTYS L S, et al. Environmental interference study aboard a naval vessel[C]. WA, USA: IEEE Electromagnetic Compatibility Symposium, Seattle, 1968.

[7] WARD W W, SICOTTE R L, HURLBUT K H, et al. The Results of the LES-5 and LES-6 RFI Experiments[C]. CA, USA: IEEE Electromagnetic Compatibility Symposium, Anaheim, 1970.

[8] HOEBER C, POLLARD D, NICHOLAS R. Passive intermodulation product generation in high power communications satellites[C]. CA, USA: 11th Communications Satellite Systems Conference, San Diego, 1986.

[9] 丁亚玲，徐云东，张玉山．卫星无源互调抑制及测量方法研究[J]. 上海航天，2015，32(2)：54-58.

[10] 陈昌益．近程谐波目标探测器技术研究[D]. 南京：南京理工大学，2007.

[11] 王琛．谐波雷达总体技术研究[D]. 南京：南京理工大学，2009.

[12] 徐逸宇．三次谐波探测器技术研究[D]．南京：南京理工大学，2012.
[13] 胡丽红．装甲目标金属结射频谐波的辐射机理与控制方法研究[D]．南京：南京理工大学，2016.
[14] 卢锦君，凌文基．基于全共享室分系统无源互调研究[J]．无线互联科技，2019，16(15)：41-42.
[15] 朱洪文，李凤花，樊悦顺．浅析共享室分系统无源互调干扰问题[J]．山东通信技术，2017，37(04)：28-31.
[16] 刘兆，倪新军，倪文波，等．室内分布系统无源互调干扰问题排查与整治措施[J]．电子技术与软件工程，2018(01)：16.
[17] 汪常娥．基站天线的无源互调分析与研究[J]．电子世界，2018(04)：135-138.
[18] 张儒源，刘传利，秦岩．基于调制信号的宽带无源互调测试系统[J]．现代电信科技，2017，47(02)：19-24.
[19] 王保新，双龙龙，胡少光．星载产品无源互调试验技术[J]．电子测试，2018(13)：51-52.
[20] 刘传利，张儒源，魏阳．移动通信系统无源互调测试的遍历性优化方案[J]．电信网技术，2017(08)：74-79.
[21] VICENTE C，HARTNAGEL H L. Passive-intermodulation analysis between rough rectangular waveguide flanges[J]. IEEE Trans. Microwave Theory Tech.，2005，53(8)：2515-2525.
[22] VICENTE C，WOLK D，HARTNAGEL H L，et al. Experimental analysis of passive intermodulation at waveguide flange bolted connections[J]. IEEE Trans. Microwave Theory Tech.，2007，55(5)：1018-1028.
[23] ZHAO X，HE Y，YE M，et al. Analytic passive intermodulation model for flange connection based on metallic contact nonlinearity approximation[J]. IEEE Trans. Microwave Theory Tech.，2017：1-9.
[24] JIN Q，GAO J，FLOWERS G T，et al. Modeling of passive intermodulation with electrical contacts in coaxial connectors[J]. IEEE Trans. Microwave Theory Tech.，2018，66(9)：4007-4016.
[25] YANG H，WEN H，QI Y，et al. An equivalent circuit model to analyze passive intermodulation of loose contact coaxial connectors[J]. IEEE Trans. Electromagn. Compat.，2018：1-10.
[26] HIGA WH. Spurious signals generated by electron tunneling on large

reflector antennas[J]. Proceedings of the IEEE, 1975, 63(2): 306 - 319.

[27] BOND C D, GUENZER C S, CAROSELLA C A. Intermodulation generation by electron tunneling through aluminum - oxide films[J]. Proceedings of the IEEE, 1979, 67(12): 1643 - 1652.

[28] 叶鸣，贺永宁，孙勤奋，等．大功率条件下的无源互调干扰问题综述[J]. 空间电子技术，2013(1): 75 - 83.

[29] 中国无线电计量技术委员会．无源互调测试仪校准规范：JJF 1463—2014[S]. 北京：国家质量监督检验检疫总局，2014.

[30] 高凡，赵小龙，张松昌，等．基于缝隙波导近场耦合的无源互调测试方法：CN106992798B[P]. 2017 - 03 - 23.

[31] 高凡，赵小龙，叶鸣，等．一种基于偶极子近场耦合法测量无源互调的方法[J]. 空间电子技术，2018，15(3): 12 - 18.

[32] 李军，赵小龙，高凡，等．利用电热耦合效应的金属单点接触结构无源互调研究[J]. 西安交通大学学报，2018，52(9): 76 - 81.

第 2 章　单点接触结构无源互调建模

在射频前端电路中，不可避免地会使用金属连接件，例如波导法兰连接件、同轴连接件和弹片连接件等，另外，系统的安装和固定往往也需要使用金属连接件。当电磁场经过这些金属连接件时，将产生无源互调效应。

在上一章，我们指出金属-金属接触，可能导致接触非线性及电热耦合非线性。顾名思义，电热耦合非线性起源于热效应，实质是载波通过热效应调制接触电阻，使得接触电阻不再是常数，而与载波频率相关，进而引起无源互调效应。因此，只有当热效应较为显著时，才可显现出电热耦合非线性 PIM 效应。通常波导法兰、连接器等接触面具有较大的接触力，因此通常接触电阻较小，热效应不明显。然而，对于弱力接触的一些场景，电热耦合效应可能成为非线性的主导因素。金属丝网、弹片连接等场景中的单点接触结构可能引起电热耦合非线性机制的无源互调效应。

如图 2－1 展示了一种金属丝网编织的结构。金属丝网存在大量金属搭接结构，每个搭接处可看作单点接触。实际的金属丝网由专门的金属细丝编织，比如直径 20～30 μm 的镀金钼丝。金属丝网制作的网状天线，常用于对可折叠性和轻量化要求较高的场景，如卫星可展开网状天线。在网状天线 PIM 研究方面，2018 年北京航空航天大学的 Wu 等人[1]，为计算网状天线的 PIM 功率，将金属接触非线性等效为二次辐射源，进而计算其激发的电磁场。这

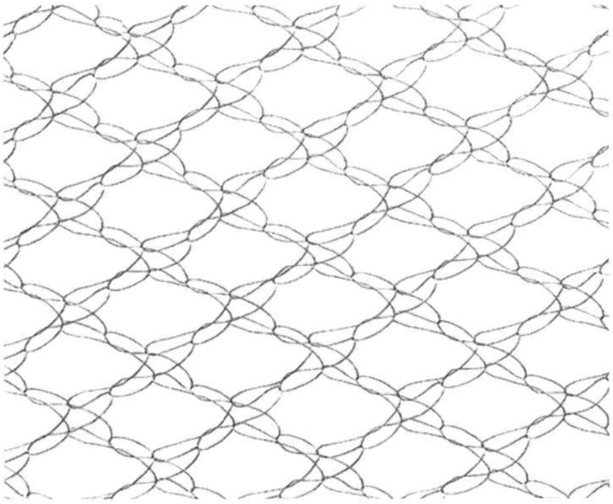

图 2－1　金属丝网编织结构示意图

样做是为了规避时域方法在电大尺寸问题上计算时的积累误差等情况。引入二次源能够把非线性方程求解问题转化为线性方程求解问题，从而简化 PIM 功率的数值求解过程。

弹片，也叫弹性接触片或弹性连接片，是用于实现电子设备内部电气连接的组件，在智能手机、平板电脑等需拆装的终端设备中应用广泛。如图 2-2 所示，弹片位于中间，用于连接上下两个金属部件。一般弹片底座焊接在一侧金属上，触头则压接在另一侧金属上，触头与金属的连接通常可看作单点接触。Yang[2]研究发现，表面氧化膜形成的半导体结构可能是弹片接触 PIM 效应的非线性源。然而，Li[3]指出，即便在弹片与金属平板接触力良好的区域，弹片自身结构也可能带来显著的 PIM 效应，尤其当弹片意外自接触时，往往会产生较高 PIM 功率。智能手机中的无源非线性问题，主要指辐射杂散发射(Radiated Spurious Emission，RSE)，其不仅涉及 PIM 非线性，还涉及谐波非线性。由于同一被测件的 PIM 功率和谐波通常具有一定相关性，所以在分析 RSE 问题时，PIM 效应可作为衡量被测件非线性特性的重要参考指标。

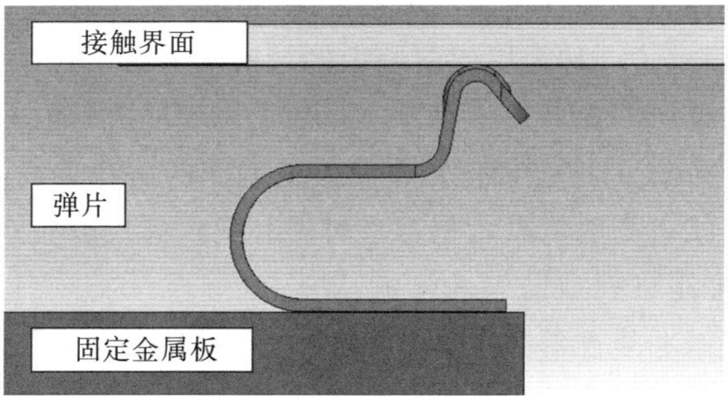

图 2-2　金属弹片接触结构示意图

本章将以单点接触结构作为研究对象，基于接触非线性和电热耦合非线性机制，建立两种无源互调解析模型，并分析典型弹片接触结构的无源互调效应的产生机制和影响规律。单点接触结构的非线性主要产生于单点接触结构的电接触特性。一方面，可能由接触电阻的热效应产生，即由电热耦合效应产生；另一方面，也可能产生于金属表面膜层引起的金属-氧化物-金属接触非线性。因此，本章将首先介绍单点接触结构的接触电阻模型，然后分别基于电热耦合效应和接触非线性效应建立单点接触结构的两种无源互调理论模型，最后通过弹片接触结构的无源互调实验规律，对单点接触结构无源互调模型进行验证分析。

2.1　单点接触结构的接触电阻

赫兹接触理论给出了一个刚性球体和弹性半空间接触的力学模型，如图 2-3 所示。图中，R 为球体的半径，d 为压入深度，a 为接触半径。若球体和弹性半空间接触施加的外加压力为 F，则接触半径 a 与外加压力 F 的函数关系可以表示为

$$a=\left(\frac{3FR}{4E^*}\right)^{\frac{1}{3}} \tag{2-1}$$

式中：

$$\frac{1}{E^*}=\frac{1-\nu_1^2}{E_1}+\frac{1-\nu_2^2}{E_2} \tag{2-2}$$

式中：E_1 和 E_2 分别为球体和弹性半空间的弹性模量；ν_1 和 ν_2 分别为球体和弹性半空间的泊松比。对于金属材料，$\nu\approx 1/3$。

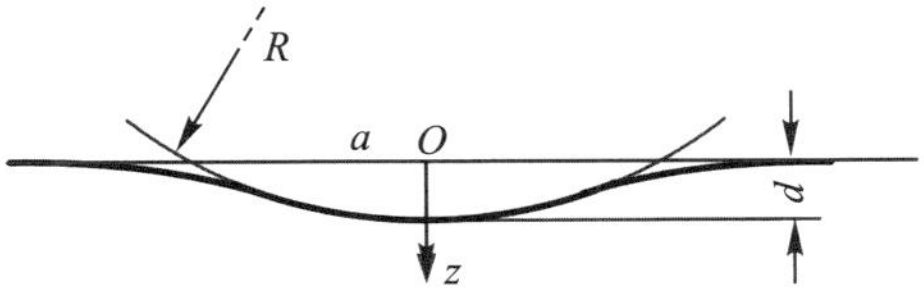

图 2-3　一个刚性球体和弹性半空间接触结构示意图

瑞典电气工程师拉格纳 · 霍尔姆(Ragnar Holm)从理论上给出了单个凸体接触的电学模型，即霍尔姆接触理论，用于描述导电接触面之间的接触电阻问题。霍尔姆接触理论假设导电斑点为圆形，如图 2-4 给出的单个凸体接触示意图所示，a 为接触半径。接触半径可以根据赫兹接触理论给出的表达式(2-1)求出。假设导电斑点面积远小于名义接触面积，则单个凸体与一个平面接触的接触电阻可以表示为

$$R_c=\frac{\rho}{4a} \tag{2-3}$$

如果单个凸体的表面不光滑，即存在二级粗糙结构，则单个凸体与平面接触时，电流只能通过单个凸体表面上的导电斑点导电，如图 2-5 所示。假设每个导电斑点形状都为圆形且半径相同，导电斑点在导电面内均匀分布且相邻最近的导电斑点之间的中心距离为 $2l$，接触面内的斑点数为 n。则该接触结构的接触电阻可表示为

$$R_c=\frac{\rho}{2\pi n a_{\text{sub}}}\arctan\frac{\sqrt{l^2-a_{\text{sub}}{}^2}}{a_{\text{sub}}}-0.6\rho\frac{\sqrt{l^2-a_{\text{sub}}{}^2}}{\pi a^2}+\frac{\rho}{4a} \tag{2-4}$$

式中：ρ 为材料的电阻率；a_{sub} 为单个二级导电斑点的半径。

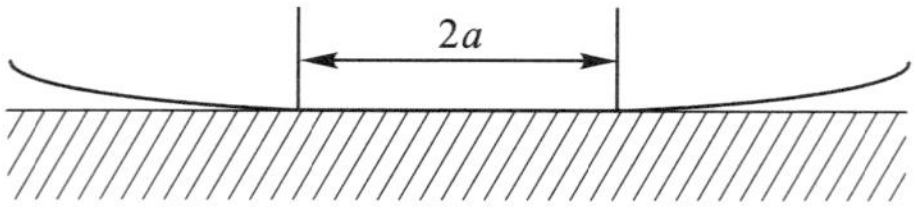

图 2-4 单个凸体与一个平面接触的示意图

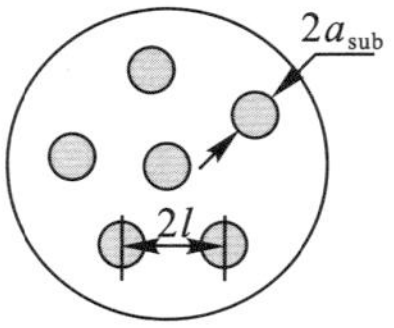

（a）单个凸体

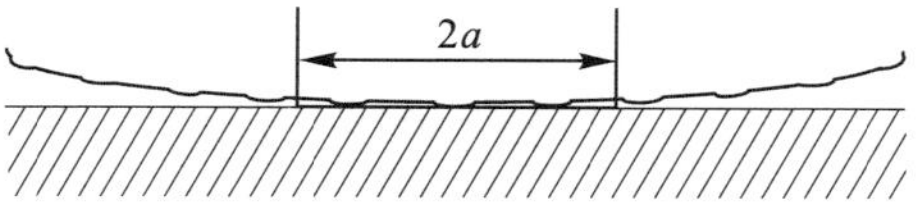

（b）单个凸体与平面接触

图 2-5 存在二级粗糙结构的单个凸体与一个平面接触示意图

当 $l \gg a_{sub}$ 时，式(2-4)可以简化为

$$R_c = \frac{\rho}{4na_{sub}} + \frac{\rho}{4a} \tag{2-5}$$

对于导电斑点尺寸比较小的情况，即导电斑点的半径小于电子的平均自由程，此时由于电子通过导电斑点时会受到散射的影响，因而会产生额外的诺申电阻。事实上导体表面的氧化层等也对接触电阻有贡献，本节不再具体讨论，可参考电接触领域相关书籍。

通过式(2-1)和式(2-3)，一个理想的单点接触的接触电阻可以表示为

$$R_c = \left(\frac{E^* \rho^3}{48R}\right)^{\frac{1}{3}} F^{-\frac{1}{3}} \tag{2-6}$$

从式(2-6)可见，随着接触压力的增加，接触电阻下降。考虑到非理想因素，实际的接触电阻随压力的变化关系将偏离式(2-6)，但是大多数情况下，接触电阻随接触压力依然满足幂函数关系。如图 2-6 所示，给出了一种弹片接触的接触电阻随外加压力变化的实验测量结果。

需要注意的是，对工作于射频频段的电接触结构，应该采用接触阻抗来描述电流收缩的影响。首先，在射频频段，电流主要集中在金属表面，即需要考虑趋肤深度的影响，其次，接触结构的寄生电容和电感效应也可能变得显著。目前，对金属接触界面射频特性的表征方法尚不成熟，无法通过测量获得准确接触界面的阻抗特性。专利[4]中提出了一种射频阻抗测量方法，但

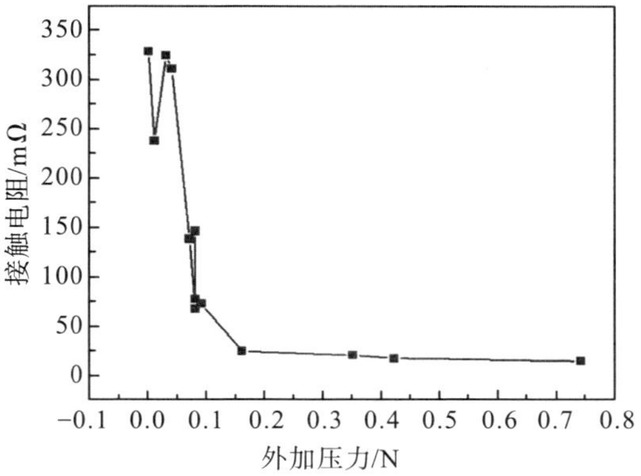

图 2-6　一种弹片接触的接触电阻随外加压力变化的实验测量结果

该方法只能测试阻抗的变化量，无法给出接触阻抗的绝对值，另外，对于弹片接触，不同压力下将导致弹片整体变形，从而对测试产生影响，因此弹片单点接触结构的接触阻抗测量还需要进一步研究。然而，对于单点接触结构，当压力不是很大时，由于接触面积通常较小，即接触半径将与趋肤深度相当，此时可以近似视作电流流过整个接触面，同时，接触电阻为其接触阻抗的主要组成部分。

2.2　单点接触结构电热耦合 PIM 模型

PIM 效应主要与焦耳热中的交流分量有关，而该交流温度的分布在接触点附近是局域的，即温度的交流分量在远离接触点后很快衰减为零。根据本节后续结论可知，交流分量随着远离接触点位置按照 e 指数规律衰减。在进行温度建模时，可只关心接触点附近的状态。

为了简化理论分析，依据电热耦合效应规律，对网状天线及弹片连接中的单点接触结构进行近似。我们将单点接触结构等效为如图 2-7 所示的两金属杆的接触，将金属杆假设为一维均匀直杆，金属杆横截面积为 S，假设：①横截面内温度均匀，接触为点接触，接触电阻为 R_c；②只考虑接触电阻上的发热；③只考虑金属传热，不考虑空气散热。

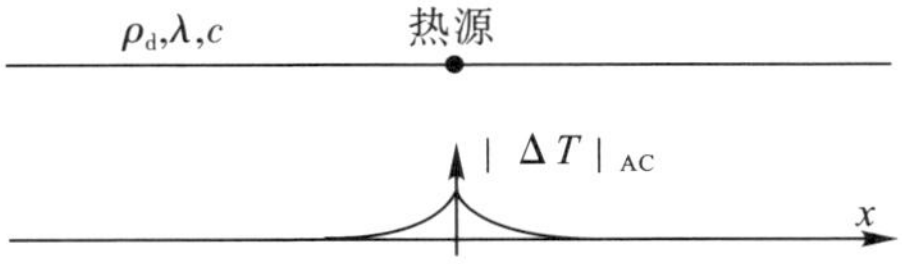

图 2-7　单点接触结构的简化热学模型示意图

（注：$|\Delta T|_{AC}$指的是交变温度变化幅度。）

下面我们从热传导方程出发，推导单点接触电热耦合 PIM 模型。

2.2.1 一维单点接触温度分布

双曲热传导方程可以写为

$$\frac{\partial T}{\partial t}+\tau\frac{\partial^2 T}{\partial t^2}=\frac{\lambda}{\rho_d c}\frac{\partial^2 T}{\partial x^2}+\frac{1}{\rho_d c}\left(\phi+\tau\frac{\partial\phi}{\partial t}\right) \tag{2-7}$$

式中：T 为温度；t 为时间；x 为位置坐标；λ 为热导率；c 为热容；ρ_d 为材料密度；ϕ 为热源；τ 为弛豫时间。

由于热源只存在于接触点，则在金属中，由于没有热源产生热量，即 $\phi=0$，因此，在金属中($x\neq0$)热传导方程可化简为以下表达式：

$$\frac{\partial T}{\partial t}+\tau\frac{\partial^2 T}{\partial t^2}=\frac{\lambda}{\rho_d c}\frac{\partial^2 T}{\partial x^2} \tag{2-8}$$

我们考虑一般的热传导过程，则 $\tau=0$。那么方程(2-8)的通解为

$$\Delta T=A\exp\left[\mathrm{j}\left(\omega t-\sqrt{\frac{\rho_d c\omega}{2\lambda}}x+\mathrm{j}\sqrt{\frac{\rho_d c\omega}{2\lambda}}x+\phi'\right)\right] \tag{2-9}$$

式中：A 和 ϕ' 为待定参数。

考虑双载波激励情况，当双载波信号激励该单点接触结构，则在该接触结构上产生感应电流，感应电流流过单点接触结构形成接触电阻 R_c，成为焦耳热热源，即热源可以表示为

$$\phi=(i_{1,0}+i_{2,0})^2R_c=[a_1\cos(\omega_1 t+\varphi_1)+a_2\cos(\omega_2 t+\varphi_2)]^2R_c \tag{2-10}$$

式中：$i_{1,0}$ 和 $i_{2,0}$ 代表两路载波分别在接触点处产生的感应电流；a_1 和 a_2 分别为两感应电流的振幅；w_1 和 w_2 分别为对应的角频率；φ_1 和 φ_2 分别为对应的两个初相。

由于两路电流载波为不同频率的信号，将式(2-10)给出的三角函数表达式展开，可以得到多个频率分量：

$$\begin{aligned}\phi=&\frac{a_1^2+a_2^2}{2}R_c+\frac{a_1^2}{2}R_c\cos(2\omega_1 t+2\varphi_1)+\frac{a_2^2}{2}R_c\cos(2\omega_2 t+2\varphi_2)+\\&a_1a_2R_c\cos[(\omega_1+\omega_2)t+(\varphi_1+\varphi_2)]+\\&a_1a_2R_c\cos[(\omega_1-\omega_2)t+(\varphi_1-\varphi_2)]\end{aligned} \tag{2-11}$$

为了更方便地求解热传导方程，我们将热源 ϕ 采用复数形式表达，则

$$\begin{aligned}\phi=&\frac{a_1^2+a_2^2}{2}R_c+\frac{a_1^2}{2}R_c\exp\mathrm{j}(2\omega_1 t+2\varphi_1)+\frac{a_2^2}{2}R_c\exp\mathrm{j}(2\omega_2 t+2\varphi_2)+\\&a_1a_2R_c\exp\mathrm{j}[(\omega_1+\omega_2)t+(\varphi_1+\varphi_2)]+\\&a_1a_2R_c\exp\mathrm{j}[(\omega_1-\omega_2)t+(\varphi_1-\varphi_2)]\end{aligned} \tag{2-12}$$

式中：j 为虚数单位。可见接触电阻发热的热源存在多个频率分量：直流、

$2\omega_1$、$2\omega_2$、$\omega_1+\omega_2$ 和 $\omega_1-\omega_2$。为了简化表达，我们可以将各个频率分量的热源统一表示为

$$\phi_{\mathrm{d},n}=X_{\mathrm{d},n}\exp\mathrm{j}[\omega_{\mathrm{d},n}t+\varphi_{\mathrm{d},n}] \tag{2-13}$$

式中：$X_{\mathrm{d},n}$ 为某一热源交流分量的振幅；$\omega_{\mathrm{d},n}$ 为角频率；$\varphi_{\mathrm{d},n}$ 为相位。$X_{\mathrm{d},n}$、$\omega_{\mathrm{d},n}$ 和 $\varphi_{\mathrm{d},n}$ 的取值，见表 2-1。

表 2-1　热源 $\phi_{\mathrm{d},n}$ 表达式中不同频率分量对应参数 $X_{\mathrm{d},n}$、$\omega_{\mathrm{d},n}$ 和 $\varphi_{\mathrm{d},n}$ 取值

角标 n	$X_{\mathrm{d},n}$	$\omega_{\mathrm{d},n}$	$\varphi_{\mathrm{d},n}$
1	$\frac{a_1^2+a_2^2}{2}R_\mathrm{c}$	0	0
2	$\frac{a_1^2}{2}R_\mathrm{c}$	$2\omega_1$	$2\varphi_1$
3	$\frac{a_2^2}{2}R_\mathrm{c}$	$2\omega_2$	$2\varphi_2$
4	$a_1a_2R_\mathrm{c}$	$\omega_1+\omega_2$	$\varphi_1+\varphi_2$
5	$a_1a_2R_\mathrm{c}$	$\omega_1-\omega_2$	$\varphi_1-\varphi_2$

如图 2-7 所示，在接触点 $x=0$ 处，存在热源 $\phi_{\mathrm{d},n}$，利用该条件，可以求得式(2-9)给出的温度变化量 ΔT 中的待定参量。注意，此时温度变化量 ΔT 表达式中的角频率由热源中的交流频率分量决定，即 $\omega=\omega_{\mathrm{d},n}$。

根据能量守恒定理，在整个热传导过程中接触电阻发散出去的热量等于金属杆增加的热量，即每半个周期金属杆吸收的热量等于每半个周期热源产生的热量。由于金属杆接触在 $x=0$ 处对称，因此根据对称性，只考虑一边的情况：

$$S\int_0^{\infty}c\rho_\mathrm{d}\Delta T\left(t=\frac{\left(\frac{\pi}{2}-\varphi_{\mathrm{d},n}\right)}{\omega_{\mathrm{d},n}}\right)\mathrm{d}x-S\int_0^{\infty}c\rho_\mathrm{d}\Delta T\left(t=\frac{\left(\frac{-\pi}{2}-\varphi_{\mathrm{d},n}\right)}{\omega_{\mathrm{d},n}}\right)\mathrm{d}x$$
$$=\frac{1}{2}\int_{\frac{\left(\frac{-\pi}{2}-\varphi_{\mathrm{d},n}\right)}{\omega_{\mathrm{d},n}}}^{\frac{\left(\frac{\pi}{2}-\varphi_{\mathrm{d},n}\right)}{\omega_{\mathrm{d},n}}}\varphi_{\mathrm{d},n}\mathrm{d}t \tag{2-14}$$

式中：等式右边的 1/2 来源于热向两边传播时，向两边传递的热量为总热量的一半；S 为金属杆横截面积。可以解出待定参量：

$$A_{\mathrm{d},n}=-\frac{X_{\mathrm{d},n}}{2\sqrt{2}S}\sqrt{\frac{1}{\lambda c\rho_\mathrm{d}\omega_{\mathrm{d},n}}}(1+\mathrm{j}) \tag{2-15}$$

将 $A_{d,n}$ 带入温度表达式(2-9)中，则可得单点接触结构上的温度变化量的表达式为

$$\Delta T(\omega_{\mathrm{d},n})=A_{\mathrm{d},n}\exp\left[\mathrm{j}\left(\omega_{\mathrm{d},n}t-\sqrt{\frac{\rho_{\mathrm{d}}c\omega_{\mathrm{d},n}}{2\lambda}}x+\mathrm{j}\sqrt{\frac{\rho_{\mathrm{d}}c\omega_{\mathrm{d},n}}{2\lambda}}x+\varphi_{\mathrm{d},n}\right)\right] \tag{2-16}$$

可见温度变化的交流分量为一"倏逝波"，是局域分布的，即当 x 远离 $x=0$ 位置时，交变温度的幅度按照 e 指数规律快速衰减，这与本节开头假设一致。

将温度变化 ΔT 的表达式(2-16)改写为实数表达，则有

$$\Delta T(\omega_{\mathrm{d},n})=|A_{\mathrm{d},n}|\exp\left(-\sqrt{\frac{\rho_{\mathrm{d}}c\omega_{\mathrm{d},n}}{2\lambda}}x\right)\sin\left(\omega_{\mathrm{d},n}t+\sqrt{\frac{\rho_{\mathrm{d}}c\omega_{\mathrm{d},n}}{2\lambda}}x+\varphi_{\mathrm{d},n}-\frac{\pi}{4}\right) \tag{2-17}$$

式中：

$$|A_{\mathrm{d},n}|=-\frac{X_{\mathrm{d},n}}{2S}\sqrt{\frac{1}{\lambda c\rho_{\mathrm{d}}\omega_{\mathrm{d},n}}} \tag{2-18}$$

那么接触电阻 R_{c} 上($x=0$ 位置)的温度变化为

$$\Delta T(\omega_{\mathrm{d},n},\ x=0)=|A_{\mathrm{d},n}|\sin\left(\omega_{\mathrm{d},n}t+\varphi_{\mathrm{d},n}-\frac{\pi}{4}\right) \tag{2-19}$$

2.2.2 单点接触 PIM 模型

下面我们分析单点接触结构的 PIM 模型。根据第 2.1 节，单个微凸体与平面接触的接触电阻公式 $R_{\mathrm{c}}=\rho/4a$，可知金属-金属接触电阻 R_{c} 一般与金属电阻率 ρ 成正比，而金属电阻率一般又与温度呈正相关关系。因此，接触电阻可以写为温度的函数：

$$R_{\mathrm{c}}(T)=R_{\mathrm{c},0}\left[1+\alpha\Delta T+\beta(\Delta T)^2+\gamma(\Delta T)^3+\cdots\right] \tag{2-20}$$

式中：$R_{\mathrm{c},0}$ 为温度为 T_0 时的电阻值；α 为电阻率温度系数；β 和 γ 为比例系数。

现在考虑角频率为 ω_1 和 ω_2 的双载波激励接触电阻 R_{c}，则在 R_{c} 上产生感应电流 i_1 和 i_2，注意由于电热耦合效应，此时 i_1 和 i_2 中包含了角频率分别为 ω_1 和 ω_2 的线性分量，分别记为 i_{10} 和 i_{20}，以及谐波和互调等非线性分量，同时在 R_{c} 上产生压降 V_{c}。则根据欧姆定律，有

$$V_{\mathrm{c}}=(i_1+i_2)R_{\mathrm{c}} \tag{2-21}$$

由于 R_{c} 是温度的函数，而根据 2.2.1 节温度又与载波激励有关，因此 R_{c} 是载波电流 i_1 和 i_2 的函数。可以推断方程(2-21)为非线性方程。

严格求解方程(2-21)，需要联立方程(2-19)～方程(2-21)求解，该过程较为复杂，难以获得解析表达。然而，由于我们预先知道系统非线性效应较弱，即式(2-20)中 ΔT 中的交流分量一般非常小，满足 $\alpha\Delta T\ll 1$、$\beta(\Delta T)^2\ll 1$、$\gamma(\Delta T)^2\ll 1$，因此该非线性效应是一种微扰。所以，可以采用一次迭代作为近似解，即利用 i_{10}、i_{20} 和 $R_{\mathrm{c},0}$ 分别作为 i_1、i_2 和 R_{c} 的一阶近

似，那么

$$V_c \approx (i_{10}+i_{20})R_{c,0} \tag{2-22}$$

此时流过接触点的总电流为

$$i=\frac{V_c}{R_c}\approx(i_{10}+i_{20})\frac{R_{c,0}}{R_c} \tag{2-23}$$

将 R_c 表达式(2-20)代入式(2-23)中，可得

$$i\approx(i_{10}+i_{20})\frac{1}{1+\alpha\Delta T+\beta(\Delta T)^2+\gamma(\Delta T)^3+\cdots} \tag{2-24}$$

利用近似关系：当 $x\ll1$ 时，$1/(1+x)\approx1-x$，可将式(2-24)近似简化为

$$i\approx(i_{10}+i_{20})[1-\alpha\Delta T-\beta(\Delta T)^2-\gamma(\Delta T)^3-\cdots] \tag{2-25}$$

由于 ΔT 中的交流分量非常小，而我们主要关心交流分量引起的非线性失真，因此，这里可以忽略式(2-25)中的高阶项，即

$$i\approx(i_{10}+i_{20})(1-\alpha\Delta T) \tag{2-26}$$

式中：i_{10} 和 i_{20} 分别代表不考虑温度波动时的载波电流，二者表达式分别为 $i_{10}=I_1\cos(\omega_1 t+\phi_1)$，$i_{20}=I_2\cos(\omega_2 t+\phi_2)$，$I_1$ 和 I_2 分别两路载波电流的幅值。再考虑温度变化表达式(2-19)。则可知双载波激励接触电阻 R_c 将产生多种频率分量信号，即谐波和互调失真信号。ΔT 中的交流频率分量包括：$2\omega_1$、$2\omega_2$、$\omega_1+\omega_2$ 和 $\omega_1-\omega_2$，因此根据式(2-26)，总电流中将包括的交流分量为 ω_1、ω_2、$3\omega_1$、$2\omega_1+\omega_2$、$2\omega_1-\omega_2$、$2\omega_2+\omega_1$、$2\omega_2-\omega_1$、$3\omega_2$。

下面给出三次谐波和三阶互调的电流分量。

当 $\omega_{d,n}=\omega_1-\omega_2$，可计算得到角频率为 $2\omega_1-\omega_2$ 的第一区三阶互调分量：

$$I_{2f_1-f_2}=\frac{\alpha I_1^2 I_2 R_c}{4S}\sqrt{\frac{1}{\lambda c\rho_d(\omega_1-\omega_2)}} \tag{2-27}$$

当 $\omega_{d,n}=\omega_1+\omega_2$，可计算得到角频率为 $2\omega_1+\omega_2$ 的第三区三阶互调分量：

$$I_{2f_1+f_2}=\frac{\alpha I_1^2 I_2 R_c}{4S}\sqrt{\frac{1}{\lambda c\rho_d(\omega_1+\omega_2)}} \tag{2-28}$$

当 $\omega_{d,n}=2\omega_1$，可计算得到角频率为 $3\omega_1$ 的三次谐波分量：

$$I_{3f_1}=\frac{\alpha I_1^2 I_2 R_c}{4S}\sqrt{\frac{1}{\lambda c\rho_d(2\omega_1)}} \tag{2-29}$$

由此，我们得到了谐波和互调失真的电流源表达式。为了求解最终系统测试得到的谐波和互调功率，只要将该电流源作为激励，计算测试端口接收到的谐波或者互调功率即可。这个过程可以借助商用仿真软件完成，如 CST 或 HFSS 等。

2.3　单点接触结构 MOM 非线性 PIM 模型

在实际空气环境中，金属表面易生长氧化层。当干净的金属表面暴露于空气中，金属表面会吸附氧，氧通过位置交换进入金属材料，与金属原子快速结合，形成单层或少数几层初始氧化膜。从初始氧化膜所需的净激活能来看，半层至几个单层氧化物的净激活能为零，初始氧化膜的厚度取决于具体金属材料类型，且初始氧化膜生长遵循线性生长规律。表面形成初始氧化膜后，该膜将金属表面与外部氧气隔开，但氧化过程仍在继续，主要由离子和电子在氧化膜中的传输决定。若氧化过程由阳离子传输主导，新的氧化膜会在氧化物-气体界面生长；若由阴离子传输主导，新的氧化膜则在金属-氧化物界面生长。基于体扩散机制形成的氧化物遵循缓慢的指数生长规律。随着时间的推移，氧化膜结构重新排列形成晶界，离子可沿晶界迁移形成小岛。对于铜、铝和不锈钢等金属，需考虑表面氧化膜的影响。不锈钢和铝表面的氧化膜通常生长到几个纳米就会停止，这层膜也被称为“保护膜”。其中，铝表面氧化膜最大厚度约为 6 nm，而不锈钢表面氧化膜相对较薄，一般为 1～2 nm。

金属表面氧化不仅会增大接触电阻，并且会产生由氧化膜导致的金属-氧化物-金属(MOM)接触非线性效应。因此，对于存在氧化膜的金属单点接触结构，其等效电路模型如图 2-8 所示。由 MOM 接触产生的非线性效应由非线性电阻表示。根据 1.3.2 节的介绍，不同的接触非线性机制，非线性电阻的 $I-V$ 特性将不同。为了分析 MOM 非线性 PIM 的一般规律，这里采用泰勒多项式进行分析，即非线性电流 I_{nl} 可以表示为电压 V 的函数：

$$I_{nl}=a_1V+a_2V^2+a_3V^3+\cdots \tag{2-30}$$

式中：$a_i(i=1, 2, 3\cdots)$为系数。

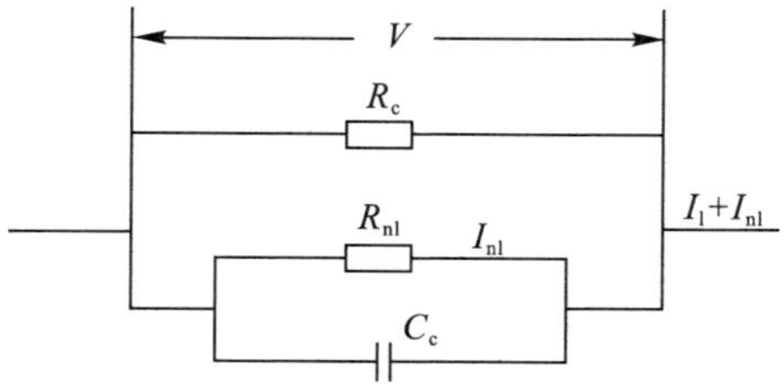

图 2-8　存在氧化膜的金属单点接触结构的等效电路模型

(注：V 为接触结构承受的压降，R_c 为线性接触电阻，R_{nl} 为非线性电阻，C_c 为接触电容，I_l 和 I_{nl} 分别代表流过接触结构电流的线性部分和非线性部分。)

当输入两路频率分别为 $\omega_1 = 2\pi f_1$ 和 $\omega_2 = 2\pi f_2$ 的载波，且在接触电阻 R_c 上感应的线性电流幅值分别为 I_1 和 I_2 时，电压 V 可以表示为

$$V = V_1\cos(\omega_1 t) + V_2\cos(\omega_2 t) \tag{2-31}$$

式中：$V_1 = R_c I_1$，$V_2 = R_c I_2$，这里忽略了接触电容 C_c 的影响。将式(2-31)代入式(2-30)，经化简后可得到由非线性效应产生的各种频率分量电流产物：

$$\begin{aligned} I_{nl} = {} & \frac{a_2}{2}(V_1^2 + V_2^2) + \frac{3a_3V_1^3 + 6a_3V_1V_2^2 + 4a_1V_1}{4}\cos(\omega_1 t) + \\ & \frac{3a_3V_2^3 + 6a_3V_1^2V_2 + 4a_1V_2}{4}\cos(\omega_2 t) + \frac{a_2V_1^2}{2}\cos(2\omega_1 t) + \\ & \frac{a_2V_2^2}{2}\cos(2\omega_2 t) + \frac{a_3V_1^3}{4}\cos(3\omega_1 t) + \frac{a_3V_2^3}{4}\cos(3\omega_2 t) + \\ & a_2V_1V_2\cos(\omega_1 t + \omega_2 t) + a_2V_1V_2\cos(\omega_1 t - \omega_2 t) + \\ & \frac{3a_3V_1^2V_2}{4}\cos(2\omega_1 t + \omega_2 t) + \frac{3a_3V_1V_2^2}{4}\cos(\omega_1 t + 2\omega_2 t) + \\ & \frac{3a_3{V_1}^2V_2}{4}\cos(2\omega_1 t - \omega_2 t) + \frac{3a_3V_1V_2^2}{4}\cos(\omega_1 t - 2\omega_2 t) \end{aligned} \tag{2-32}$$

需要注意的是，在式(2-32)中，只考虑了三阶非线性的影响，更高次幂项的影响被忽略了，对于一般的非线性机制，这是合理的。基于此，可以得到三次谐波和三阶互调的电流分量。

角频率为 $2\omega_1 - \omega_2$ 的第一区三阶互调分量：

$$I_{2f_1-f_2} = \frac{3a_3V_1^2V_2}{4} = \frac{3a_3R_c^3I_1^2I_2}{4} \tag{2-33}$$

角频率为 $2\omega_1 + \omega_2$ 的第三区三阶互调分量：

$$I_{2f_1+f_2} = \frac{a_3V_1^3}{4} = \frac{a_3R_c^3I_1^3}{4} \tag{2-34}$$

角频率为 $3\omega_1$ 的三次谐波分量：

$$I_{3f_1} = \frac{3a_3V_1^2V_2}{4} = \frac{3a_3R_c^3I_1^2I_2}{4} \tag{2-35}$$

2.4　单点接触结构 PIM 实验规律

2.4.1　互调与谐波联合测试系统

参考 PIM 测试系统，设计金属接触 PIM 和谐波测试电路如图 2-9 所示。该测试电路利用 PIM 测试系统输出一路或两路单载波信号，并通过耦合器

和带通滤波器级联，就可以通过反射测试方法获取待测件(CUT)在载波激励下的三阶 PIM 功率和三次谐波功率。该测试电路的基本工作原理如下。首先 PIM 测试系统 ANT1 端口输出载波信号。其次，载波信号通过耦合器的端口 2 进入 CUT，并激励 CUT 产生三阶 PIM 信号和三次谐波信号。最后，产生的三次谐波分量 $3f_1$ 和三阶 PIM 分量 $2f_1+f_2$ 会通过耦合器的端口 2 和端口 3 回路进入带通滤波器被频谱仪所接收；而三阶 PIM 分量 $2f_1-f_2$ 会通过耦合器端口 1、双工器端口 ANT1 和端口 RX1 回路被频谱分析仪所接收。

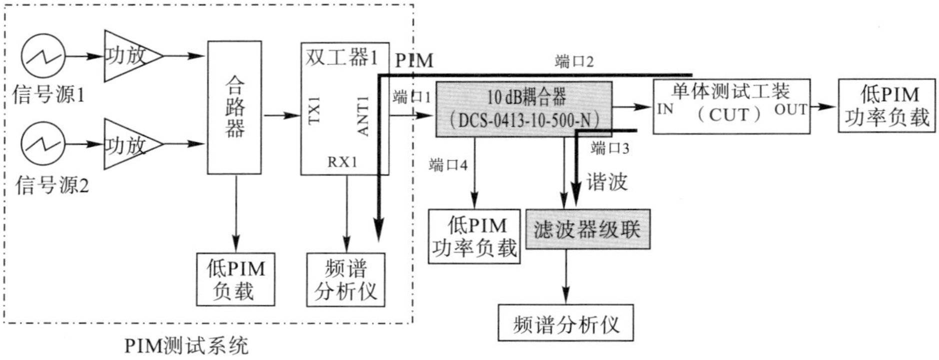

图 2-9　三阶 PIM 与三次谐波联合测试系统结构框图

基于微带线结构测试夹具的接触结构三次 PIM 和谐波测试原理图如图 2-10 所示。基于该测试夹具测试时，把焊接在金属衬底上的待测样和上方金

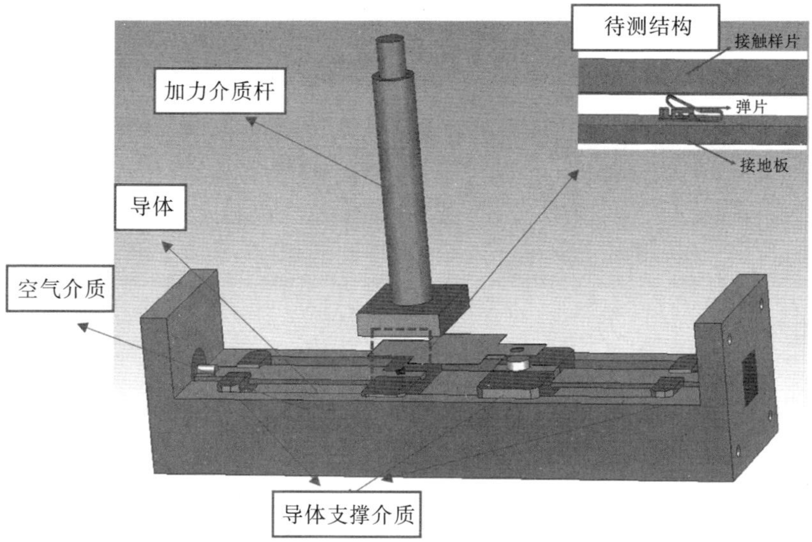

图 2-10　弹片单点接触结构 PIM 及谐波测试夹具示意图

属片构成的金属接触置于导体之间，当电磁波沿导体传输时，会通过待测结构而产生电流。由于金属接触结构的 $I-V$ 非线性特性，当该电流流经待测结构时将会产生非线性电流，这部分非线性电流作为二次源激励出 PIM 和谐波信号。这些非线性信号在系统中向正反两个方向传播，产生正向传输的传输 PIM 和谐波信号及反向传输的反射 PIM 和谐波信号。这些正向或反向的非线性信号又进一步被频谱仪所接收并测量。

微带线测试夹具测量得到的 S 参数曲线如图 2 - 11 所示。该测试夹具可以测试 0.9 GHz、1.8 GHz 下的三阶互调和三次谐波信号。在可测试频段内，插入损耗小于 1 dB，回波损耗大于 15 dB。

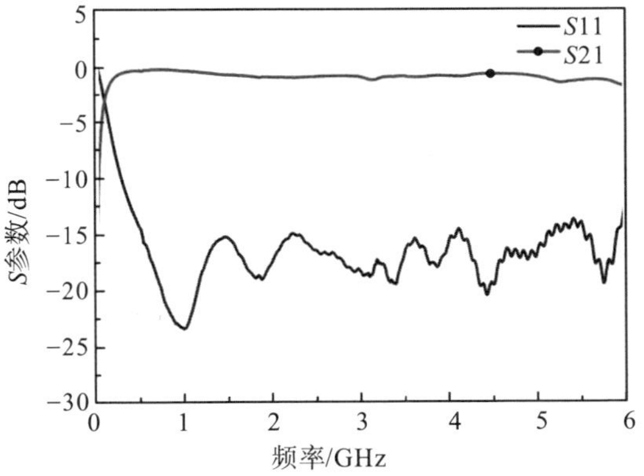

图 2 - 11　用于弹片单点接触 PIM 实验规律测试的微带线测试夹具 S 参数测量结果图

2.4.2　单点接触 PIM 实验规律

从式(2 - 27)～式(2 - 29)可以看出，基于电热耦合非线性机制的三阶互调和三次谐波模型之间的显著差异主要表现在频率依赖关系上。其中频率为 $2f_1-f_2$ 的 PIM 信号的电流幅值与$(f_1-f_2)^{-1/2}$成正比，频率为 $2f_1+f_2$ 的 PIM 信号的电流幅值与$(f_1+f_2)^{-1/2}$成正比，而频率为 $3f_1$ 的 PIM 信号的电流幅值与$(2f_1)^{-1/2}$成正比。由此，可以推断，这三种失真信号的幅值，存在如下关系：

$$\frac{\mathrm{ND}(3f_1)}{\mathrm{ND}(2f_1-f_2)}=20\lg\frac{I_{3f_1}}{I_{2f_1-f_2}}=10\lg\frac{|f_1-f_2|}{2f_1} \tag{2-36}$$

$$\frac{\mathrm{ND}(2f_1+f_2)}{\mathrm{ND}(2f_1-f_2)}=20\lg\frac{I_{2f_1+f_2}}{I_{2f_1-f_2}}=10\lg\frac{|f_1-f_2|}{f_1+f_2} \tag{2-37}$$

式中：ND 代表不同频率非线性失真的功率值。需要注意的是，式(2 - 36)和式(2－37)的结论未考虑 R_c 随频率变化的影响。

当 f_1＝0.935 GHz 和 f_2＝0.96 GHz 时，可以推导出以下的关系：

$$\frac{\mathrm{ND}(3f_1)}{\mathrm{ND}(2f_1-f_2)}=10\lg\frac{f_1-f_2}{2f_1}=-18.7\ \mathrm{dBc} \tag{2-38}$$

$$\frac{\mathrm{ND}(2f_1+f_2)}{\mathrm{ND}(2f_1-f_2)}=10\lg\frac{|f_1-f_2|}{f_1+f_2}=-18.8\ \mathrm{dBc} \tag{2-39}$$

相应的，对于 MOM 接触非线性机制，根据式(2－33)～式(2－35)，三阶互调和三次谐波之间，存在如下关系：

$$\frac{\mathrm{ND}(3f_1)}{\mathrm{ND}(2f_1-f_2)}=20\lg\frac{I_{3f_1}}{I_{2f_1-f_2}}=20\lg\frac{1}{3}=-9.5\ \mathrm{dBc} \tag{2-40}$$

$$\frac{\mathrm{ND}(2f_1+f_2)}{\mathrm{ND}(2f_1-f_2)}=20\lg\frac{I_{2f_1+f_2}}{I_{2f_1-f_2}}=0\ \mathrm{dBc} \tag{2-41}$$

这里假设两路载波的电流幅值相等。对于弹片连接的三次谐波和三阶互调，实验测得结果如图 2－12 所示。

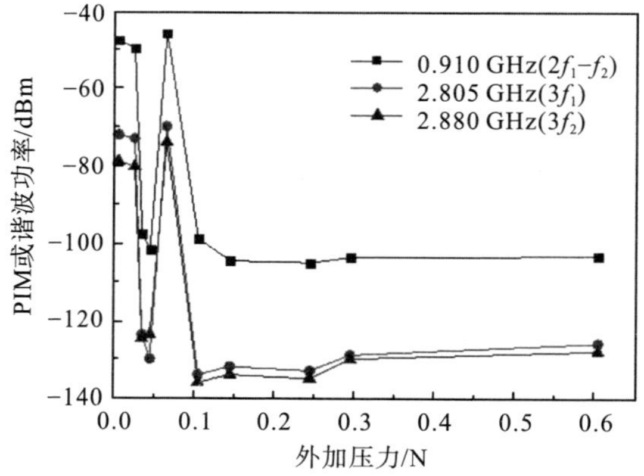

图 2－12　弹片三阶 PIM($2f_1-f_2$)和三次谐波($3f_1$、$3f_2$)功率随外加压力变化关系图

两个不同频段的三阶互调之间的关系测试结果如图 2－13 所示。可以看出 ND($3f_1$)与 ND($2f_1-f_2$)、ND($3f_2$)与 ND($2f_1-f_2$)及 ND($2f_1+f_2$)与 ND($2f_1-f_2$)的功率值均在不同外加压力下大致相差 20 dB 左右，考虑到实验中存在非理想因素，该实验结果与式(2－38)和式(2－39)给出的电热耦合理论预期结果(～19 dB)吻合得较好，验证了单点接触非线性的起源之一是电热耦合效应。

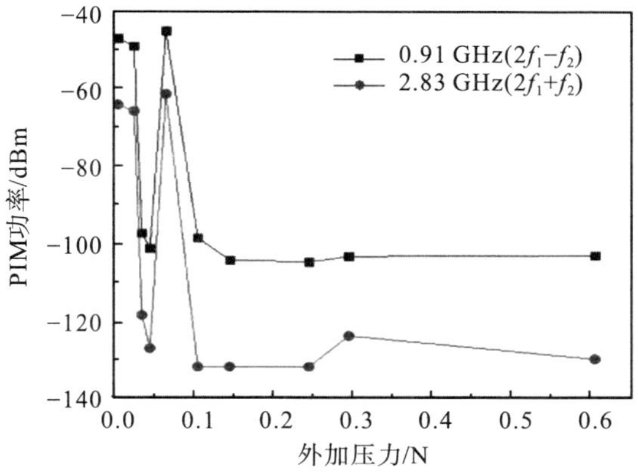

图 2-13 弹片第一区三阶 PIM($2f_1-f_2$)和第三区三阶 PIM($2f_1+f_2$)功率随接触压力变化关系图

2.5 本章小节

接触非线性互调是工程中最常见的无源互调效应之一。本章介绍了单点接触结构的 PIM 建模方法，讨论了电热耦合非线性和 MOM 接触非线性两种机制的 PIM 物理模型，给出了 PIM 与材料特性、接触力和工作条件的相关关系。通过 PIM 和谐波信号的联合测试，证实了电热耦合效应是单点接触结构 PIM 效应的非线性机制之一。

参考文献

[1] WU D W, XIE Y J, KUANG Y, et al. Prediction of passive intermodulation on mesh reflector antenna using collaborative simulation: multiscale equivalent method and nonlinear model[J]. IEEE Trans. Antennas Propag., 2018, 66(3), 1516-1521.

[2] YANG S. Passive harmonic generation at spring contacts[D]. Rolla: Missouri University of Science and Technology, 2019.

[3] LI J. Self-contact introduced passive intermodulation characterizations for captured springs[J]. 2021 IEEE International Joint EMC/SI/PI and EMC Europe Symposium, 2021, 5(2): 929-934.

[4] 赵小龙，贺永宁，胡扬波，等．一种用于射频频段电接触元件的接触阻抗测量系统及方法：ZL201911012542. X[P]. 2019-10-23.

第 3 章　射频电连接结构无源互调建模

除了上一章讨论的弹片和网状天线中的单点接触结构存在接触非线性无源互调效应外，射频系统中的常见射频电连接结构，包括法兰连接和同轴连接等，也存在接触非线性无源互调效应。与上一章关注单点接触结构不同，本章主要讨论面接触结构的无源互调问题，首先对接触无源互调(即接触非线性导致的无源互调)研究现状进行简要介绍，然后以波导法兰连接为例讨论面接触非线性无源互调的建模方法，最后探讨接触无源互调波动特性的蒙特卡罗分析方法。

3.1　接触 PIM 效应简述

关于接触结构引起的 PIM 效应，从 20 世纪 70 年代开始实验研究就比较多了。目前，研究对象遍及天线馈源、同轴电缆、连接器、波导法兰、反射面天线等几乎所有的通信系统无源器件，表明无源器件所有的金属-金属接触连接结构都可能产生 PIM 效应。前文通过实验，已获得了 PIM 效应的一些基本规律[1-2]，包括：

(1)与接触压强相关，松动连接更容易产生 PIM 效应；

(2)与金属材料类型有关，镀银部件的 PIM 效应优于镀铜和镀铝部件；

(3)存在波动性，随时间变化，并且不同次连接中 PIM 效应不同。

(4)与金属表面状态有关，表面沾污或存在金属粉末都会引起 PIM 功率增加。

PIM 受到包括上述因素在内的金属材料类型、接触压强、金属表面形貌、表面沾污、温度、载波频率和部件结构等诸多因素的影响，使得实际射频部件的 PIM 功率测试结果通常分散性较大，同一状态多次测量差异可超过 10 dB[3-5]，这对建立 PIM 定量理论模型造成困难，导致接触结构引起的 PIM 干扰的定量建模和预测研究进展缓慢，目前只有 PIM 功率随载波功率变化的规律可以量化，而其他规律只能获得定性结论。

在以往实验研究中，通常采用实际射频部件结构为研究对象，对于实际的接触，从微观来看，是由很多个小的微接触结构构成的，这些微接触结构各自的状态并不能随着环境有规律地变化，而是呈现出一定的随机性[4,6]，这就使得实验数据存在波动性，即由于接触结构的接触面积较大、接触点多，而使得主要的 PIM 来源位置不确定，导致实验数据的分散性较大且规律不明显。2017 年，本书作者通过在波导法兰连接界面人为设计由短 Cu 线引起的单个 PIM 源，从而获得了 PIM 随接触电阻变化的基本规律[7]。

对于编织结构网状天线，反射面采用金属丝编织构成，且编织结构的基本单元中存在数个点接触结构。因此点接触结构的实验研究能够为网状天线的 PIM 规律研究提供实验数据支撑。借助显微镜可以明显分辨出金属表面由许多个微凸体结构构成，因此研究单个点接触结构的 PIM 规律，是研究面接触结构 PIM 规律的基础。

接触结构引起的 PIM 效应可归因于接触结构的寄生非线性特性。关于非线性的起源主要有两种理论，即半导体效应理论和电热耦合效应理论[8-9]。

半导体效应理论认为金属表面存在氧化层或者沾污吸附层。实际的金属-金属接触结构，从微观来看，都形成了金属-绝缘体-金属(MIM)结构，根据半导体的电流输运理论，这样的 MIM 接触结构表现出非线性 $I-V$ 特性。Higa 和 Bond 等人[10-11]通过研究铝合金射频部件的 PIM 问题，判断铝合金接触 PIM 的产生主要来自 $Al-Al_2O_3-Al$ 的接触结构，Bond[11]认为该非线性来自电子隧穿效应。Ming 等人[12]对热电子发射引起的 PIM 效应进行了研究。目前大量实验已经表明，金属表面的氧化层确实会强化 PIM 效应。

功耗与热通常相伴而生。射频部件传输功率时将由于导体和介质的损耗在射频部件上产生焦耳热，反过来焦耳热影响导体的导电特性。由于导体的焦耳热受载波频率调制，则导体的导电特性亦受载波频率调制，从而产生受载波频率调制的电流，最终引起系统的 PIM 效应，这就是电热耦合效应产生 PIM 效应的基本原理[13]。Wilkerson[14]采用分数阶微分电导描述电热耦合效应，并推导了电热耦合效应引起的互调数学模型。由于电热耦合公式复杂，Wilkerson[14]的推导只能给出总的谐波失真功率(Total Harmonic Distortion，THD)，而无法区分各阶互调效应及谐波功率。

目前的腔体射频部件的 PIM 起源多采用金属接触 MIM 结构非线性描述，而电热耦合效应多用来解释微带电路的无源互调现象[15-19]。而关于金属腔体和金属线编织结构部件，如矩形波导、阻抗变换段、网状反射面天线等的电热耦合效应的研究，报道得不多。主要有两方面原因：①由于金属块体材料散热良好，腔体部件中的发热效应较微带电路要小很多；②金属腔体和金属线编织结构部件的电热耦合效应建模困难。

金属接触结构引起的 PIM 效应的建模分析，依赖于建立接触结构的非线性特性等效模型和等效电路模型。以上虽然给出了半导体效应和电热耦合效应两种非线性物理起源，然而实际的射频部件接触非线性特性影响因素较多且无法直接测量，因此目前依然没有较为可靠的用来预测 PIM 的非线性特性方程模型。通常的 PIM 规律的计算和分析采用多项式非线性数学方程模型来等效系统非线性物理方程，如三阶互调的非线性根源大多采用三次非线性系数描述，而其取值则根据 PIM 功率计算大小选择。在此基础上通过对接触结构进行电路等效，并将其置于系统电路模型(路仿真)或电磁场模型(场仿真)中，进行 PIM 仿真计算。因此，目前的 PIM 仿真计算方法主要包括等效电路法和场路结合法。

由于微带线的等效电路模型较成熟，因此微带线的 PIM 研究多采用等效电路法。对于腔体部件和网状天线结构，多采用场路结合法[20-23]。

以上两种 PIM 仿真计算方法依赖的基础是对接触结构的等效电路建模。接触结构的特性也可以用集总参数等效，但是对于集总参数的取值通常只能通过 PIM 模型间接推导得到，而无法直接通过实验或者仿真计算获得，这加大了接触结构的阻抗和非线性特性准确建模的难度，并且使得 PIM 模型的客观验证方法受到考验[24-26]。

在以上的研究中，非线性的物理起源分析和 PIM 的仿真计算是分离的，大部分 PIM 仿真计算研究者采用鲁棒的非线性数学模型来替代实际的非线性特性方程，甚至不关心非线性的物理起源，数学模型中的未知参数根据 PIM 实验结果确定。这样的割裂研究，严重影响了 PIM 仿真计算的实用性、准确性和普适性。而将材料特性、接触力、温度和表面状态等物理量结合起来的基础研究则开展得很少。Vincent[27] 将电接触理论应用于接触结构 PIM 研究中，从而将接触压强、金属表面状态和金属特性联系起来，通过采用多项式形式的非线性等效方程和等效的 PIM 效应估计方法，数值计算得到 PIM 功率与接触压强、表面状态参数和金属特性之间的关系。Vincent[27] 的这一工作给微观接触和宏观 PIM 效应的有机结合提供了新的思路。

本书作者通过采用电接触理论获得了非线性特性随接触压强、材料特性和表面状态参数变化的理论方程，并结合点源模型推导获得了波导法兰连接结构的 PIM 功率表达式，获得了接触 PIM 功率随接触电阻、表面电流密度、接触压强、材料特性和表面状态参数等多种因素变化的表达式。本章将具体介绍这些内容。

此外，大量实验研究已经表明，PIM 存在波动性，不同次连接中 PIM 效应不同。这主要是因为不同次装配时，虽然保证了扭力矩不变，但是实际金属表面各个微凸体接触状态每次装配都在发生变化，且这种变化是随机的，从而使得 PIM 功率的测量值存在波动性。目前关于 PIM 波动性的规律研究较少，本章末尾将对此进行简要讨论。

3.2　金属-金属接触非线性

在传统射频部件设计时，金属-金属接触通常被看作是理想接触，并未关注实际的金属-金属接触的界面特性。当我们采用显微镜观察射频部件机加工金属表面时，就会看到金属表面是粗糙不平的，如图 3-1 所示。可见金属表面包含很多凸起和凹谷，它们的形状、高低起伏的变化、平均间隔及其他几何特征取决于金属加工工艺。因而，实际的金属-金属接触结构性能是由金属表面上的这些微观凸起结构决定的。

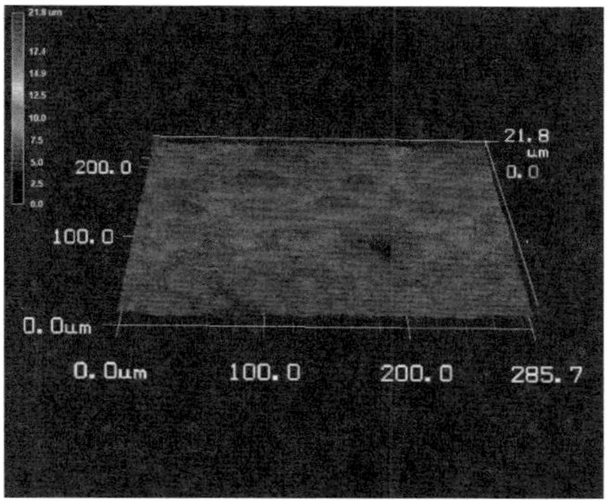

图 3-1　一种机加工金属表面的三维形貌图

如果我们再对金属表面的成分进行分析，就会发现金属表面通常都会存在一定的氧化层和沾污。例如，我们对金属 Al 表面进行成分分析，如图 3-2 所示，有机溶剂清洗有助于去除表面沾污，使用 NaOH 刻蚀液腐蚀可以去除表面氧化层。可以看到清洗后，碳元素含量下降，氧元素变化不大，这与

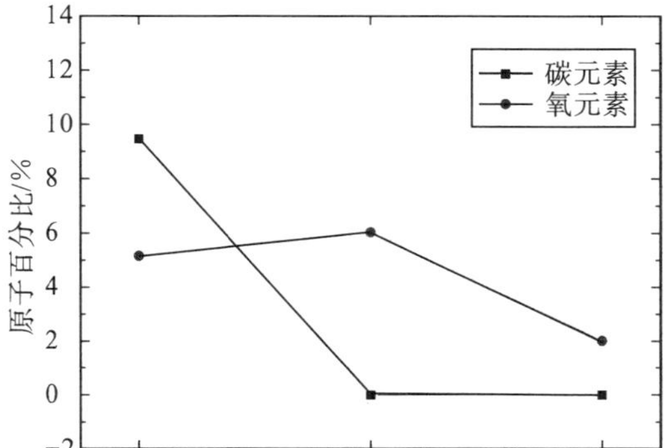

图 3-2　不同处理方式后的金属 Al 表面碳和氧元素分析

沾污物被清除的推断一致；采用刻蚀液对表面进行腐蚀后，氧元素含量下降。

由此可见，金属-金属接触实际是粗糙表面间的接触，并且接触界面还存在沾污及氧化层。关于金属粗糙表面的电连接问题是有线电能传输及信号传输中较受关注的问题。历史上曾经多次发生电连接失效而导致的电网瘫痪、飞机坠毁、卫星失效等严重故障或事故。随着现代电气设备对功率密度、空间尺寸、发热量和电寿命的要求越来越严格，对电接触的要求也越来越高，接触界面的接触电阻在许多场合至关重要。比如强电领域中的开关电气设备如断路器、接触器、继电器及微动开关在分段操作和整个电寿命中都需要尽可能小的接触电阻；弱电领域中的连接如芯片封装、高速数字通信连接、射频电连接也需要极小的接触电阻来保证小的回路阻抗从而降低发热量和信号失真等。

对于电接触引起的 PIM 问题，不仅要关注电接触引起的附加电阻，还需要考虑电接触导致的非线性，下面将分别进行论述。

3.2.1 接触电阻模型

金属表面微观上粗糙不平，当两金属接触时，凸起部分首先接触，随着压力增大，先接触的凸起部分发生变形，凸起高度下降，接触面积增大，同时有其他小凸起开始接触，这导致实际的接触面积小于名义接触面积。因此，实际中两个粗糙金属表面接触时，只有少数凸出的点发生了真正的接触，并且其中仅仅一部分接触点能导电。当电流流过这些很小的导电斑点时，电流线会发生收缩现象，其实质是电流能够通过的横截面积变小，因此，会产生附加电阻，称为收缩电阻，或接触电阻。瑞典电气工程师霍尔姆从理论上给出了单个凸体接触的物理模型理论，即霍尔姆接触理论，用于描述导电接触面之间的接触电阻问题。

霍尔姆接触理论给出了单个凸体接触的收缩电阻模型，对于包含许多微凸体的接触界面，总的接触电阻可以采用统计或分形理论进行建模。统计模型主要是指 G－W(Greenwood－Williamson，格林伍德-威廉逊)模型[24]，它是基于金属表面形貌粗糙结构的统计假说，给出的粗糙表面接触的力学模型。G－W 模型假定接触表面分布着许多半径相同的微凸体，其高度符合一定分布且各个微凸体之间互不影响，因此，基于单个微凸体与刚性光滑平面的接触电阻模型，进而运用概率分布理论，可以建立光滑刚性平面与粗糙面接触的接触电阻模型。采用分形理论来描述粗糙表面始于 1978 年，Sayles 等人[25]在研究粗糙表面形貌时发现大部分机加工获得的工程表面都具有自仿射性和自相似的分形特性。1991 年，Majumdar 和 Bhushan[26]结合分形几何理论和接触力学理论建立了分形粗糙表面弹性和塑性接触模型，即 M－B 模型。

基于 M－B 模型也可以建立金属粗糙表面接触电阻表达式。本章将基于 G－W 统计方法，建立非线性模型及接触电阻模型，进而得到 PIM 模型。

需要注意的是，考虑到射频信号的趋肤效应，电流在导体表面传播，因此电流在流过接触界面时，也要考虑趋肤效应。趋肤深度表示为

$$\delta=\sqrt{\frac{1}{\pi f\mu\sigma_{c}}} \tag{3-1}$$

式中：f 为频率；μ 为磁导率；σ_c 为金属电导率。

3.2.2　金属接触非线性机制

当金属表面存在氧化层(氧化膜)或沾污时，两种金属接触，则构成 MIM 结构。由于以下两方面的原因，实际工程中的 MIM 结构具有一定的导电性。

(1)工程应用中的金属均含有一定含量的杂质，因此在与空气反应产生氧化膜的过程中，会在氧化膜中形成大量的杂质和缺陷，从而使氧化膜具有一定的导电性。

(2)金属在空气中形成的氧化膜比较薄，在几埃至几纳米之间，当膜上有外加电场时，也可通过隧穿效应等机制导电。

根据固体物理理论，这些因素导致 MIM 结构的 $J-V$ 关系通常表现出非线性特性。对于非故意氧化的金属材料，其表面的氧化膜通常很薄，此时 MIM 结构的导电机制由隧穿电流决定。

当金属长时间放置时，氧化膜增厚，此时隧穿电流减小，使得热电子发射电流成为主要的电流机制。此时，MIM 接触可以看作两个背靠背的肖特基结，其 $J-V$ 特性主要由反偏的肖特基结决定。

除此之外，MIM 接触的非线性电流机制还包括普尔-弗兰克尔热发射电流机制、空间电荷限制电流机制等，在应用时需要根据实际金属材料特性和表面状态等因素判断哪种导电机制占主导。

3.3　接触 PIM 建模方法

电接触 PIM 效应与接触界面状态、射频部件结构等因素有关。本节首先基于电接触理论解析推导金属-金属接触的非线性 $I-V$ 方程；然后，将接触界面产生的非线性电流视为二次源，用来分析局部点接触的 PIM 规律；最后将该二次源模型应用于矩形波导连接，并推导出波导法兰连接的 PIM 模型。

3.3.1　金属-金属接触 PIM 的非线性电流模型

根据固体物理理论，金属-金属接触界面中可能的 PIM 非线性源有隧道效应[28-29]、热电子发射、普尔-弗兰克尔发射等[28]。尽管 $I-V$ 方程因 PIM

机制不同而不同，但大多数方程都可以展开成幂级数：

$$J_{\mathrm{MIM}} = \sum_{i=0}^{\infty} g_i V^i = g_0 + g_1 V + g_2 V^2 + g_3 V^3 + g_4 V^4 + g_5 V^5 + \cdots \tag{3-2}$$

式中：J_{MIM}是电流密度；g_i 是非线性系数，由具体非线性机制决定；V 是偏置电压。

机加工金属的表面是粗糙的，有许多微凸体。如图 3－3 所示，金属-金属界面受力接触，实际是金属表面上的这些微凸体形成接触。这些微凸体接触中，一些形成金属-绝缘体-金属(MIM)接触，这是由金属表面上存在氧化膜或沾污引起的，而另一些形成良好的金属-金属(MM)接触，如图 3－4 所示。对于特定微凸体，当接触力足够大时，氧化膜将被破坏，从而由 MIM 接触转变为 MM 接触。单个微凸体上的接触力与压入深度 χ 成正相关。因此，我们定义临界压入深度 χ_c，当压入深度大于 χ_c 时，MIM 接触变成 MM 接触，如图 3－5 所示。参数 χ_c 与氧化膜的机械性能有关。我们假设单个微凸体上的压强等于金属材料变形时的硬度，该假设通常适用于塑性变形情况研究。接触面积为 $2\pi R\chi$[29]，其中 R 为微凸体的半径。因此，单个微凸体的 MIM 接触面积 A 可以写为

$$A=\begin{cases} 2\pi R\chi, & 0<\chi\leqslant\chi_c \\ 0, & \chi>\chi_c \end{cases} \tag{3-3}$$

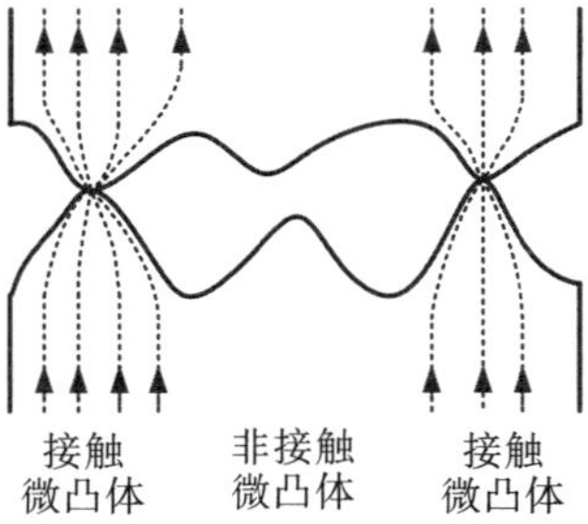

图 3－3　金属粗糙表面接触示意图

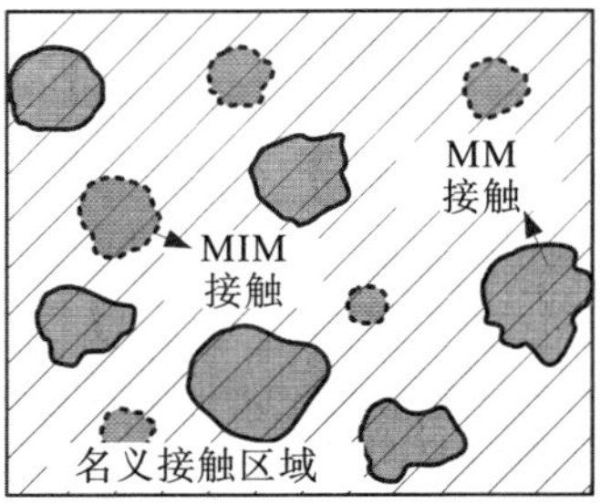

图 3－4　MIM 和 MM 接触示意图

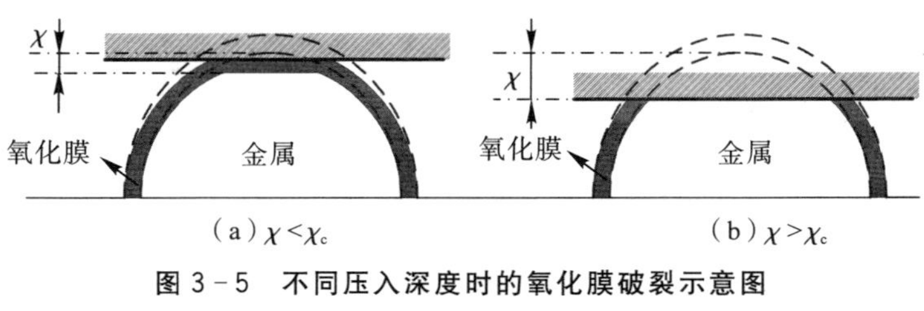

图 3－5　不同压入深度时的氧化膜破裂示意图

在一定的外力作用下，整个金属接触界面上存在着多个 MIM 接触、MM 接触和非接触微凸体。定义总 MIM 接触面积比为 $\xi=\frac{A_{\mathrm{MIM}}}{A_{\mathrm{n}}}$，其中 A_{MIM} 是总 MIM 接触面积，A_{n} 是名义接触面积。使用 G－W 模型[24]可以计算 MIM 接触面积比。对于粗糙表面，微凸体的高度 φ' 服从高斯分布：

$$\varphi'=\left(\frac{1}{\sigma\sqrt{2\pi}}\right)\exp\left(-\frac{z^2}{2\sigma^2}\right) \tag{3-4}$$

式中：z 是微凸体的高度；σ 是微凸体高度的标准差。

因此，MIM 接触面积比为

$$\xi=\frac{\left(N\int_{d}^{d+\chi_{\mathrm{c}}}A\varphi'\mathrm{d}z\right)}{A_{\mathrm{n}}} \tag{3-5}$$

式中：N 是名义接触面积内的微凸体数量；d 是两个金属平面之间的距离。

名义接触面积上的平均压强为

$$P=\frac{A_{\mathrm{r}}H}{A_{\mathrm{n}}} \tag{3-6}$$

式中：H 是金属的硬度；A_{r} 是实际接触面积，等于 MIM 接触面积和 MM 接触面积之和，$A_{\mathrm{r}}=N\int_{d}^{\infty}2\pi R\chi\varphi'\mathrm{d}z$。

根据式(3－5)和式(3－6)，可以得到 $\xi-P$ 关系。然而，由于表达式中存在高斯函数积分，难以给出解析解。为了得到积分方程简洁的解析表达式，我们使用三角分布 ϕ'' 近似高斯分布：

$$\phi''=\begin{cases}0, & |z|>\frac{1}{\sqrt{c}}\\ cz+\sqrt{c}, & -\frac{1}{\sqrt{c}}\leqslant z<0\\ -cz+\sqrt{c}, & 0\leqslant z\leqslant\frac{1}{\sqrt{c}}\end{cases} \tag{3-7}$$

式中：c 是三角分布曲线的斜率，等于高斯分布曲线的最大值和半高位置点之间连线的斜率，即 $c=\frac{1}{4\sqrt{\ln 2}\pi\sigma^2}$。利用概率密度函数积分等于一的原理，得到分布曲线截距为 $\sqrt{c}$。图 3－6 给出了三角分布近似与高斯分布的比较。

使用式(3－5)～式(3－7)，可以计算 MIM 接触面积比为

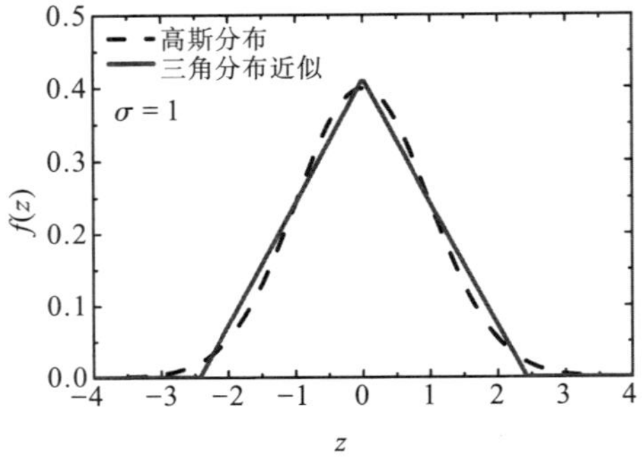

图 3-6　三角分布近似与高斯分布的比较

$$\xi(P)\approx\begin{cases}\left[\left(\frac{8}{3}\right)\pi R\eta c\right]^{\frac{2}{3}}\chi_c^{\frac{3}{2}}\left(\frac{P}{H}\right)^{\frac{1}{3}}, & 0\leqslant P\leqslant\frac{\pi RH\eta}{3\sqrt{c}}\\ \left(\frac{8}{3}\right)\sqrt{c}\,\pi R\eta\chi_c^{\frac{3}{2}}-\left[\left(\frac{8}{3}\right)\pi R\eta c\right]^{\frac{2}{3}}\chi_c^{\frac{3}{2}}\left(\frac{P}{H}\right)^{\frac{1}{3}}, & \frac{\pi RH\eta}{3\sqrt{c}}<P\leqslant\frac{8\pi RH\eta}{3\sqrt{c}}\end{cases}\tag{3-8}$$

式中：η 是微凸体密度，且 $\eta=\frac{N}{A_n}$。

从式(3-8)可知，当外加压力较小时(较大时)，MIM 接触面积与名义接触面积之比随着外加压力的 1/3 次方上升(下降)。图 3-7 显示了使用参数 $R=10\ \mu m$，$\sigma=0.5\ \mu m$，$\eta=1\times10^9\ m^{-2}$，$H=100$ MPa，$\chi_c=4.9$ nm 计算的 MIM 接触面积比随外加压力接触压强(压强)的变化规律。

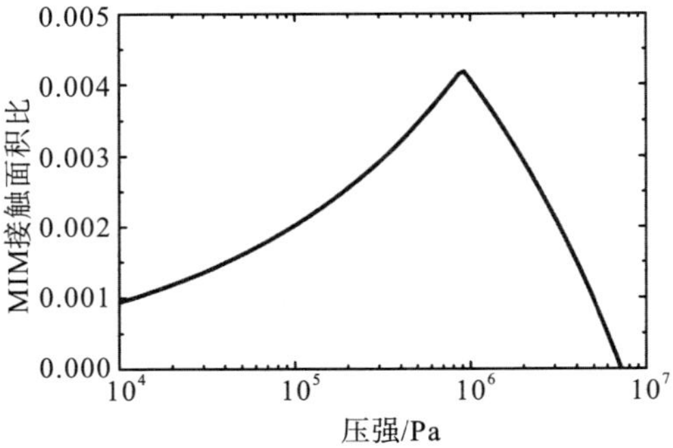

图 3-7　MIM 接触面积比随接触压强变化关系图

考虑金属表面微凸体接触的非线性，$I-V$ 特性可以表示为

$$J_{nl}=\xi J_{MIM}=\sum_{i=0}^{\infty}(\xi g_i)V^i\tag{3-9}$$

式中：ξ 是压力的函数，J_{MIM} 是电压的函数，这意味着 J_{nl} 是电压和压力的函数。

为了验证式(3-9)，应测量不同压力下金属接触的非线性 $I-V$ 特性。然而，直接测量实际金属接触的非线性电流是困难的，甚至是不可能的，因为非线性电流会被流过 MM 接触微凸体的线性电流所淹没。因此，我们通过在镀银铝样品表面沉积一层 Ag_2O 薄膜，使得在外加压强时 MIM 接触表现出可测的非线性。在这种情况下，可以测量金属接触的非线性 $I-V$ 特性。

图 3-8 显示了用探针接触沉积了 Ag_2O 的平板样品获得的 $I-V$ 特性曲线。可以观察到 $I-V$ 关系具有显著的非线性。使用式(3-9)，可以对 $I-V$ 曲线进行多项式拟合。另外，通过外加不同的压力，可以提取不同压力(压强)下的非线性系数。如图 3-9 所示，三阶非线性系数整体呈先增大后减小趋势，这与式(3-8)的预测规律一致。

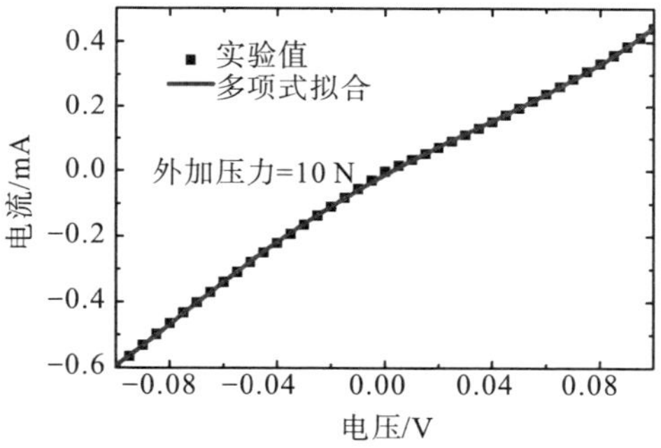

图 3-8　厚 Ag_2O 膜的镀银铝合金样品和镀银探针金属接触结构的典型 $I-V$ 特性

(注：名义接触面积为 1.32×10^{-5} m²。)

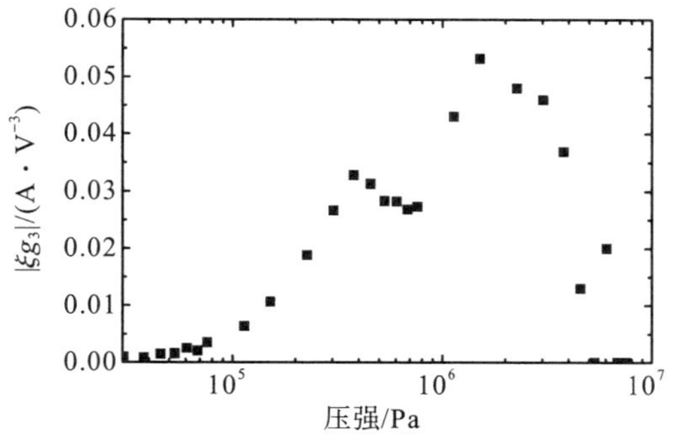

图 3-9　提取的三阶非线性系数随着施加压强的变化曲线

3.3.2　PIM 信号的二次源模型

根据式(3－9)，可知非线性电流密度是外加压力和电压的函数。当电磁波穿过射频部件时，会产生表面感应电流。通过接触界面的线性电流将在接触界面产生电压降。电压幅度可以写成

$$V_0 = |Z| \cdot \frac{J_1}{\delta} \tag{3-10}$$

式中：Z 是单位面积内的接触阻抗；J_1 是线电流密度的大小；δ 是趋肤深度。线电流密度与输入载波功率及射频部件的结构有关。

金属接触的阻抗主要由接触电阻决定。根据霍尔姆接触理论，单个微凸体与平面接触的接触电阻为 $\rho/4a$，式中 ρ 是金属的电阻率，a 是接触半径。因此，单位面积的接触电阻可以表示为

$$R_{c,s} = R_c A_n = \frac{\rho}{4\eta\int_{d+\chi_c}^{\infty} a\varphi \mathrm{d}z} \tag{3-11}$$

式中：R_c 为名义接触面积 A_n 内的接触电阻。

使用高斯分布的近似式(3－7)求解式(3－11)，得到

$$R_{c,s} = \left(\frac{46875\pi^2 R^2}{128\eta c}\right)^{\frac{1}{6}} \rho \left(\frac{P}{H}\right)^{\frac{-5}{6}},\quad 0 \leqslant P \leqslant \frac{8\pi R H \eta}{3\sqrt{c}} \tag{3-12}$$

可见式(3－12)给出的金属粗糙表面接触的单位面积接触电阻的表达式为幂函数形式。幂函数形式是一种近似表达式，已在电接触领域被实验验证[29]。

这里我们考虑两路载波输入射频部件。当表面电流通过金属接触界面时，接触阻抗产生的压降为

$$V = |Z| \cdot \frac{[J_{1,1}\cos(2\pi f_1 t) + J_{1,2}\cos(2\pi f_2 t)]}{\delta} = V_1\cos(2\pi f_1 t) + V_2\cos(2\pi f_2 t) \tag{3-13}$$

式中：$J_{1,1}$ 和 $J_{1,2}$ 分别是由频率分别为 f_1 和 f_2 的两个载波感应出的线电流密度；t 是时间；V_1 和 V_2 分别等于 $\frac{|Z|J_{1,1}}{\delta}$ 和 $\frac{|Z|J_{1,2}}{\delta}$。

现在我们考虑如图 3－10 所示的长度为 L 的微区域。L 需要取得足够大，使得该区域包含许多微凸体，这将使近似的压力相关非线性电流方程有效，然而又要取得足够小，使得表面线电流密度在该区域可以被视为是均匀的。

将式(3－13)带入式(3－9)，可得流过该区域的电流为

$$I = A_n \xi \sum_{i=0}^{\infty} g_i\,[V_1\cos(2\pi f_1 t) + V_2\cos(2\pi f_2 t)]^i \tag{3-14}$$

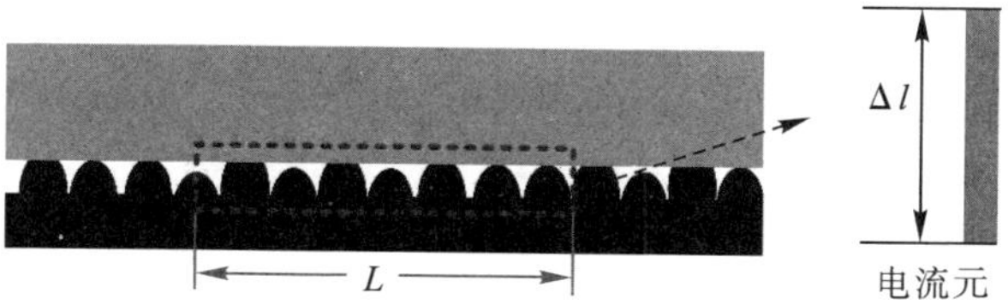

图 3 - 10 金属接触非线性的等效二次源模型示意图

式中：I 是微区域中 MIM 接触产生的电流，并且 $A_n = L\delta$。

为了得到 PIM 功率，需要考虑特定频率的电流，例如与三阶 PIM 相关的频率分量分别为 $2f_1 - f_2$ 和 $2f_2 - f_1$ 对应的电流 $I_{2f_1-f_2}$ 和 $I_{2f_2-f_1}$，有

$$I_{2f_1-f_2} = A_n\xi\left[\left(\frac{3}{4}\right)g_3V_1^2V_2 + \left(\frac{5}{4}\right)g_5V_1^4V_2 + \left(\frac{15}{8}\right)g_5V_1^2V_2^3 + \cdots\right] \tag{3-15}$$

$$I_{2f_2-f_1} = A_n\xi\left[\left(\frac{3}{4}\right)g_3V_1V_2^2 + \left(\frac{5}{4}\right)g_5V_1V_2^4 + \left(\frac{15}{8}\right)g_5V_1^3V_2^2 + \cdots\right] \tag{3-16}$$

对于相等功率的两路载波，$J_{1,1} = J_{1,2} = J_1$ 和 $V_1 = V_2 = V_0$。如果我们忽略式(3 - 15)中的高阶非线性项，则仅考虑三阶 PIM 时，有

$$I_{2f_1-f_2} \approx \left(\frac{3L}{4\delta^2}\right)\xi g_3\ (|Z|J_1)^3 \tag{3-17}$$

通过微区的频率为 $2f_1 - f_2$ 的交流分量可以被视为如图 3 - 10 所示的偶极子二次源，该二次源可以在射频部件中发射 PIM 信号。

该二次源可视为一个短偶极子，其辐射功率为[30]

$$P_{\mathrm{IM3}} = CI_{2f_1-f_2}^2 \tag{3-18}$$

式中：C 是辐射电阻，它与偶极子二次源的长度 Δl 及射频部件的结构有关。

因此，

$$P_{\mathrm{IM3}} = C\left(\frac{3L}{4\delta^2}\right)^2(\xi g_3)^2\ (|Z|J_1)^6 = K\ (\xi g_3)^2\ (|Z|J_1)^6 \tag{3-19}$$

式中：$K = C\left(\frac{3L}{4\delta^2}\right)^2$。

假设接触阻抗主要由接触电阻决定，则 PIM 功率(dBm)为

$$\begin{aligned} P_{\mathrm{IM3}}(\mathrm{dBm}) &= 10\lg\left[\frac{K\ (\xi g_3)^2\ (|Z|J_1)^6}{10^{-3}}\right] \\ &= 10\lg\left(\frac{K}{10^{-3}}\right) + 20\lg(\xi g_3) + 60\lg(R_{c,s}) + 60\lg(J_1) \end{aligned} \tag{3-20}$$

在式(3－20)中，单位面积电阻 $R_{c,s}$ 等于接触电阻 R_c 和名义接触面积 A_n 的乘积，其中名义接触面积 A_n 可以通过实验测量得到。因此，式(3－20)也可以表示为

$$P_{IM3}(\text{dBm})=10\lg\left(\frac{KA_n^6}{10^{-3}}\right)+20\lg(\xi g_3)+60\lg(R_c)+60\lg(J_1) \tag{3-21}$$

从式(3－21)可以得出以下结论。

(1)为了降低 PIM 功率，应该降低接触电阻，如果接触电阻降低一个数量级，PIM 功率将降低 60 dB。接触电阻主要受金属材料特性、表面氧化和沾污及接触压力的影响。因此，选择低电阻率的镀层材料、控制组装和操作环境及施加适当的接触压力是降低接触非线性 PIM 功率的有效方法。

(2)降低 MIM 结构非线性系数可以降低 PIM 功率。金属氧化物的存在是产生接触非线性效应的主要原因之一，因此，在低 PIM 功率系统设计中可以考虑避免使用易氧化的金属。

(3)部件的结构和载波频率也决定了二次源的辐射电阻，这会影响 PIM 功率。

(4)PIM 功率大小还受电流分布的影响。在射频部件设计中，通过接触界面的电流密度应最小。

为了测量一个二次源的 PIM 产物以进行实验验证，我们设计了一个局部非线性接触结构。如图 3－11 所示，将一个小金属块放在两个连接的射频部件的接触界面中以形成 PIM 二次源，并将绝缘介质膜放在其余位置以切断其余位置表面电流。因此，表面电流只通过金属块，这样可以保证测得的 PIM 功率只由射频部件接触的金属块引起。测试系统如图 3－12 所示。

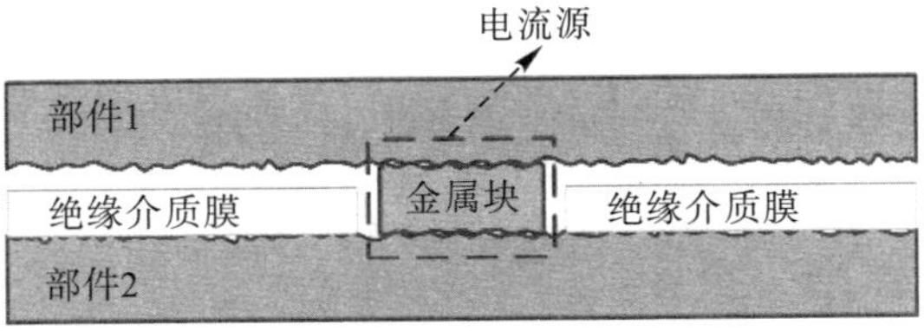

图 3－11 金属块放在两个金属接触结构中间构成的测试结构示意图

待测件(DUT)是 S 波段矩形波导。将波导连接到波导-同轴转换器上，并利用 0.1 mm 厚的绝缘介质膜(聚乙烯膜)使得波导和转换器之间的接触界面绝缘，避免接触界面上产生 PIM 效应。使用 PIM 测试系统测量 PIM 产物，并使用微欧计通过四线连接法测量波导连接界面的接触电阻。图 3－12(c)给出了底部波导的俯视图。为了设置非线性接触结构，我们将绝缘介质膜放在波导法兰面上。如图 3－12(b)所示，在波导长边的中间，我们在绝缘介质膜

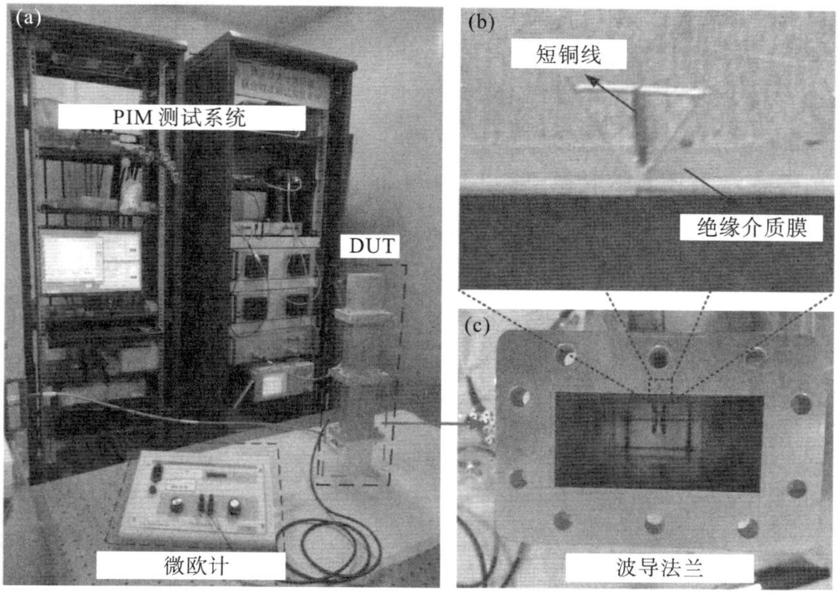

图 3－12　PIM 测试系统实物图

(a)PIM 测试系统整体图片；(b)绝缘介质膜和短铜线图片；
(c)矩形波导法兰面上放置绝缘介质膜和短铜线图片。

上切出一个三角形孔来放置金属块。这里我们将 $\phi 0.36\times 2$ mm 的短铜线当作金属块并将其看作接触非线性源。所有用于连接波导法兰的螺钉都覆有绝缘介质，以确保不会产生金属接触。两路载波的频率分别为 2.62 GHz 和 2.69 GHz，在 2.55 GHz 下进行测试。测得的每路载波的功率均为 43 dBm。通过移除金属块来测试系统的 PIM 底噪，其值小于－120 dBm。

1. PIM 功率-R_c 关系

通过改变接触压力，可以改变接触电阻和 PIM 功率。图 3－13 给出了随着接触电阻 R_c 变化的三阶 PIM 功率变化曲线。可见，当接触电阻 R_c 在 $10^{-3}\sim 10^{-1}$ Ω 范围内时，PIM 功率与 R_c 之间的关系与式(3－21)的结论一致，即接触电阻降低一个数量级，PIM 将降低 60 dB。(在 $10^{-2}\sim 10^{-1}$ Ω 范围内，图 3－9 中曲线有一小段平台，可忽略不计。)

当接触电阻大于 0.1 Ω 时，PIM 功率开始达到饱和。为了进一步验证较高 R_c 范围内的 PIM 功率，我们使用三个尺寸均为 1.5 mm×1.5 mm×0.4 mm、电阻率不同(<0.02 Ω·cm、1～10 Ω·cm 和>3000 Ω·cm)的 Si 片作为非线性源。它们的接触电阻分别约为 200 Ω、10 kΩ 和 100 kΩ。从图 3－13中可以看出，当接触电阻非常大时，PIM 功率将显著减小。

当接触电阻足够大时，通过接触非线性源的电流将因阻抗不匹配而降低，也就是说，在这种情况下 J_1 的改变无法忽略，将对 PIM 功率产生显著影响。因此，如图 3－13(a)所示，整个 PIM 功率–R_c 曲线包括三个区域：小、中和大接触电阻区域。在小接触电阻区域(I)，PIM 功率主要由 R_c 的变化决定，因此，PIM 功率随着接触电阻以 60 dB/dec 的斜率增加。图 3－13(b)显示了区域(Ⅰ)的放大图。在中等接触电阻区域(Ⅱ)，电阻足够大，使得通过非线性源的表面电流开始减小，这将补偿 R_c 增加对 PIM 的贡献，因此，该区域的 PIM 功率几乎保持不变。在大接触电阻区域(Ⅲ)，线性电流密度显著降低，PIM 功率主要由 $J_{1,0}$ 的变化决定，因此，该区域的 PIM 功率降低。图 3－13 表明，非常小的接触电阻(良好接触)和非常大的接触电阻(绝缘)都可以获得小的 PIM 功率。

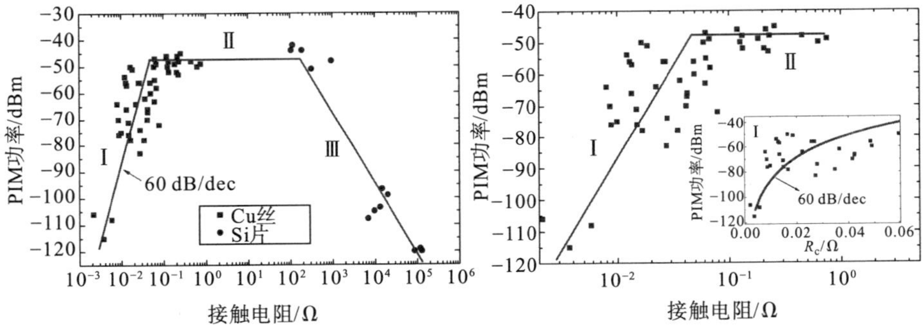

(a) PIM功率-R_c关系曲线

(b) 图(a)中区域(I)的放大图，内插图是线性坐标图

图 3－13　局部非线性接触结构的三阶 PIM 功率随接触电阻变化关系图

在实验中，通过改变接触压力来改变接触电阻。从式(3－8)和式(3－12)可得，接触压力改变时非线性电流系数将同时改变。然而，非线性系数与 $P^{1/3}$ 有关，而接触电阻与 $P^{-5/6}$ 有关，并且非线性系数对 PIM 功率的影响小于接触电阻的影响，因此，在实验中可以忽略非线性系数变化对 PIM 的影响。图 3－13(a)中的实验结果也表明该假设是合理的。此外，我们假设了接触是均匀的。但实际上，沿着 2 mm 长的铜线的接触不是完全均匀的，这将导致接触电阻和非线性 MIM 接触的不均匀分布。由于趋肤效应，射频激励只能穿透接触界面很小的深度，大约只有几十微米。因此，只有趋肤深度内的接触电阻和非线性电流会影响 PIM 功率。结果，由于接触不均匀性，使得图 3－13 中测量的 PIM 功率具有一定分散性。Russer 等人[6]通过数值模拟发现，MIM 接触的随机分布会强烈影响 PIM 功率，也验证了这一点。造成 PIM 功率离散的另一个不确定因素是名义接触面积 A_n，该值在测量中被假设为常

数。然而，由于短铜线是圆柱形的，因此在不同压力接触条件下，名义接触面积可能会略有变化。

2. PIM 功率-J_1 关系

可以通过改变载波功率来改变线电流密度 J_1。图 3-14 给出了不同输入载波功率下的 PIM 功率。短铜线用作 PIM 非线性源，接触电阻为 11 mΩ。线性拟合得到 $P_{IM3}(\text{dBm})=2.89P_c(\text{dBm})+C_1$，$C_1$ 是截距。由于 $P_c(\text{dBm})=58\lg(J_1)+C_2$，$C_2$ 是常数，$P_c(\text{dBm})$是载波功率，因此：$P_{IM3}(\text{dBm})=58\lg(J_1)+C_3$，$C_3$ 是常数，这与式(3-21)的结论一致。

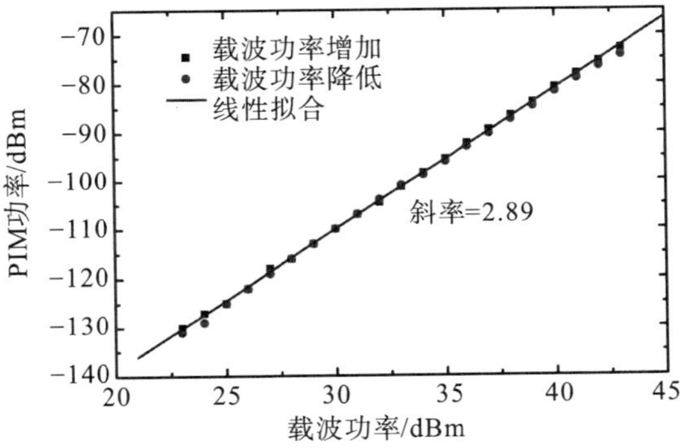

图 3-14　三阶 PIM 功率随输入载波功率的变化关系

3. PIM 功率-ξg 关系

为了验证 PIM 功率和 ξg 之间的关系，应单独改变非线性系数。由式(3-21)可知，非线性 $I-V$ 关系为

$$I=f(V)=A_n\xi\sum_{i=0}^{\infty}g_iV^i \tag{3-22}$$

使用泰勒级数展开，式(3-22)可以表示为

$$I=\sum_{i=0}^{\infty}\frac{f^{(i)}(V_b)}{i!}(V-V_b)^i=\sum_{i=0}^{\infty}\gamma_i(V-V_b)^i \tag{3-23}$$

式中：$\gamma_i=\dfrac{f^{(i)}(V_b)}{i!}$；$V_b$ 为偏置电压。

通常，两个接触的射频部件共地，即在 PIM 功率测量时 $V_b=0$ V，且 $\gamma_i=A_n\xi g_i$。然而，如果 $V_b\neq0$ V，则可以通过改变偏置电压来改变非线性系数。同时，不同偏置电压下的交流接触电阻可写为

$$R_c=\left.\frac{\mathrm{d}V}{\mathrm{d}I}\right|_{V=V_b}=\frac{1}{A_n\xi\sum_{i=1}^{\infty}ig_iV_b^{i-1}} \tag{3-24}$$

因此，接触电阻也随着 V_b 的变化而变化。根据式(3－21)可知，接触电阻的变化将改变 PIM 功率。然而，如果可以将接触电阻控制在中等接触电阻范围内，接触电阻的变化将不会导致 PIM 功率的变化，如图 3－13 所示。因此，这种情况下我们可以研究仅受非线性系数变化影响时的 PIM 功率变化。

在实验中，我们使用电阻率为 0.02 Ω·cm 的硅片作为非线性源。首先，使用源/测量单元(B2902A，安捷伦，美国)测试 $I-V$ 特性。图 3－15 给出了硅片与波导法兰接触的 $I-V$ 特性。式(3－22)的七阶近似 $I-V$ 特性的拟合结果在表 3－1 中列出。

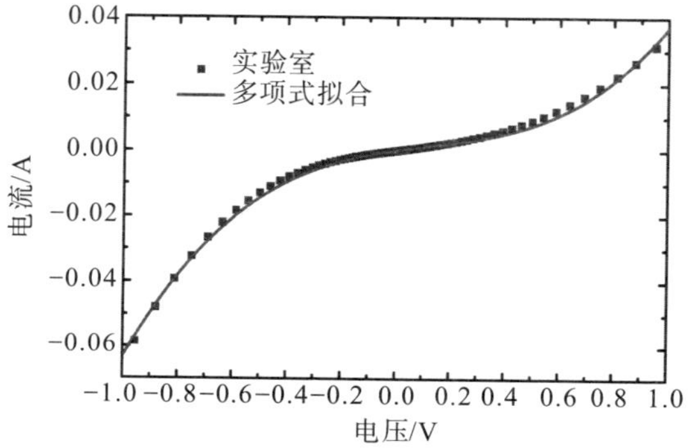

图 3－15　使用硅片作为 PIM 源的非线性 $I-V$ 特性测试曲线

表 3－1　硅片电流源非线性 $I-V$ 特性的拟合系数

系数(单位)	取值	系数(单位)	取值
$A_n\xi g_0$/A	0.00011	$A_n\xi g_4/(\mathrm{A}\cdot\mathrm{V}^{-4})$	0.00297
$A_n\xi g_1/(\mathrm{A}\cdot\mathrm{V}^{-1})$	0.01216	$A_n\xi g_5/(\mathrm{A}\cdot\mathrm{V}^{-5})$	−0.00305
$A_n\xi g_2/(\mathrm{A}\cdot\mathrm{V}^{-2})$	−0.01484	$A_n\xi g_6/(\mathrm{A}\cdot\mathrm{V}^{-6})$	−0.00133
$A_n\xi g_3/(\mathrm{A}\cdot\mathrm{V}^{-3})$	0.04021	$A_n\xi g_7/(\mathrm{A}\cdot\mathrm{V}^{-7})$	0.00087

在进行 $I-V$ 特性测试后，源/测量单元用于在非线性源上提供恒定的偏置电压。在不同的偏置电压下测量 PIM 功率，结果如图 3－16 所示。可见 PIM 功率随偏置电压变化而变化。

如果只考虑三阶非线性系数，则根据式(3－21)，三阶 PIM 功率可表示为

$$P_{\mathrm{IM3}}(\mathrm{dBm})=20\lg(\gamma_3)+C_3 \tag{3-25}$$

式中：C_3 是常数。通过将 $V_b=0$ V 时的 PIM 功率设置为测量值，可以推导出常数 C_3，然后可以用式(3－25)计算不同偏置电压时的 PIM 功率。如图 3－16

所示，可见理论计算值与实验测量结果一致，表明该二次源模型是合理的。

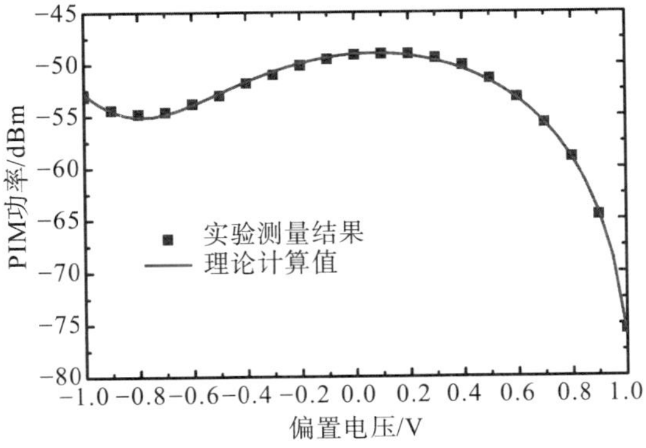

图 3-16　不同偏置电压下的 PIM 功率实验测量结果和理论计算值的比较

3.3.3　矩形波导法兰接触的 PIM 模型

对于实际的射频部件，沿着接触界面边缘存在许多二次源。因此，应考虑所有这些二次源的综合效果，以获得射频部件的 PIM 功率。下面以矩形波导法兰连接为例，推导接触 PIM 功率表达式。

对于 TE10 模激励情况，当 PIM 信号在接触界面产生时，会在波导中传播。在远场中，PIM 信号电磁场转变为 TE10 模式，因此，由偶极子二次源 dI 在远场中产生的电场和磁场可以写为

$$\mathrm{d}H_z=\cos\left(\frac{\pi x}{a}\right)\exp[-\mathrm{j}(\beta z+\varphi)]\mathrm{d}A_{10} \tag{3-26}$$

$$\mathrm{d}E_y=\left(\frac{-\mathrm{j}\omega\mu a}{\pi}\right)\sin\left(\frac{\pi x}{a}\right)\exp[-\mathrm{j}(\beta z+\varphi)]\mathrm{d}A_{10} \tag{3-27}$$

$$\mathrm{d}H_x=\left(\frac{\mathrm{j}\beta a}{\pi}\right)\sin\left(\frac{\pi x}{a}\right)\exp[-\mathrm{j}(\beta z+\varphi)]\mathrm{d}A_{10} \tag{3-28}$$

式中：a 是波导腔的宽度；$\mathrm{d}A_{10}$是由二次源确定的轴向磁场分量的峰值；β 是传播常数；φ 是二次源的初始相位；ω 是角频率；μ 是磁导率；x、y、z 是空间坐标。那么整个法兰连接产生的总电场和磁场为

$$H_z=\int\mathrm{d}H_z=\cos\left(\frac{\pi x}{a}\right)\exp(-\mathrm{j}\beta z)\int\exp(-\mathrm{j}\varphi)\mathrm{d}A_{10} \tag{3-29}$$

$$E_y=\int\mathrm{d}E_y=\frac{-\mathrm{j}\omega\mu a}{\pi}\sin\left(\frac{\pi x}{a}\right)\exp(-\mathrm{j}\beta z)\int\exp(-j\varphi)\mathrm{d}A_{10} \tag{3-30}$$

$$H_x=\int\mathrm{d}H_x=\left(\frac{\mathrm{j}\beta a}{\pi}\right)\sin\left(\frac{\pi x}{a}\right)\exp(-\mathrm{j}\beta z)\int\exp(-j\varphi)\mathrm{d}A_{10} \tag{3-31}$$

因此，总 PIM 功率为

$$P_{\mathrm{IM}} = \frac{1}{2}Re\int_{x=0}^{a}\int_{y=0}^{b} \mid \boldsymbol{E}\times\boldsymbol{H}^{*} \mid \cdot \bar{z}\mathrm{d}y\mathrm{d}x = \left[\frac{\omega\mu a^{3} bRe(\beta)}{4\pi^{2}}\right]\left|\int \exp(-\mathrm{j}\varphi)\,\mathrm{d}A_{10}\right|^{2} \tag{3-32}$$

式中：b 是波导腔的高度；H 为磁场强度的复共轭。

由式(3－18)，一个偶极子二次源产生的 PIM 功率为 $C(\mathrm{d}I)^2=(\sqrt{C}J_{\mathrm{nl},1}\mathrm{d}L)^2$，其中 $J_{\mathrm{nl},1}$是单位长度的非线性电流密度，$J_{\mathrm{nl},1}\approx J_{\mathrm{nl}}\delta$。根据能量守恒和式(3－32)，有

$$(\sqrt{C}J_{\mathrm{nl},1}\mathrm{d}L)^{2}=\left[\frac{\omega\mu a^{3}\ (\mathrm{d}A_{10})^{2}b}{4\pi^{2}}\right]Re(\beta) \tag{3-33}$$

因此

$$\mathrm{d}A_{10}=\sqrt{C}J_{\mathrm{nl},1}\sqrt{\frac{4\pi^{2}}{\omega\mu a^{3}bRe(\beta)}}\,\mathrm{d}L \tag{3-34}$$

则 PIM 功率为

$$P_{\mathrm{IM}} = \left|\int \exp(-\mathrm{j}\varphi)\sqrt{C}J_{\mathrm{nl},1}\mathrm{d}L\right|^{2} \tag{3-35}$$

可见 PIM 功率由非线性电流幅度、相位和辐射电阻决定。如果接触状态沿接触界面是均匀的，二次源的初始相位相同，并且假设辐射电阻不随位置变化，则式(3－35)可以简化为

$$P_{\mathrm{IM}} = C\left|\int J_{\mathrm{nl},1}\mathrm{d}L\right|^{2} \tag{3-36}$$

与三阶 PIM 相关的非线性电流密度为

$$J_{\mathrm{nl},3}\approx\left(\frac{3}{4\delta^{3}}\right)\xi g_{3}\ (|Z|J_{1})^{3} \tag{3-37}$$

根据波导表面的电流分布[31]，三阶 PIM 功率可表示为

$$P_{\mathrm{IM3}}=\frac{256C\beta^{3}}{\pi^{2}ab^{3}\mu^{3}\delta^{4}\omega^{3}}(\xi g_{3})^{2}\ |Z|^{6}P_{\mathrm{c}}^{3} \tag{3-38}$$

根据式(3－38)，三阶 PIM 功率与载波功率的三次方成正比，这与实验结果一致。PIM 功率也由接触非线性系数 ξg_3 和接触阻抗 Z 决定，为了实现低 PIM 功率，二者都应尽可能低。从式(3－38)可知，通过降低接触阻抗，PIM 也具有 60 dB/dec 的下降率。

通过直接连接两个波导法兰来测量矩形波导的 PIM 功率，测得的 PIM 功率与接触电阻的关系如图 3－17 所示。该结果的斜率为 60 dB/dec，这与应用偶极子二次源模型得到的 PIM 功率表达式规律一致。

至此，本节推导了与外加压力相关的金属接触界面的非线性 $I-V$ 方程。此外，建立了基于偶极子二次源模型的射频部件 PIM 功率计算方法。并以波

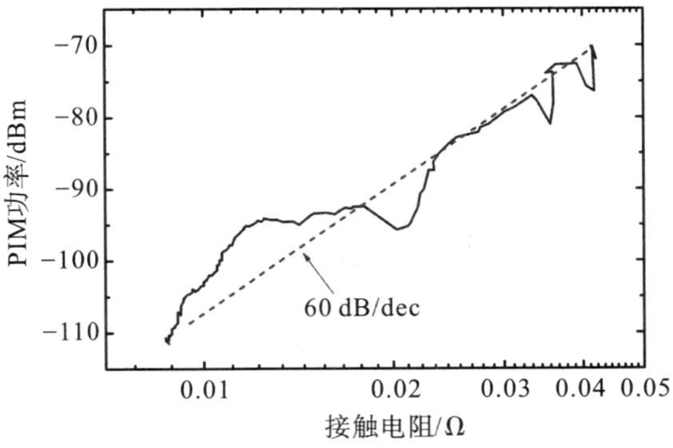

图 3 - 17 矩形波导法兰的三阶 PIM 功率随法兰面接触电阻的变化关系

导法兰连接为例，获得了 PIM 功率的计算公式。

3.4 接触 PIM 波动性分析

电连接结构微接触随机性导致其 PIM 效应难以预测，本节对接触 PIM 的波动问题进行探讨。

射频互连结构中通常使用波导法兰、轴连接器和弹片等，其中波导法兰连接在空间通信系统中使用广泛。欧洲航天局 2015 年发布了一项关于提高波导法兰 PIM 性能的研究项目[32]，表明波导法兰连接 PIM 效应研究具有重要意义。实际波导法兰面压强分布是非均匀的[33-34]。Vicente 等人[35]利用压力测试纸显示了波导法兰面的非均匀压强分布。另外，在实验中，我们经常观测到，即使每次连接时都保持相同的螺栓力矩，也无法确保一定不产生 PIM 效应。我们推断这种随机性与压强分布的非均匀性是关联的。

基于此，本节首先通过实验观测多次连接中波导法兰 PIM 功率与直流接触电阻的相关性，然后基于接触压强的随机分布特性，利用蒙特卡罗方法进行理论建模分析，结果表明随机非均匀压强分布能够很好地解释波导法兰多次连接中 PIM 表现出的波动特性，表明压强分布的变化是 PIM 电平随机波动的一个主要原因。

3.4.1 PIM 波动性实验规律

首先，为了在大多数连接中都能够测得 PIM 功率，波导法兰采用松散连接，即螺栓不加力，或附加很小的力。其次，我们搭建了无源互调-直流接触电阻联合测试系统，如图 3 - 18 所示。两路载波频率分别为 2.62 GHz 和 2.69 GHz，PIM 测量频点为 2.55 GHz，系统底噪<−120 dBm。采用 S 波段波导管。

每次测试时，首先断开待测法兰界面连接，然后再重新连接，利用微欧计测量法兰接触界面的直流接触电阻，利用 PIM 测试系统测量连接界面的 PIM 功率。测试流程如图 3－19 所示。

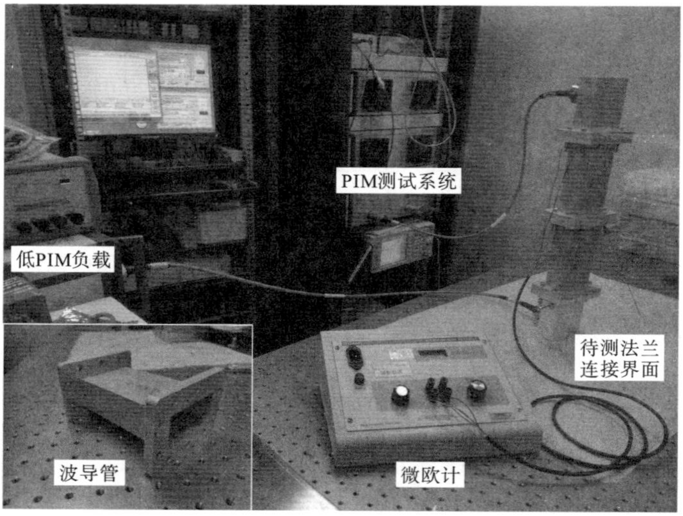

图 3－18　波导法兰连接 PIM－直流接触电阻联合测试系统

（注：内插图为所用波导管照片。）

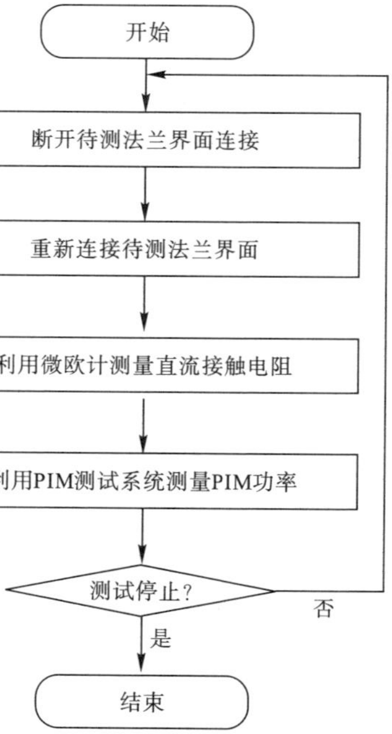

图 3－19　PIM 和直流接触电阻测试流程

测试的 100 组数据如图 3 - 20 所示。由图 3 - 20 可见，不同次连接时，直流接触电阻和 PIM 功率均存在明显的波动特性。

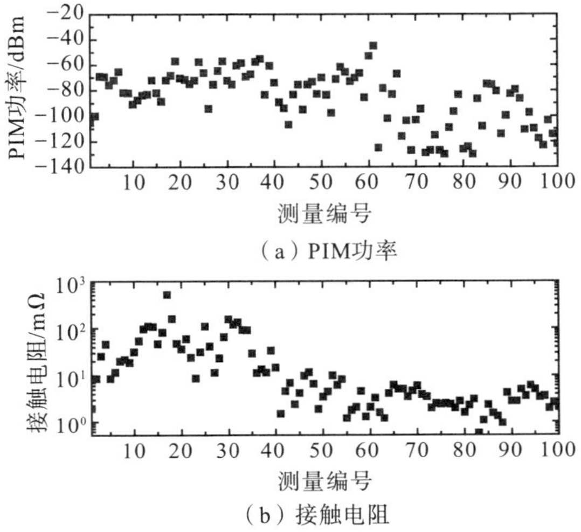

图 3 - 20　多次连接时记录的 PIM 功率和直流接触电阻结果

如果我们以直流接触电阻为横坐标，以 PIM 功率为纵坐标，重新作图，可得如图3 - 21所示的 PIM 功率-接触电阻关系图。相同的接触电阻下，PIM 功率存在波动性；在小的接触电阻下，低 PIM 功率概率增加。可见，虽然直流接触电阻和 PIM 功率都存在波动特性，但依然表现出随着直流接触电阻减小，PIM 功率总体降低的趋势。另外，当接触电阻不是很高时，总体上也有接触电阻减小一个量级，PIM 功率降低 60 dB 的趋势，与 3.3 节给出的接触非线性 PIM 理论模型结论一致。

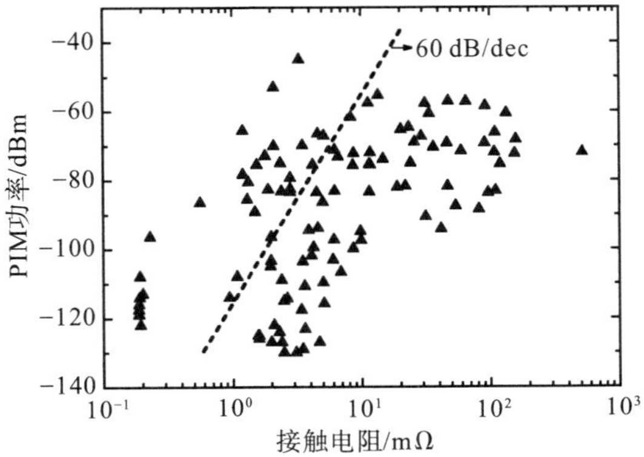

图 3 - 21　多次连接 PIM 功率与直流接触电阻的关系

3.4.2 基于蒙特卡罗方法的 PIM 波动性分析

图 3-21 显示，在固定直流接触电阻条件下，PIM 功率呈现显著分布特性，且整体随接触电阻减小而降低。为深入探究这一现象的物理机制，本研究采用蒙特卡罗方法进行数值模拟分析。

首先，将波导法兰面划分成多个区域，即多个网格。假设每个网格中的压强、接触电阻、非线性分布均匀，而不同网格之间随机分布。如果将第 m 个网格的单位面积接触电阻记为 $R_{c,s,m}$，则波导法兰连接总直流接触电阻为

$$R_c = \frac{1}{\sum_m \frac{A_m}{R_{c,s,m}}} \tag{3-39}$$

式中：A_m 为第 m 个网格的面积。

由于趋肤效应，只有当感应电流流过接触界面时，才能在接触界面激励出非线性电流。对于矩形波导 TE10 模式，感应电流需要穿过波导长边，因而会在长边激励出非线性电流。波导长边的电流幅度分布，可以表示为

$$J_1 = \frac{\beta a}{\pi} A_{10} \sin\frac{\pi x}{a} \tag{3-40}$$

式中：β 为相位常数；a 为波导法兰长边尺寸；A_{10} 为磁场强度峰值；x 为长边上某点的坐标。

然后，将每个位于边缘的网格，视作一个 PIM 偶极子辐射单元，则第 i 个辐射单元产生的 PIM 功率为

$$P_{IM3,i} = CI_{IM3,i}^2 \tag{3-41}$$

式中：C 为辐射电阻；$I_{IM3,i}$ 为第 i 个辐射单元的非线性电流。

产生的 PIM 信号一半向前传输，在负载端产生传输互调，另一半向后传输，在源端产生反射互调。因此，在负载端产生的 PIM 功率为各个辐射单元产生的辐射场的叠加，可以表示为

$$P_{IM3} = \left(\sum_i \sqrt{\frac{1}{2}P_{IM3,i}}\right)^2 \tag{3-42}$$

根据 3.3 节分析，第 i 个辐射单元的非线性电流 $I_{IM3,i}$ 可以表示为

$$I_{IM3,i} = \left(\frac{3L_i}{4\delta^2}\right)\xi g_3\ (\,|Z_i|\cdot J_1(x_i)\,)^3 \tag{3-43}$$

式中：$Z_i = R_{c,s,i}$。

最后，将式(3-41)和式(3-43)带入式(3-42)，可得端口 PIM 功率表达式为

$$P_{IM3} = K\left[\sum_i L_i\left(R_{c,s,i}\cdot\sin\frac{\pi x_i}{a}\right)^3\right]^2 \tag{3-44}$$

式中：

$$K=\left[\frac{3\xi g_3\sqrt{C}}{4\sqrt{2}\delta^2}\right]^2\left(\frac{\beta a A_{10}}{\pi}\right)^6 \tag{3-45}$$

利用式(3-44)即可进行波导法兰 PIM 功率的计算。我们采用蒙特卡罗方法模拟多次接触的随机过程，仿真流程如图 3-22 所示。

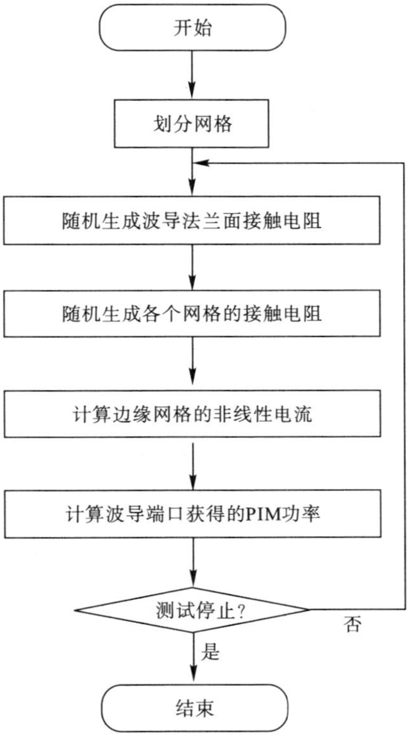

图 3-22　蒙特卡罗仿真流程图

如图 3-23 所示，实验数值和蒙特卡罗仿真结果相吻合，表明压强非均匀分布导致的边缘接触区域接触电阻取值波动是引起波导法兰连接 PIM 功率出现随机波动特性的主要原因之一。

至此，本节针对波导法兰接触互调的波动性进行了探讨。首先观测了弱力连接下接触 PIM 功率和直流接触电阻的波动特性，然后利用蒙特卡罗方法建立压强分布不均匀的接触 PIM 功率计算方法。实验表明，虽然多次连接时 PIM 功率和直流接触电阻没有一一对应关系，但直流接触电阻越小，PIM 功率表现出降低的趋势。通过考虑压强分布不均匀导致的接触电阻的随机分布特性，利用蒙特卡罗仿真，可以较好地解释多次连接时，PIM 功率和直流接触电阻的随机波动特性，揭示了多次连接时波导法兰靠近内壁一侧接触边缘

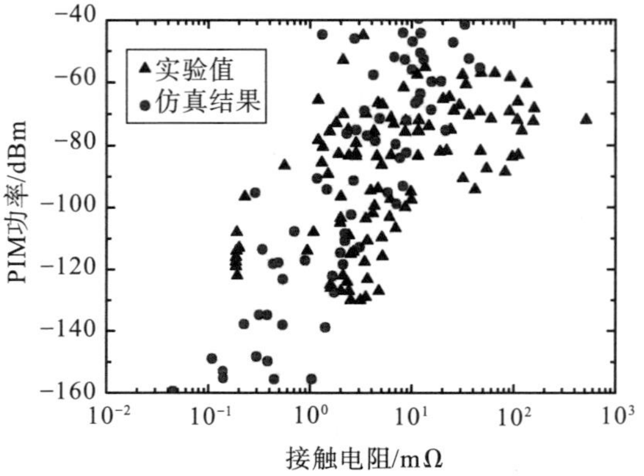

图 3 - 23　蒙特卡罗仿真结果与实验值的比较(实验值来自图 3 - 21)

处的压强分布不均匀是 PIM 功率随机波动的主要原因之一。

3.5　本章小节

接触非线性互调是工程中最常见的 PIM 效应之一。本章介绍了金属-金属面接触 PIM 的建模方法。金属-金属面接触被等效为多个凸体的随机接触，并利用统计分布及等效二次源模型，可以建立面接触非线性 PIM 模型。该模型可给出 PIM 与材料特性、接触力和工作条件的相关关系。最后，针对实际接触 PIM 功率的波动问题，介绍了基于蒙特卡罗方法的仿真分析方法。

参考文献

[1] WEINSTEIN D. Passive intermodulation distortion in connectors，cable and cable assemblies [C]. New York：Annual Connector Interconnection Symposium and Trade Show，2001.

[2] VICENTE C，WOLK D，HARTNAGEL H L，et al. Experimental analysis of passive intermodulation at waveguide flange bolted connections[J]. IEEE Trans. Microwave Theory Tech.，2007，55(5)：1018 - 1028.

[3] DUTEIL G，CAM P L，COLOMBEL F，et al. Experimental study of metal - to - metal contact shapes effects on passive intermodulation[J]. Progress in Electromagnetics Research M，2018，26(3)：251 - 253.

[4] YOU J，ZHANG J，GU W，et al. Numerical analysis of passive intermodulation arisen from nonlinear contacts in HPMW devices[J].

IEEE Trans. Electromagn. Compat., 2018, 60(5): 1470-1480.

[5] ZHANG K, TUAN J L, JIANG J. Passive intermodulation of contact nonlinearity on microwave connectors[J]. IEEE Trans. Electromagn. Compat., 2018, 60(2): 513-519.

[6] RUSSER J, RAMACHANDRAN A, CANGELLARIS A, et al. Phenomenological modeling of passive intermodulation (PIM) due to electron tunneling at metallic contacts[C]. Washington: Microwave Symposium Digest, IEEE MTT-S International, 2006.

[7] ZHAO X, HE Y, YE M, et al. Analytic passive intermodulation model for flange connection based on metallic contact nonlinearity approximation[J]. IEEE Trans. Microwave Theory Tech., 2017, 65(7): 2279-2287.

[8] 高凡，赵小龙，张松昌，等. 基于缝隙波导近场耦合的无源互调测试方法 201710180551.4[P]. 2017-03-23.

[9] 高凡，赵小龙，叶鸣，等. 一种基于偶极子近场耦合法测量无源互调的方法[J]. 空间电子技术，2018，15(03)：12-18.

[10] HIGA W H. Spurious signals generated by electron tunneling on large reflector antennas[J]. Proceedings of the IEEE, 1975, 63(2): 306-319.

[11] BOND C D, GUENZER C S, CAROSELLA C A. Intermodulation generation by electron tunneling through aluminum-oxide films[J]. Proceedings of the IEEE, 1979, 67(12): 1643-1652.

[12] MING Y E, YONG-NING H E, QIN-FEN S, et. al. Study on passive intermodulation mechanism of waveguide connection based on the nonlinearity of thermal electron emission effect [J]. Space Electronic Technology, 2012, 51(2): 631-637.

[13] WILCOX JZ, MOLMUD P. Thermal heating contribution to intermodulation fields in coaxial waveguides[J]. IEEE Trans. Commun., 1976, 2024(2): 238-243.

[14] WILKERSON J R. Passive intermodulation distortion in radio frequency communication systems [D]. Dissertations & Theses - Gradworks, 2010.

[15] WILKERSON J R, GARD K G, SCHUCHINSKY A G, et al. Electro-thermal theory of intermodulation distortion in lossy microwave components[J]. IEEE Trans. Microwave Theory Tech., 2008, 56

(12): 2717 - 2725.

[16] MATEU J, COLLADO C, ORLOFFN, et al. Third - order intermodulation distortion and harmonic generation in mismatched weakly nonlinear transmission lines[J]. IEEE Trans. Microwave Theory Tech., 2009, 57(1): 10 - 18.

[17] WILKERSON J R, LAM P G, GARD K G, et al. Distributed passive intermodulation distortion on transmission lines[J]. IEEE Trans. Microwave Theory Tech., 2011, 59(5): 1190 - 1205.

[18] ROCAS E, et al. Passive intermodulation due to self - heating in printed transmission lines[J]. IEEE Trans. Microwave Theory Tech., 2011, 59(2): 311 - 322.

[19] ANSUINELLI P, SCHUCHINSKY A G, FREZZA F, et al. Passive intermodulation due to conductor surface roughness[J]. IEEE Trans. Microw. Theory Techn. 2018, 66(2): 688 - 699.

[20] WU D, XIE Y, KUANG Y, et al. Prediction of passive intermodulation on mesh reflector antenna using collaborative simulation: multiscale equivalent method and nonlinear model[J]. IEEE Trans. Antennas Propag., 2018, 66(3), 1516 - 1521.

[21] LI T, ZHANG K, JIANG J. Passive intermodulation model and experimental verification of cascaded microwave devices[J]. Int. J. Microw. Wirel. T., 2017, 9(7):1481 - 1487.

[22] LI Y, et al., A novel simulation method of passive intermodulation in electrically large - size reflector antennas[C]. 2018 IEEE International Symposium on Electromagnetic Compatibility and 2018 IEEE Asia - Pacific Symposium on Electromagnetic Compatibility (EMC/APEMC), Suntec City, Singapore, 2018.

[23] JIN Q, GAO J, FLOWERS G T, et al. Modeling of passive intermodulation with electrical contacts in coaxial connectors[J]. IEEE Trans. Microwave Theory Tech., 2018, 66(9): 4007 - 4016.

[24] GREENWOOD J A, WILLIAMSON J B P. Contact of nominally flat surfaces[J]. Proceedings of the Royal Society of London. Series A. Mathematical and Physical Sciences, 1966, 295(1442): 300 - 319.

[25] SAYLES R S, THOMAS T R. Surface topography as a nonstationary random process[J]. Nature, 1978, 271(5644): 431 - 434.

[26] MAJUMDAR A, BHUSHAN B. Fractal model of elastic - plastic contact between rough surfaces[J]. J. Tribol. , 1991, 113(1): 1 - 11.

[27] VICENTE C, HARTNAGEL H L. Passive - intermodulation analysis between rough rectangular waveguide flanges [J]. IEEE Trans. Microwave Theory Tech. , 2005, 53(8): 2515 - 2525.

[28] HIGA W H. Spurious signals generated by electron tunneling on large reflector antennas[J]. Proceedings of the IEEE, 1975, 63(2): 306 - 313.

[29] BRAUNOVIC M, MYSHKIN N K, KONCHITS V V. Electrical contacts: fundamentals, applications and technology [M]. Roca Roton: CRC press, 2006.

[30] BALANIS C A. Antenna theory: analysis and design[M]. Hoboken: John Wiley & Sons, inc. , 2005.

[31] POZAR DM. Microwave engineering[M]. 4th. John Wiley & Sons, inc. , 2012.

[32] European Space Agency. Waveguide flanges with enhanced passive intermodulation performance (ARTES 5. 1 5C. 276) - EXPRO PLUS [EB/OL]. [2025 - 05 - 15]. https://connectivity. esa. int/funding/waveguide - flanges - enhanced - passive - intermodulation - performance - artes - 51 - 5c276 - expro - plus.

[33] COX R D. Measurements of waveguide component and joint mixing products in 6 - GHz frequency diversity systems[J]. IEEE Trans. Commun. Technol. , 1970, 18(1): 33 - 37.

[34] ARAZM F, BENSON F A. Nonlinearities in metal contacts at microwave frequencies [J]. IEEE Trans. Electromagn. Compat. , 1980, EMC - 22(3): 142 - 149.

[35] VICENTE C, WOLK D, HARTNAGEL H L, et al. Experimental analysis of passive intermodulation at waveguide flange bolted connections[J]. IEEE Trans. Microwave Theory Tech. , 2007, 55(5): 1018 - 1028.

第 4 章　传输矩阵法微带电路无源互调建模

微带电路作为一种关键射频部件，长期以来被广泛应用于通信系统和雷达系统中，包括微带天线、相控阵、功率合成器、滤波器等高性能器件。随着 4G 和 5G 宽带移动通信技术的发展，微带电路在移动通信基站、空间通信及航天载荷中的应用日益广泛。这些应用场景中的射频前端模块，如大功率多通道发射机、高灵敏度接收机及收发共用天线等，都对微带基板器件和电路提出了严格的低 PIM 指标要求。目前，微带电路的 PIM 特性已成为大功率射频工程领域和学术界的重要研究课题。然而，针对微带电路和模块的 PIM 特性，行业内尚未形成统一的标准，其指标通常根据接收机灵敏度和通信频段允许的最大干扰信号强度具体确定。这一现状凸显了进一步研究和规范化的必要性。

美国罗杰斯科技有限公司和我国泰州市博泰电子有限公司等供应商已开始提供微带基板的互调测试数据，为器件设计工程师提供重要参考。与此同时，学术界对微带电路 PIM 的研究主要集中在非线性机理分析、仿真建模方法及测试诊断技术等方面。研究微带电路的 PIM 机理及其评估与抑制方法，对开发小型化、高可靠性的射频电路具有重要意义。与整体部件不同，微带电路的非线性特性通常呈现分布式的特点，其表现与基板材料选择、制造工艺及器件结构设计等多种因素密切相关，这使得微带电路 PIM 的影响因素更为复杂。

在微带电路中，除了均匀微带线外，还广泛使用由滤波器、耦合器等复杂结构构成的器件。这些结构的场分布与具体电路设计密切相关，可以预见，不同的结构会导致不同的 PIM 特性。罗杰斯公司及研究人员的实验研究对比了低通滤波器和均匀传输线的 PIM 性能，结果表明，无论是传输 PIM 还是反射 PIM，低通滤波器的 PIM 功率均显著高于均匀传输线。这一发现说明，对于复杂结构的微带电路，其 PIM 特性需要更深入的研究和讨论，以建立更准确的计算模型。

本章首先建立均匀微带线 PIM 特性的矩阵模型，进而将该方法拓展至微带滤波器和正交混合网络等复杂电路的分析中。基于等效集总电路理论，微带电路中的分布式 PIM 源可建模为等效电流源或电压源，由此可获得均匀微带线中 PIM 电压和电流的矩阵表达式。对于可分解为多段传输线的微带电路

(如阶跃阻抗滤波器和正交混合网络)，其整体 PIM 功率可通过各段微带线的 PIM 矩阵叠加计算。这种建模方法具有普适性，适用于所有可表示为均匀微带线串并联组合的电路结构。此外，本章还将探讨电热耦合效应和介电非线性效应这两种主要 PIM 产生机制的建模方法。

4.1　微带电路 PIM 效应简述

微带电路因其体积小、重量轻和易于阵列集成化等优点，在射频通信领域的应用日益广泛[1-5]，并展现出在 5G 通信阵列天线技术中的潜力。然而，由于微带基板的导体和介质材料的电导率、磁导率和介电常数等可能呈现非线性特性，普通微带电路通常存在显著的互调现象。与整体部件相比，微带器件的尺寸更小，在相同工作条件下功率密度更高，且其 PIM 效应主要由介质基板材料的非线性引起，这种非线性特性遍布微带器件的各个部分，使得 PIM 效应更容易出现。例如，叶鸣等人[6]的研究表明，采用聚四氟乙烯玻璃布覆铜板制作的微带线在两路载波均为 42 dBm 的条件下，传输 PIM 功率幅度可达－65 dBm。目前，美国罗杰斯科技有限公司和我国泰州市博泰电子有限公司等供应商已开始为其微带基板产品提供互调指标，为器件设计工程师提供参考依据。因此，研究微带电路的被动互调具有重要的应用价值。

当前国内外关于微带器件 PIM 的研究主要集中于微带线结构，其中微带天线的 PIM 研究以实验报道为主，其他类型微带结构器件的 PIM 研究则相对较少。

在国际研究方面，美国北卡罗来纳大学的 Wilkerson 等人[7-8]基于电热耦合效应系统分析了微带 PIM 特性，并对微带天线 PIM 进行了开创性研究[9]。芬兰赫尔辛基理工大学的 Hienonen 和 Vainikaine 等人[10-12]的团队创新性地采用近场耦合探头技术，实现了微带线上单个 PIM 点源特性的精确测试。英国贝尔法斯特女王大学的 Shitvov、Zelenchuk 和 Schuchinsky 等人[13-23]则通过近场扫描实验方法系统研究了微带线 PIM 特性，并基于传输线方程建立了 PIM 传输模型。

在国内研究方面，西安空间天线技术研究所的何鋆和崔万照等人基于电热耦合效应开展了微带线 PIM 的理论分析工作[24-25]。西安交通大学的叶鸣、贺永宁和万里鹏等人不仅进行了电热耦合效应的理论分析，还通过实验验证了相关结论[6,26-27]。国家电子电路基材工程技术研究中心的朱泳名、葛鹰和栾翼则通过实验系统研究了结构设计参数对微带线 PIM 特性的影响规律[28]。这些研究为深入理解微带器件 PIM 特性奠定了重要基础。

下面分别从微带电路 PIM 非线性机理、仿真建模和测试诊断方面进行论述。

1. 微带电路 PIM 产生机理

通常，微带电路是通过在微带基板上刻蚀电路图形来制造的，因此微带电路的 PIM 与微带基板材料密切相关。微带基板材料非线性的主要可能来源包括电导率、介电常数和磁导率的非线性，以及由于工艺缺陷引起的局部非线性。在微带电路研究中，采用集总电路等效模型进行分析是一种常用的方法。如图 4-1 所示的微带线的等效电路模型中，单位长度的等效电阻 R 和等效电导 G 可能存在与导体和介质电导率有关的非线性，等效电感 L 可能存在与磁导率有关的非线性，等效电容 C 可能存在与介电常数有关的非线性。因此，针对特定的微带电路，这几种非线性特性都需要被分析。

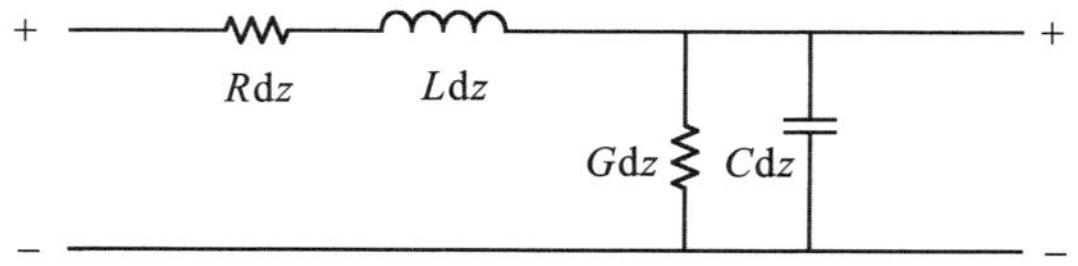

图 4-1 长度为 dz 的微带线集总电路等效模型

电导率非线性的一个主要物理机制是电热耦合，即器件的损耗功率引起器件温升，进而改变材料电导率，使得电导率与器件工作时的内部场强有关，从而导致电流与电场强度产生非线性关系：$J=\sigma_1 E+\sigma_2 E^2+\sigma_3 E^3+\cdots$，其中 J 为电流密度，E 为电场强度，σ_1 为电导率，$\sigma_i(i=2, 3\cdots)$为电导率非线性系数。在 1976 年的报道中，Wilcox 等人[29]利用金属导体的电热耦合机制计算了同轴传输线的 PIM 功率。他们所用计算模型表明，PIM 功率近似与载波频率差成反比，即当载波频率差增加一个数量级，PIM 功率增加约 10 dB。当同轴线长度较短时，同轴线 PIM 功率（传输 PIM 功率）正比于同轴线长度的二次方。在 30 W($f_1=270$ MHz，$f_2=240$ MHz)的载波输入功率下，计算得到同轴线的 PIM 功率幅值约为 −130 dBm，这表明同轴传输线电热耦合产生的 PIM 功率幅值较小。需要注意的是该模型未考虑介质损耗和导体表面粗糙度的影响。2006 年，Wilkerson 等人[30]测量了均匀微带线的 PIM 功率随着输入载波频率间隔的变化关系，获得了 PIM 功率随频率间隔变化斜率为 10 dB/dec 的实验规律，这与同轴传输线的电热耦合模型结果一致。Wilkerson 等人[31-32]进一步采用电热耦合理论对实验结果进行了分析，他们采用电热耦合模型解释了微带线 PIM 功率随着载波频率间隔的变化关系，为了求解导体壁上的温度，在模型中引入比例系数，该系数需要通过 PIM 实验结果确定，并且模型中未考虑介质损耗的影响。事实上，通过设定热传导方程的边界条件并结合能量守恒原理，可以定量求解温度场分布，从而避免引入假设比例系数，同时还能进一步考虑介质损耗的影响。国内，西安交通大学叶鸣等人[26]和西安空间天线技术研究所何鋆等人[24]基于电热耦合效应进一步理论分析了介质板热学参数对均匀微带线 PIM 功率的影响，结果表明，导热性好的介质材料和温度系数小的金属材料有助于实现低 PIM 指标。

介电常数非线性，在一些文献中已被提出是 PIM 的一种可能的来源[13-14]，但尚未有深入的针对性研究。根据电介质物理理论，介质中的电位移矢量和电场强度存在如下非线性关系[32] $\boldsymbol{D}=\varepsilon_1\boldsymbol{E}+\varepsilon_2\boldsymbol{E}^2+\varepsilon_3\boldsymbol{E}^3+\cdots$，其中 $\boldsymbol{D}$ 为电位移矢量，ε_1 为介电常数，$\varepsilon_i(i=2,\ 3\cdots)$ 为介电常数非线性系数。在光频领域，这种非线性特性已经发展成为一门独立学科：非线性光学[33]。在非线性光学领域，利用二阶非线性系数 ε_2 可以产生光波的二次谐波、和频和差频等效应，利用三阶非线性系数 ε_3 还可以产生三次谐波。因此推广到射频领域，这种非线性效应将使器件产生谐波和互调信号。微带电路可选用的介质基板多采用复合材料并且种类繁多，包括玻璃纤维增强聚四氟乙烯树脂系列、陶瓷粉填充聚四氟乙烯树脂系列和陶瓷粉填充热固性树脂系列等[34]，评估不同材料的非线性大小，将有助于低 PIM 电路设计。2020 年，本书作者通过对比空气微带线和介质微带线的 PIM 结果，判断介电非线性是微带线 PIM 的一种可能的来源，并提取了非线性参数[35]。

在低 PIM 电路设计中，通常会尽量避免使用磁性材料，但在某些特殊器件(如环形器)中仍难以避免。此外，微带电路加工过程中因制备工艺引入的缺陷也可能导致 PIM 效应的产生。然而，目前关于磁性材料和微带电路工艺缺陷对 PIM 影响的研究较少，相关结论尚不明确。2011 年，Shitvov 等人[36]研究了三种不同铜导体-介质基板界面状态对 914 mm 传输线 PIM 效应的影响，包括未处理铜箔-介质基板界面、黏接力增强处理铜箔-介质基板界面及 PTFE(Polytetrafluoroethylene，聚四氟乙烯)黏结界面，实验结果表明，黏结力增强处理反而显著恶化了传输线的 PIM 性能[本书作者分析认为，表面处理后的铜箔形成了更细小(小于 1 μm)的绒毛状结构，同时表面化学钝化和活性污染物可能导致非线性效应增强，而原始铜箔表面为大于 1 μm 的树枝状结构]。实验结果中，PTFE 黏结层微带样品产物的 PIM 功率最小。这表明铜箔表面粗糙形貌是 PIM 非线性的根源，且表面处理后的微带 PIM 功率明显高于原始铜箔或 PTFE 黏结界面。2017 年，Shitvov 等人[36]进一步对比了基站天线用低 PIM 功率高质量射频基板和普通射频基板的微带 PIM 性能，发现普通基板传输线边缘的“黑锡现象”可使其 PIM 功率比低 PIM 基板高 30 dB。由此推测，薄氧化层的隧穿效应、晶界效应、微裂纹及边缘毛刺等可能是 PIM 非线性的物理根源。然而，如何单独量化这些非线性因素的影响，目前尚未有明确的研究报道。

2. 理论建模和仿真方法

对于二端口射频器件，可以测量其输入端的 PIM 功率，称为反射 PIM 功率，也可以测量输出端的 PIM 功率，称为传输 PIM 功率。实验已经表明微带线传输 PIM 功率通常要大于反射 PIM 功率，Zelenchuk 和 Schuchinsky 等人[17-18,37]报道的微带线传输 PIM 功率比反射 PIM 功率高约 10 dB，对不同衬底微带传输线的 PIM 功率的测量结果均表明传输 PIM 功率要大于反射 PIM 功率[38]。Shitvov 等人[19]报道的 914 mm 长的微带线的传输 PIM 功率比反射 PIM 功率高约 30 dB。这种现象主要是因为微带线材料非线性特性分布于微带线的不同位置，即微带线中的 PIM 非线性源沿着载波传播方向是分布式的，各部分产生的 PIM 信号相互叠加，每部分产生的传输 PIM 和反射 PIM 的相位不同，因此叠加后导致总的反射 PIM 功率和传输 PIM 功率不同。Henrie 等人[39]采用多个同轴连接器级联的方式对多个离散非线性源产生的反射 PIM 信号满足矢量叠加关系进行了实验验证，表明采用 PIM 信号的矢量叠加方法计算多个非线性源产生的 PIM 功率是合理的。

Zelenchuk 等人[20]通过建立材料非线性模型，并将其代入传输线方程求解非线性微分方程，研究微带线的 PIM 特性。研究结果表明，微带线的传输 PIM 功率通常高于反射 PIM 功率，且传输 PIM 功率随微带线长度呈现先增大后减小的趋势，而反射 PIM 功率则随微带线长度波动变化[18,40]。图 4-2 展示了一种基于电热耦合机制计算的传输 PIM 功率与反射 PIM 功率差异随微带线长度变化的典型趋势。此外，实验发现微带线的 PIM 功率与导体宽度相关：通常情况下，导体宽度越宽，PIM 功率越小[22,41]。然而，在文献[13]中，Zelenchuk 等人[13]对比了两种不同的介质基板，发现其中一种基板的 PIM 功率随导体宽度增加而减小，而另一种基板的 PIM 功率却随导体宽度增加而增大。Zelenchuk 等人[13]推测，导体非线性主导的 PIM 功率会随导体宽度增加而减小，而介质非线性主导的 PIM 功率则可能随导体宽度增加而增大。这一现象表明，微带电路的 PIM 分析需要结合非线性机理与信号传输特性进行综合研究。尽管 Zelenchuk 等人[13]通过求解非线性传输线方程揭示了部分微带线 PIM 功率变化规律，但由于非线性微分方程求解复杂，难以获得解析解，只能依赖数值计算。这种方法的局限性在于难以分析多因素(如载波频率、介质损耗、阻抗失配等)对 PIM 的影响规律，而对于更复杂的器件结构(如滤波器、耦合器和天线等)，求解将变得更加困难。

考虑到 PIM 是在载波遇到非线性结构时激励出 PIM 信号，且这些被激

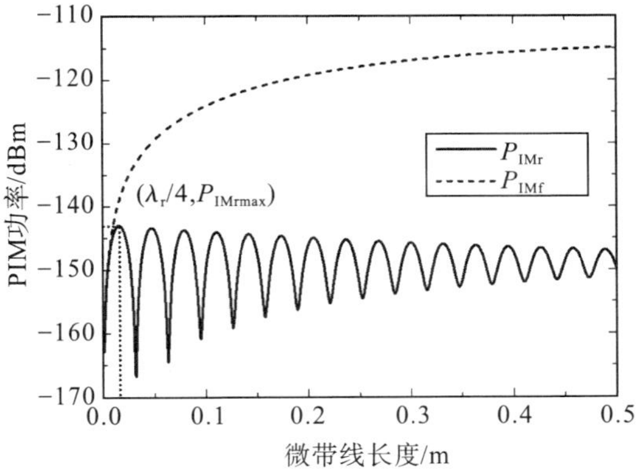

图 4-2　微带线传输和反射 PIM 功率随微带线长度的变化关系

励出的 PIM 信号在系统中传播并最终在端口被接收，因此可以将 PIM 功率的求解分为两个过程：①求解载波激励下的等效 PIM 源；②求解系统在等效 PIM 源激励下的响应。多个非线性结构同时存在时，系统总的 PIM 功率可看作是每个 PIM 源单独作用时的 PIM 功率的矢量叠加，对于具有分布非线性的微带线结构，矢量叠加转化为积分计算。这种叠加的处理方法在同轴连接器级联和波导法兰连接的 PIM 分析中已经被采用[39,42-43]。Wilkerson 等人[9]在对微带线 PIM 的初步分析中也采用了叠加的处理方法[11]。2020 年，本书作者基于这种方法，推导了基于介电非线性的微带线 PIM 解析模型，并以此提取了微带介质板的介电非线性参数[35]。首先结合非线性机制求解载波作用下的等效 PIM 激励源，然后再求解系统在等效 PIM 激励源激励下的响应，获得系统的 PIM 功率幅值。这种处理方法将非线性的处理放在了等效 PIM 激励源的求解过程中，而系统在 PIM 激励源下的响应问题的求解完全为线性问题，因此避免了非线性微积分方程的求解，使得该方法可以获得微带线 PIM 功率的解析表达式。解析解相比于数值解可以更清楚地展现 PIM 的各个影响因素的影响规律，并且结合实验可以用来提取材料非线性参数，为复杂结构 PIM 评估提供基础。在均匀微带线 PIM 解析模型的基础上，对非均匀微带线结构，如尺寸跳变、截断、间隙和弯折等，可以考虑通过非均匀结构等效电路模型进行求解。考虑到在微带阶跃阻抗滤波器的设计中，利用级联矩阵的方法可以快速获得较为准确的 S 参数[44]，因此基于该方法有望实现复杂结构微带电路的 PIM 分析。

在 PIM 研究中，等效电路模型方法存在两个主要局限：一是难以处理辐射场分析，二是对三维结构器件的适用性有限[45-49]。而全波仿真方法有望解决微带天线 PIM 的辐射场计算问题。目前，PIM 研究领域主要采用等效电路模型结合数值计算的方法进行分析，而全波仿真方法的应用才刚刚起步，关于微带 PIM 的全波仿真研究公开报道较少。2018 年，东南大学 You 和 Zhang 等人[50]提出了一种基于时域有限积分法的创新方法，用于计算波导法兰连接的 PIM 特性。该方法通过在 Yee 网格中引入非线性集总元件来模拟波导连接的寄生非线性特性，并通过时域计算结果的快速傅里叶变换(Fast Fourier Transform，FFT)提取 PIM 信号。该方法直接将非线性模型引入数值计算，导致载波和 PIM 信号在时域上相互叠加。考虑到 PIM 功率幅值通常比载波功率低 10 个数量级以上，时域上难以直接区分二者，必须采用信号对消方法抵消载波后再进行快速傅里叶变换才能提取 PIM 信号[50]，这使得计算精度受到限制。为提高计算精度，可采用载波和 PIM 信号分离计算的方法：首先通过全波仿真求解等效 PIM 激励源，然后直接计算系统在该激励源下的 PIM 响应信号。这种方法的优势在于能够显著提升数值计算精度，我们将在第 6 章对此进行详细讨论。

3. *测试诊断方法*

由于微带线 PIM 机理研究及非线性参数提取都依赖于 PIM 测试方法，开发新型的测试诊断方法用以解决以上问题也是微带电路 PIM 研究中极为重要的部分。目前这方面的研究相对较少。

在测试诊断方面，通用的传输和反射 PIM 测试方法[51]都是基于射频器件的测试，即待测样为器件整体。对于微带电路，由于非线性可能来源于金属导体或介质材料非线性，也可能来源于微带器件与 PIM 测试系统的连接非线性，通用的测试方法难以对这些非线性的来源进行区分。为了获得 PIM 的影响规律，通常期望能够控制单一变量进行实验研究，而整体器件设计时由于需要与系统匹配，往往设计参量之间存在耦合，难以分离。高凡等人[52]采用缝隙波导利用近场耦合原理测量了接触结构待测件的 PIM 功率。该方法实现了待测结构与测试系统的分离，可以方便地改变待测样结构和接触状态。场扫描探测方法常被用来进行互调定位[52-53]，英国贝尔法斯特女王大学的 Shitvov、Zelenchuk 和 Schuchinsky 等人[16-19]采用近场扫描实验方法确定了微带线中的非线性源的分布特性。这些研究对于进一步揭示微带电路 PIM 影响规律，以及分析非线性产生机理提供了参考。未来专门针对微带电路 PIM 问题研究的新型测试诊断方法还有待更多深入研究。

以上从非线性机理、仿真建模及测试诊断等方面对近年来微带电路 PIM 研究进展进行了讨论。从研究现状来看，目前比较明确的是微带电路的非线性往往具有分布特性，这一点通过微带线的传输 PIM 功率和反射 PIM 功率存在显著差异可以判断。通过假设非线性源是均匀分布的，目前已经有比较明确的 PIM 功率计算方法可以用来分析微带线尺寸对 PIM 的影响规律。

关于微带线 PIM 的非线性起源问题，目前研究存在以下关键点：虽然电热耦合机制在现有文献中报道较多，但对于常规覆铜板加工的微带线而言，其 PIM 是否主要由电热耦合引起仍缺乏确凿证据。事实上，不同基板材料制备的微带线表现出显著差异的 PIM 特性，这表明介电非线性也是必须考虑的重要因素。此外，加工工艺导致的边缘缺陷同样可能引发显著的 PIM 效应，但由于工艺缺陷具有随机性特征，相关研究面临较大困难，目前公开报道的成果较为有限。为深入揭示微带电路 PIM 的产生机理，亟需发展能够对单一影响因素进行独立验证的新型测试诊断方法。值得注意的是，实际应用中的微带结构具有多样性，包括谐振结构、天线结构及负载失配等复杂情况，这些因素对 PIM 效应的具体影响机制仍是当前研究中亟待解决的重要问题。

4.2　均匀微带线的 PIM 矩阵表达

4.2.1　微带线的非线性等效电路图

无源微带电路中的 PIM 信号可能由导体电阻、导体电感、介质电容或介质电导产生。

具有寄生非线性的导体电阻和电感的 $I-V$ 特性可以表示为

$$\mathrm{d}v=(R+\mathrm{j}\omega L)i\mathrm{d}z+(R_2+\mathrm{j}\omega L_2)i^2\mathrm{d}z+(R_3+\mathrm{j}\omega L_3)i^3\mathrm{d}z+\cdots \tag{4-1}$$

式中：v 是电压；i 是电流；R 和 L 分别是电阻和电感的线性部分；R_2 和 L_2 是二阶非线性系数；R_3 和 L_3 是三阶非线性系数；ω 是角频率。

具有寄生非线性的介质电容和电导的 $I-V$ 特性可以表示为

$$\mathrm{d}i=(\mathrm{j}\omega C+G)v\mathrm{d}z+(\mathrm{j}\omega C_2+G_2)v^2\mathrm{d}z+(\mathrm{j}\omega C_3+G_3)v^3\mathrm{d}z+\cdots \tag{4-2}$$

式中：C 和 G 分别是电容和电导的线性部分；C_2 和 G_2 是二阶非线性系数；C_3 和 G_3 是三阶非线性系数。

式(4-1)表示的导体电阻和电感的非线性可以等效为受控电压源，介质电容和电导的非线性可以等效为受控电流源。因此，具有非线性的微带线的等效电路可以表示为图 4-3，其中，$\mathrm{d}z$ 是微带线的长度，$S_\mathrm{v}\mathrm{d}z$ 和 $S_\mathrm{i}\mathrm{d}z$ 分别是等效电压源和等效电流源，$i_{1,1}$、$i_{1,2}$、$i_{1,\mathrm{pim}}$ 为输入端电流分量，$i_{2,1}$、$i_{2,2}$、$i_{2,\mathrm{pim}}$ 为输出端电流分量，$v_{1,1}$、$v_{1,2}$、$v_{1,\mathrm{pim}}$ 为输入端电压分量，$v_{2,1}$、$v_{2,2}$、$v_{2,\mathrm{pim}}$ 为输出端电压分量，Z 为阻抗，c 为单位长度电容。

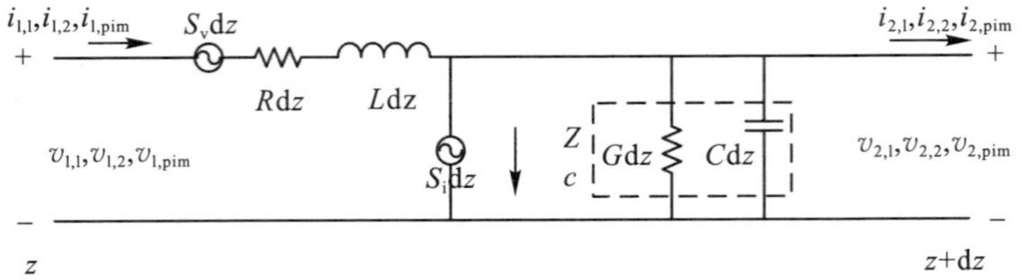

图 4-3　基于等效电压源和等效电流源的微带线寄生非线性等效电路示意图

4.2.2　PIM 传输矩阵

假设 PIM 由频率为 ω_1 和 ω_2 的双载波产生。双载波信号可以表示为

$$i_1=a_{10}\exp(-\alpha z)\cos(\omega_1 t-k_1 z+\varphi_{11})+ b_{10}\exp(\alpha z)\cos(\omega_1 t+k_1 z+\varphi_{12}) \tag{4-3}$$

$$i_2=a_{20}\exp(-\alpha z)\cos(\omega_2 t-k_2 z+\varphi_{21})+ b_{20}\exp(\alpha z)\cos(\omega_2 t+k_2 z+\varphi_{22}) \tag{4-4}$$

式中：a_{10} 和 a_{20} 分别是两前向波的振幅；b_{10} 和 b_{20} 分别是两反射波的振幅；k_1 和 k_2 分别是对应的传播常数；φ_{11} 和 φ_{21} 分别是两前向波的初始相位；φ_{12} 和 φ_{22} 分别是两反射波的初始相位；α 是衰减常数。因为双载波的频率接近，所以这里忽略两个载波衰减常数之间的差异。

对于长度为 dz 的均匀微带线，非线性由等式(4-1)描述。在式(4-1)中，PIM 等效电压源可写为

$$S_{\mathrm{v}}\mathrm{d}z=r_3\sum_{i=1}^{6}[x_i\exp(-\eta_i\alpha z)\cos(\omega_{\mathrm{pim}}t-k_{\mathrm{pim},i}z+\varphi_i)]\mathrm{d}z \tag{4-5}$$

式中：

$$r_3=R_3+\mathrm{j}\omega L_3 \tag{4-6}$$

产生的 PIM 信号包含 6 个频率相同但幅值和相位不同的分量，各分量中的参数见表 4-1。

表 4-1　式(4-5)中的 PIM 信号参数

i	x_i	$-\eta_i\alpha z$	$-k_{\mathrm{pim},i}$	φ_i
1	$(3/4)a_{10}{}^2a_{20}$	$-3\alpha z$	$-k_1$	$2\varphi_{11}-\varphi_{21}$
2	$(3/4)a_{20}b_{10}{}^2$	αz	$3k_1$	$2\varphi_{12}-\varphi_{21}$
3	$-(3/4)a_{10}{}^2b_{20}$	$-\alpha z$	$-3k_1$	$2\varphi_{11}-\varphi_{22}$
4	$-(3/4)b_{10}{}^2b_{20}$	$3\alpha z$	k_1	$2\varphi_{12}-\varphi_{22}$
5	$-(3/2)a_{10}a_{20}b_{10}$	$-\alpha z$	k_1	$\varphi_{11}+\varphi_{12}-\varphi_{21}$
6	$(3/2)a_{10}b_{10}b_{20}$	αz	$-k_1$	$\varphi_{11}+\varphi_{12}-\varphi_{22}$

注：这里忽略 k_1 和 k_2 的差异。

将式(4－5)写为指数形式：

$$S_v \mathrm{d}z = r_3 \sum_{i=1}^{6} x_i \exp(-\eta_i \alpha z) \exp\mathrm{j}(-k_{\mathrm{pim},i} z + \varphi_i) \mathrm{d}z \tag{4-7}$$

同理，等效 PIM 电流源也包括 6 个频率分量：

$$S_i \mathrm{d}z = g_3 \sum_{i=1}^{6} f_i \exp(-\eta_i \alpha z) \exp\mathrm{j}(-k_{\mathrm{pim},i} z + \varphi_i) \mathrm{d}z \tag{4-8}$$

式中：x_i 为非线性源强度系数；$k_{\mathrm{pim},i}$为第 i 阶 PIM 信号的复传播常数；η_i 为非线性衰减因子；f_i 为 x_i 与特性阻抗 Z_0 的乘积；

$$g_3 = \mathrm{j}\omega C_3 + G_3 \tag{4-9}$$

根据基尔霍夫定律，由方程(4－1)描述的分布非线性源的微带线 PIM 信号满足的传输线方程为

$$-\frac{\mathrm{d}i_{\mathrm{pim}}}{\mathrm{d}z} = v_{\mathrm{pim}}(G + \mathrm{j}\omega C) + g_3 \left[\sum_{i=1}^{6} f_i \exp(-\eta_i \alpha z) \exp\mathrm{j}(-k_{\mathrm{pim},i} z + \varphi_i) \right] - \frac{\mathrm{d}v_{\mathrm{pim}}}{\mathrm{d}z} \tag{4-10}$$

$$= (r_1 + \mathrm{j}wL) i_{\mathrm{pim}} + r_3 \left[\sum_{i=1}^{6} x_i \exp(-\eta_i \alpha z) \exp\mathrm{j}(-k_{\mathrm{pim},i} z + \varphi_i) \right] \tag{4-11}$$

对于均匀微带线，方程(4－10)和方程(4－11)的通解分别是

$$v_{\mathrm{pim}} = V^+ \exp(-\gamma z) + V^- \exp(\gamma z) + \sum_{i=1}^{6} y_i \exp(-\eta_i \alpha z) \exp\mathrm{j}(-k_{\mathrm{pim},i} z + \varphi_i) \tag{4-12}$$

$$i_{\mathrm{pim}} = \frac{1}{Z_0} V^+ \exp(-\gamma z) - \frac{1}{Z_0} V^- \exp(\gamma z) + \frac{1}{Z_0} \sum_{i=1}^{6} c_i \exp(-\eta_i \alpha z) \exp\mathrm{j}(-k_{\mathrm{pim},i} z + \varphi_i) \tag{4-13}$$

式中：V^+ 和 V^- 的取值取决于终端条件的参数；γ 为微带线的复传播常数；

$$Z_0 = \frac{\gamma}{(G + \mathrm{j}\omega C)} = \sqrt{\frac{r_1 + \mathrm{j}wL}{G + \mathrm{j}\omega C}} \tag{4-14}$$

$$y_i = \frac{r_3 (\eta_i \alpha + \mathrm{j}k_{\mathrm{pim},i}) x_i + g_3 (r_1 + \mathrm{j}wL) f_i}{(\eta_i \alpha + \mathrm{j}k_{\mathrm{pim},i})^2 - \gamma^2} \tag{4-15}$$

$$c_i = \frac{r_3 (G + \mathrm{j}\omega C) x_i + g_3 (\eta_i \alpha + \mathrm{j}k_{\mathrm{pim},i}) f_i}{(\eta_i \alpha + \mathrm{j}k_{\mathrm{pim},i})^2 - \gamma^2} Z_0 \tag{4-16}$$

当 $z=0$ 和 $z=1$ 时，PIM 信号可写为

$$v_{\mathrm{pim},0} = V^+ + V^- + \sum_{i=1}^{6} y_i \exp(\mathrm{j}\varphi_i) \tag{4-17}$$

$$i_{\mathrm{pim},0} = \frac{1}{Z_0} V^+ - \frac{1}{Z_0} V^- + \frac{1}{Z_0} \sum_{i=1}^{6} c_i \exp(\mathrm{j}\varphi_i) \tag{4-18}$$

$$v_{\text{pim},l}=V^{+}\exp(-\gamma l)+V^{-}\exp(\gamma l)+\sum_{i=1}^{6}y_i\exp(-\eta_i\alpha l)\exp\text{j}(-k_{\text{pim},i}l+\varphi_i) \tag{4-19}$$

$$i_{\text{pim},l}=\frac{1}{z_0}V^{+}\exp(-\gamma l)-\frac{1}{Z_0}V^{-}\exp(\gamma l)+\frac{1}{Z_0}\sum_{i=1}^{6}c_i\exp(-\eta_i\alpha l)\exp\text{j}(-k_{\text{pim},i}l+\varphi_i) \tag{4-20}$$

式中：l 为微带线长度。

通过消参数去 V^{+} 和 V^{-}，则式(4-17)～式(4-20)可以表示为如式(4-21)所示的矩阵形式：

$$\begin{bmatrix}v_{\text{pim},0}\\ i_{\text{pim},0}\end{bmatrix}=\boldsymbol{A}\begin{bmatrix}v_{\text{pim},l}\\ i_{\text{pim},l}\end{bmatrix}+\text{IM} \tag{4-21}$$

式中：$\boldsymbol{A}$ 是长度为 l 的均匀微带线的 $\boldsymbol{A}$ 参数，有

$$\boldsymbol{A}=\begin{bmatrix}\frac{1}{2}[\exp(\gamma l)+\exp(-\gamma l)] & \frac{1}{2}[\exp(\gamma l)-\exp(-\gamma l)]Z_0\\ \frac{1}{2}[\exp(\gamma l)-\exp(-\gamma l)]Y_0 & \frac{1}{2}[\exp(\gamma l)+\exp(-\gamma l)]\end{bmatrix} \tag{4-22}$$

我们把 IM 称为 PIM 源矩阵，并且

$$\text{IM}=\begin{bmatrix}S_{\text{V}}\\ S_{\text{I}}\end{bmatrix} \tag{4-23}$$

$$S_V=\left\{-\frac{1}{2}\sum_{i=1}^{6}[(y_i+c_i)\exp(\gamma l)+(y_i-c_i)\exp(-\gamma l)]\times\exp(-\eta_i\alpha l)\exp\text{j}(-k_{\text{pim},i}l+\varphi_i)\right\}+\sum_{i=1}^{6}y_i\exp(\text{j}\varphi_i) \tag{4-24}$$

$$S_I=\left\{-\frac{1}{2}Y_0\sum_{i=1}^{6}[(y_i+c_i)\exp(\gamma l)-(y_i-c_i)\exp(-\gamma l)]\times\exp(-\eta_i\alpha l)\exp\text{j}(-k_{\text{pim},i}l+\varphi_i)\right\}+Y_0\sum_{i=1}^{6}c_i\exp(\text{j}\varphi_i) \tag{4-25}$$

据此，均匀微带线的 PIM 可以用式(4-21)给出的矩阵进行表达。如果得到导体和介质非线性系数，并确定了终端边界条件，即可获得 PIM 功率。

4.3 基于 PIM 传输矩阵的微带电路 PIM 功率计算

4.3.1 基于传输矩阵的 PIM 功率计算思路

如果一个微带电路可以分成几段均匀的微带线的组合，则每部分的 PIM

信号方程可以通过公式(4-21)计算。然后通过电路每个节点处的基尔霍夫定律，可以将这些矩阵联系在一起，并通过求解这些具有终端条件的矩阵方程来获得该微带电路的 PIM 功率。计算流程图如图 4-4 所示。

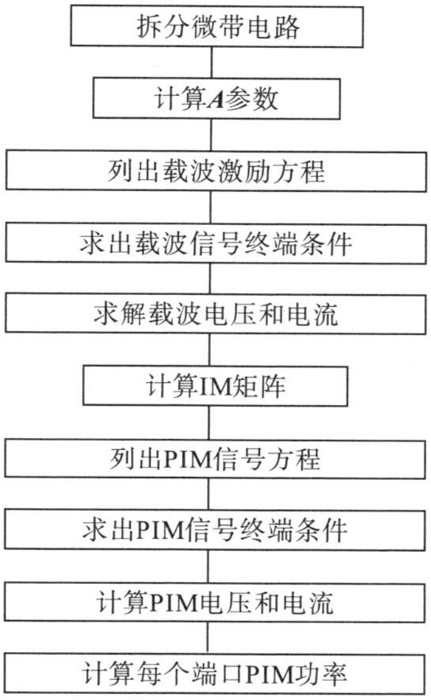

图 4-4　基于 PIM 传输矩阵的微带电路 PIM 功率计算流程图

如果一个微带电路由三段长度分别为 l_1、l_2、l_3 的微带线级联构成，如图 4-5 所示，则可以使用上一节中讨论的计算方法来计算 PIM 功率。下面对这一过程进行简单分析。图 4-5 中的电路由三段传输线组成。对于每段传输线，各部分输入端的载波信号与输出端的载波信号相关联，公式如下：

$$\begin{bmatrix} v_{2n-1} \\ i_{2n-1} \end{bmatrix} = \boldsymbol{A}_n \begin{bmatrix} v_{2n} \\ i_{2n} \end{bmatrix} \tag{4-26}$$

式中：$n=1, 2, 3$，分别代表三段微带线。

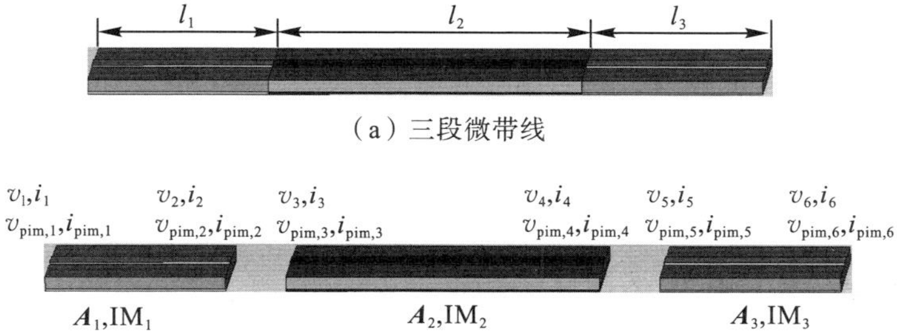

(a) 三段微带线

(b) 输入与输出信号

图 4-5　三段长度分别为 l_1、l_2、l_3 的微带线级联结构示意图

根据基尔霍夫定律，有

$$\begin{bmatrix} v_{2n} \\ i_{2n} \end{bmatrix} = \begin{bmatrix} v_{2n+1} \\ i_{2n+1} \end{bmatrix} \tag{4-27}$$

式中：$n=1$，2。

在输入端口，输入正向电压由输入功率 P_{in}决定，即

$$v_1 + i_1 Z_0 = \sqrt{8P_{\text{in}} Z_0} \tag{4-28}$$

输出端口连接到匹配负载，因此有

$$v_6 = i_6 Z_0 \tag{4-29}$$

式(4-26)～式(4-29)总共对应 12 个方程，并且有 12 个未知参数，因此可以求解 12 个未知电压和电流。然后使用公式(4-23)，获得 IM 矩阵。

因此，对于 PIM 信号，有

$$\begin{bmatrix} v_{\text{pim},2n-1} \\ i_{\text{pim},2n-1} \end{bmatrix} = \boldsymbol{A}_n \begin{bmatrix} v_{\text{pim},2n} \\ i_{\text{pim},2n} \end{bmatrix} + \begin{bmatrix} S_{\text{v},n} \\ S_{\text{i},n} \end{bmatrix} \tag{4-30}$$

式中：$n=1$，2，3。

根据基尔霍夫定律，有

$$\begin{bmatrix} v_{\text{pim},2n} \\ i_{\text{pim},2n} \end{bmatrix} = \begin{bmatrix} v_{\text{pim},2n+1} \\ i_{\text{pim},2n+1} \end{bmatrix} \tag{4-31}$$

式中：$n=1$，2。

在输入和输出端口，考虑匹配条件：

$$\begin{bmatrix} v_{\text{pim},1} \\ v_{\text{pim},6} \end{bmatrix} = Z_0 \begin{bmatrix} -i_{\text{pim},1} \\ i_{\text{pim},6} \end{bmatrix} \tag{4-32}$$

式(4-30)～式(4-32)也对应 12 个方程，其中有 12 个未知参数，因此可以推导出终端端口的 PIM 信号。

因此，可以计算得到图 4-5 所示传输线结构的传输 PIM 功率为

$$P_{\text{IMf}} = \frac{|v_6|^2}{2Z_0} \tag{4-33}$$

反射 PIM 功率为

$$P_{\text{IMr}} = \frac{|v_1|^2}{2Z_0} \tag{4-34}$$

4.3.2 基于传输矩阵的 PIM 功率计算实验验证

为验证以上推导的 PIM 功率计算方法的合理性，本书采用聚四氟乙烯(PTFE)覆铜板制备的微带线样品进行实验验证，并且对其上导体进行镀镍

处理。PTFE 覆铜板的相对介电常数为 3.5，厚度为 1 mm。铜厚约 35 μm。按照 PTFE 介质基板微带线 50 Ω 特征阻抗设计，微带线宽度为 2.28 mm。并且在正面导体上进行镀镍处理，图 4-6 给出了这些微带线的 S 参数。从图中可见，在 400 MHz～1 GHz 频率范围内，微带线的 S_{11} 参数基本在－20 dB 以下。PIM 测试时，两路输入载波的频率分别是 0.728 GHz 和 0.746 GHz，需要测试的三阶互调信号的频率是 0.71 GHz，功率是 30 dBm。从图中可以看出，在 PIM 测试频率附近，S_{11} 参数在-22 dB 以下，说明绝大部分的载波信号可以在这些镀镍微带线中有效传输，可以进行互调测试。为避免接头出现 PIM 源，使用低 PIM 功率线缆焊接镀镍微带线作为馈电端。

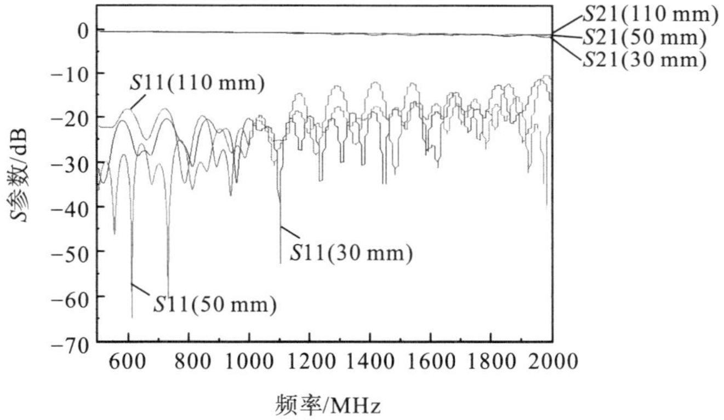

图 4-6　镀镍微带线 S 参数测量结果

为了验证镀镍微带线非线性的主要来源确实为镍镀层的磁滞非线性，我们对比如图 4-7(a)所示的 110 mm 镀镍微带线(编号为 1)、110 mm 镀高磷镍微带线(编号为 2)及 110 mm 镀中磷镍微带线(编号为 3)，在 30 dBm 输入功率下进行三次测量，对比结果如图 4-7(b)所示。从图中可以看到：对于三种较长的微带线，反射 PIM 功率(P_{IMr})均小于传输 PIM 功率(P_{IMf})。这是因为微带线的互调主要由材料非线性产生，非线性在整条微带线上是连续分布的，可以视为是连续分布的线互调源。这些分布的线互调源在传输与反射两个端口上产生的互调波进行矢量叠加，因此传输 PIM 功率与反射 PIM 功率差别较大。同时我们可以看到 1 号镀镍微带线的反射 PIM 功率比 2 号镀高磷镍微带线大 40 dB 以上，比 3 号镀中磷镍微带线大 30 dB 左右，而传输 PIM 功率比 2 号镀高磷镍微带线大 55 dB 以上，比 3 号镀中磷镍微带线大 45 dB左右。其中镀高磷镍在镀镍时掺杂了 12%以上的亚磷酸钠，可以显著抑制镍的磁滞非线性。三种微带线除去掺磷以外所有制备因素和测试方法全部相同，但 PIM 功率相差巨大，因此可以确定镀镍微带线 PIM 功率的主要来源是镍镀层的磁滞非线性。

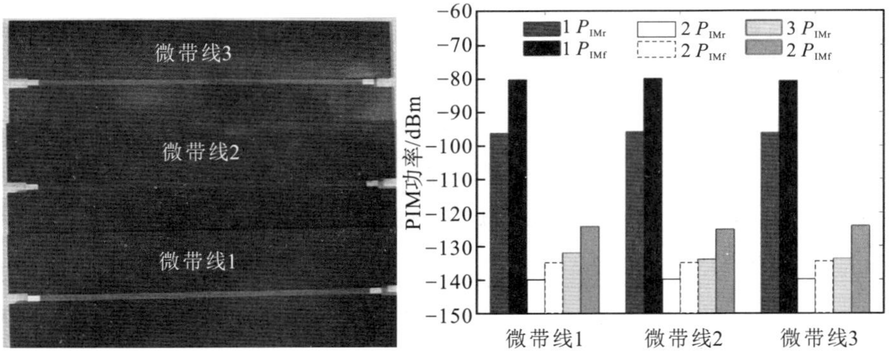

（a）实物图　　（b）三次PIM功率测量结果对比

图 4－7　三种微带线 PIM 功率测量结果对比

假设镀镍微带线的非线性由式(4－6)决定，根据式(4－21)可以得出如图 4－8 中实线和虚线所示的传输 PIM 功率和反射 PIM 功率。显然，镀镍微带线的 PIM 功率与微带线长度有着强相关关系，其反射 PIM 功率随着微带线长度的增加会以半波长为周期波动，而传输 PIM 功率随着微带线长度的增加不断增大，这样的变化规律与基于电容非线性机制和多个 PIM 源级联的互调规律一致。反射 PIM 与传输 PIM 出现这种现象的主要原因是非线性源分布在微带线的不同位置处，因此由其产生的 PIM 波的相位传播到微带线同一位置处是不一致的，会在端口处矢量叠加。

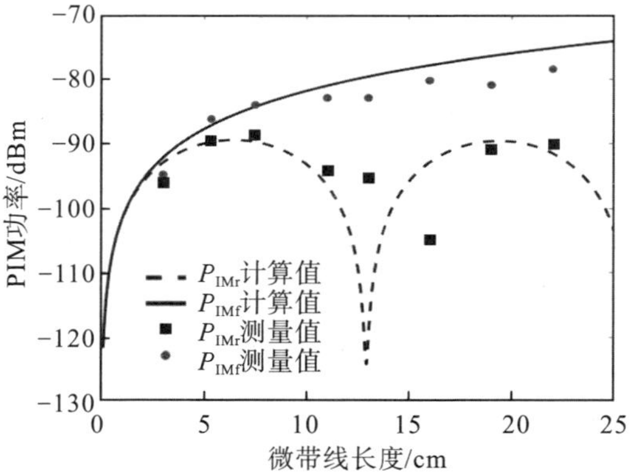

图 4－8　不同长度镀镍微带线的 PIM 功率测量结果

同时，由图 4 - 8 所示的不同长度的镀镍微带线的反射 PIM 功率和传输 PIM 功率测量结果，可以推导出由式(4 - 6)所描述的镍的三阶相对磁导率非线性系数。即由式(4 - 35)可以解出，在 0.71 GHz 时，实验中所使用的镍的三阶相对磁导率非线性系数为 $\mu_3 = 4.44\times10^{-11}\ \mathrm{m^2/A^2}$：

$$L_3 = \mu_3 \frac{d}{w} \tag{4-35}$$

1. 阶跃阻抗滤波器 PIM 规律

图 4 - 9 显示了一个 6 阶阶跃阻抗低通滤波器，截止频率为 3.5 GHz。该滤波器可分为图中所示的 8 段。

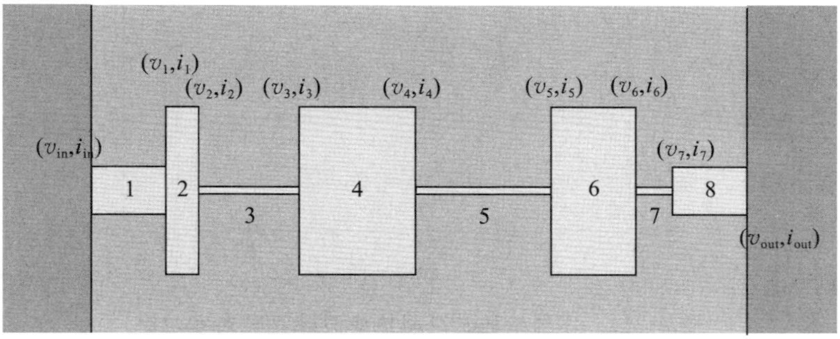

图 4 - 9　阶跃阻抗滤波器结构示意图

滤波器的 PIM 功率可以通过列出每段微带线满足的矩阵方程后联立求解获得。滤波器的 S 参数和 PIM 功率计算结果如图 4 - 10 所示(假设为电热偶合非线性机制)。作为比较，均匀微带传输线(Uniform Transmission Line, UTL)的 PIM 功率也在图 4 - 10 中给出，该传输线与低通滤波器具有相同的总长度。

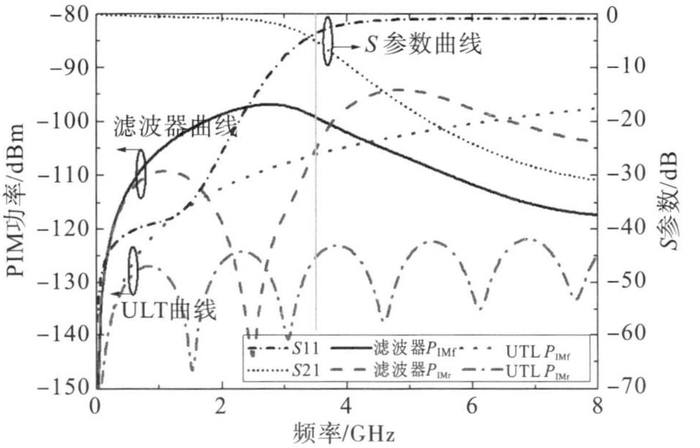

图 4 - 10　阶跃阻抗滤波器 PIM 功率与 S 参数计算值

滤波器的传输 PIM 功率(P_{IMf})在通带内随着载波频率的增加而增加，在阻带内随着载波频率的增加而降低。P_{IMf}大约在带边达到最大值。当处于阻带时，载波被反射到输入端口，无法传播到输出端口，因此 P_{IMf}降低。

不同阶数阶跃阻抗滤波器 PIM 功率对比如图 4－11 所示。当滤波器的截止频率降低时，S 参数向低频区域压缩，PIM 功率类似，如图 4－12 所示。

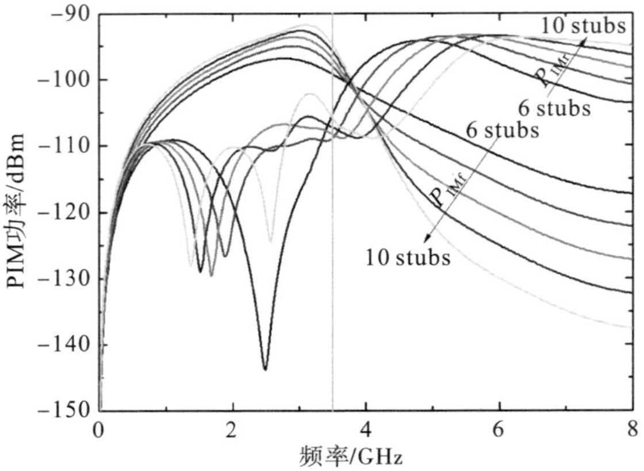

图 4－11　不同阶数阶跃阻抗滤波器 PIM 功率对比

（注：6 stubs 表示阶数为 6，10 stubs 表示阶数为 10。）

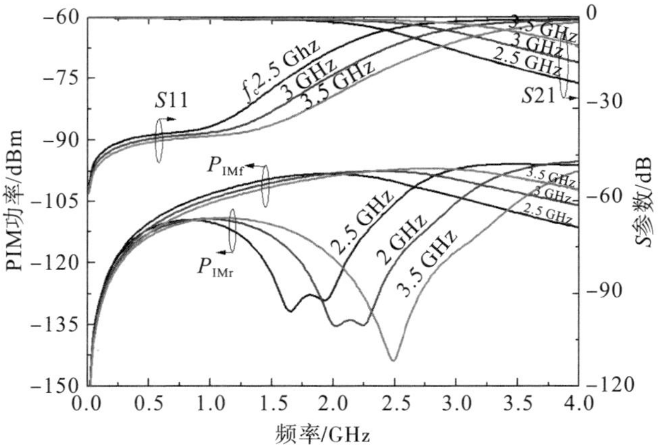

图 4－12　不同截止频率滤波器的 PIM 功率对比图

（注：f_c 指截止频率。）

图 4－13(a)为采用微带电路板制作的不同阶数的阶跃阻抗滤波器，图 4－13(b)给出了这些滤波器的 S 参数测量结果。

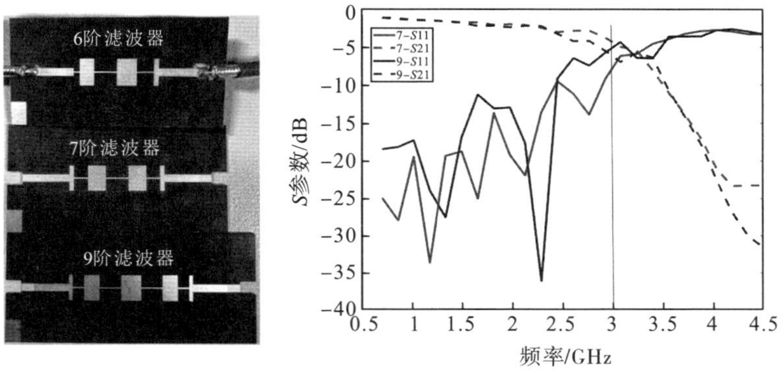

（a）实物图　　（b）S参数测量结果

图 4-13　上导体镀镍阶跃阻抗滤波器及 S 参数测量结果

不同阶数阶跃阻抗滤波器 PIM 功率测量结果如图 4-14 所示。

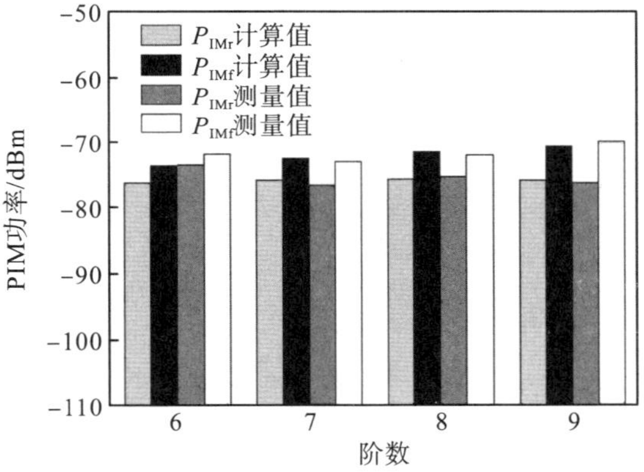

图 4-14　不同阶数阶跃阻抗滤波器(上导体镀镍)PIM 功率测量结果

2. 正交(90°)混合网络的 PIM 规律

正交混合网络的原理图(即正交耦合器结构示意图)如图 4-15 所示。其可以分成 8 个部分。图 4-16 给出了中心频率为 0.735 GHz 的镀镍正交耦合器的实物图与 S 参数测量结果。

这些由级联或并联的不同传输线组成的镀镍微带电路的 PIM 功率测量结果如图 4-17 所示。与基于 PIM 传输矩阵方法推导出的结果一致，差异均小于3 dB。在端口 1 输入双载波激励信号，信号从端口 2 和 3 输出，端口 4 是隔离端口。在通带中，端口 3 的 PIM 功率高于端口 2，这是因为载波从输入端口到端口 3 的路径比到端口的 2 长。在 4 个端口中，隔离端口的 PIM 功率最小，表明该评估方法准确且适用于预测复杂微带结构电路的 PIM 功率。

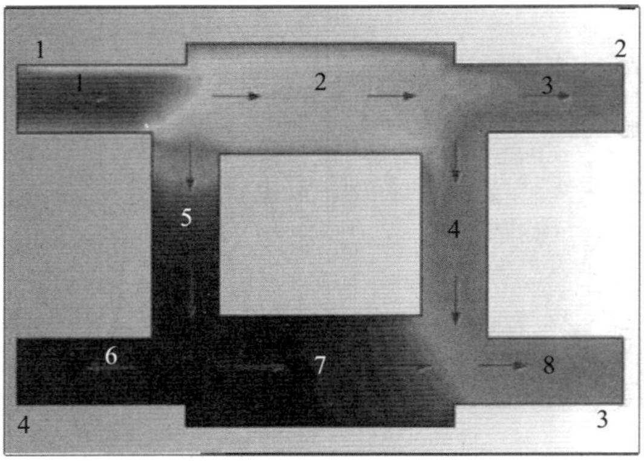

图 4-15　正交耦合器结构示意图

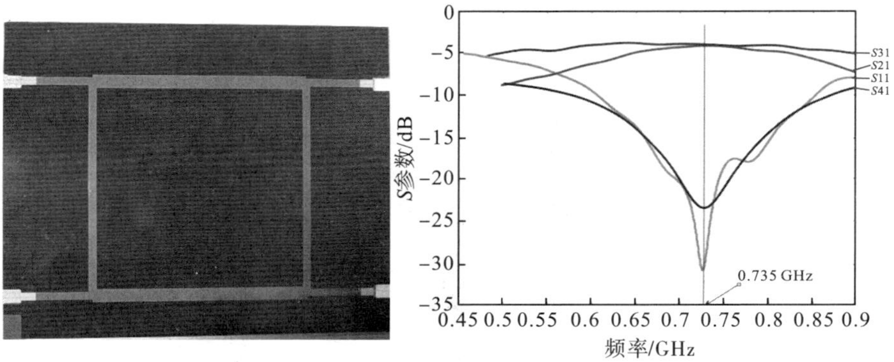

（a）实物图　　（b）S参数测量结果

图 4-16　上导体镀镍正交耦合器实物图及 S 参数测量结果

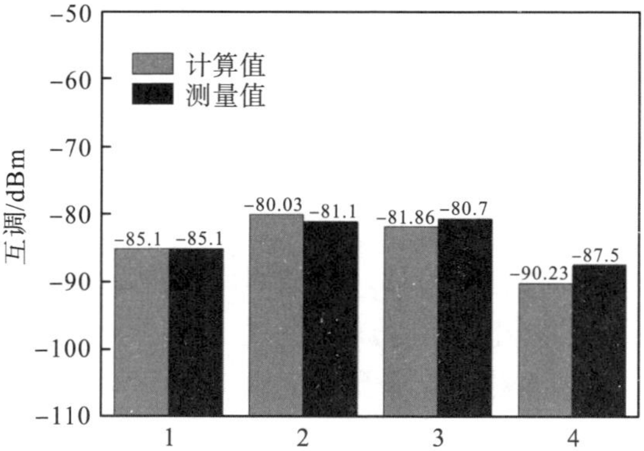

图 4-17　正交耦合器(上导体镀镍)PIM 功率测量结果

至此，本章首先推导了均匀微带传输线的 PIM 矩阵表达。以均匀微带线作为计算单元，可以用于分析更复杂结构的 PIM 规律，例如分析阶跃阻抗滤波器和正交混合网络的 PIM 功率。PIM 传输矩阵方法可以探究寄生非线性机制对 PIM 功率影响的因素，并可指导微带电路的设计和优化过程。通过了解各种非线性机制的贡献及对 PIM 功率的影响，可以改善微带电路的整体性能。

4.4　微带线电热耦合非线性机制

在微带电路中，PIM 通常归因于材料非线性。无铁磁材料的微带电路中 PIM 的来源主要包括通孔中的金属毛刺、金属表面划痕、金属厚度不均匀等非线性因素。然而，工艺偏差的随机出现无法解释采用普通覆铜板制作的微带电路中普遍存在 PIM 效应的事实。Zelenchuk、Shitvov 和 Schuchinsky 等人[37,54-55]发现，微带线的 PIM 功率随着线长的增加具有一定的变化趋势，这表明微带线中存在分布式非线性源[56]。

分布式非线性源可能来自导体、介质或导体-介质接触界面。早在 1976 年，Wilcox 等人[29]和 Molmud 等人[30]研究了同轴电缆中电热耦合引起的 PIM 效应。Wilkerson 等人[7-8]将这种效应推广到微带线研究中。实验结果表明，PIM 功率与频率间隔[7]及导体材料[7,57]有关。由于 PIM 是由散热引起的，因此 PIM 功率应与导体和介质基板的热特性相关。Shitvov 等人[55]通过实验观察到，在损耗角正切较高的介电基板上，PIM 功率随其升高呈上升趋势。在参考文献[55]中，还发现当微带线宽度增加时，PIM 有减小的趋势。

本节将通过求解热传导方程得到电阻率非线性系数，进而推导出分布式 PIM 信号激励源的表达式，最终得到均匀微带线的 PIM 功率解析表达式。该模型同时考虑了导体损耗和介质损耗。基于推导出的 PIM 功率表达式，可以定量揭示微带线 PIM 功率与导体尺寸、介质材料和频率等因素的关系。

4.4.1　电阻率非线性系数

导体电阻率和温度之间的关系可以写成[58]

$$\rho=\rho_0\left[1+m_1\Delta T+m_2(\Delta T)^2+m_3(\Delta T)^3+\cdots\right] \tag{4-36}$$

式中：ρ_0 为 T_0 温度下的电阻率；ΔT 为温度变化；$m_i(i=1,2,3\cdots)$是电阻率温度系数。

当电流流过长度为 $\mathrm{d}z$、宽度为 w 的金属走线时，由金属走线的电阻引起

的等效电压降 dv 可表示为

$$v\mathrm{d}z=i\times\left(\frac{\rho\mathrm{d}z}{w\delta}\right)=i\left(\frac{\rho_0\,\mathrm{d}z}{w\delta}\right)[1+m_1\Delta T+m_2\ (\Delta T)^2+m_3\ (\Delta T)^3+\cdots] \tag{4-37}$$

式中：i 为电流；δ 为趋肤深度。

通常，温度变化与热损耗成正比，即

$$\Delta T\propto i^2\rho\approx i^2\rho_0 \tag{4-38}$$

那么：

$$v\mathrm{d}z\propto\left(\frac{\rho_0\,\mathrm{d}z}{w\delta}\right)[i+m_1 i^3+m_2 i^5+m_3 i^7+\cdots] \tag{4-39}$$

因此，电压降可以表示如下：

$$v\mathrm{d}z=r_1 i\mathrm{d}z+r_3 i^3\,\mathrm{d}z+r_5 i^5\,\mathrm{d}z+r_7 i^7\,\mathrm{d}z+\cdots \tag{4-40}$$

式中：$r_i(i=1，2，3\cdots)$是各阶电阻率非线性系数。

式(4-40)指出电热效应会引起 $J-V$ 非线性，因此电热效应可以产生 PIM 效应。

仅考虑三阶 PIM 效应时，可以忽略式(4-36)中的高阶项，即

$$\rho\approx\rho_0(1+\alpha_{\mathrm{T}}\Delta T) \tag{4-41}$$

式中：α_{T} 是导体电阻率的温度系数。

因此，当只考虑三阶 PIM 效应时，式(4-40)可以化简为

$$v\mathrm{d}z\approx r_1 i\mathrm{d}z+r_3 i^3\,\mathrm{d}z \tag{4-42}$$

在微带传输线中，当载波信号在传输线中传播时，导体损耗和介质损耗会引起温度变化。在下文中，我们将通过微带线中的热传导分析，推导出电阻率非线性系数 r_3 的表达式。微带线的结构示意图如图 4-18 所示。

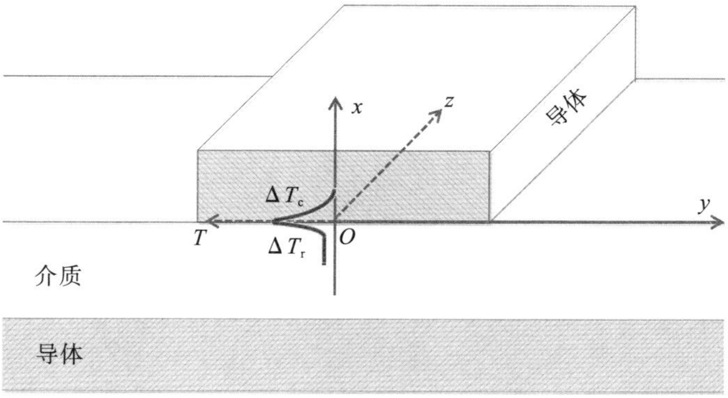

图 4-18　微带线结构示意图

在微带线中，导体-介质界面附近的体电流密度可表示为

$$J=J_0\exp\left(-\frac{x}{\delta}\right)\cos\left(\omega t-\frac{x}{\delta}+\varphi_{z0}\right) \tag{4-43}$$

式中：J_0 是导体表面的电流密度；ω 是角频率；t 是时间；φ_{z0} 是初始相位。在微带线中，导体上表面也传导电流并产生热量。然而，由于电磁场大部分被限制在介质中，导体上表面的电流密度小于导体-介质界面的电流密度。因此，导体上表面对发热的贡献在下文讨论中被忽略。

当考虑微带线中传播的两路载波信号时，导体中的热源可表示为

$$p_{cs}=(J_1+J_2)^2\rho \tag{4-44}$$

式中：两路载波信号的电流密度分别为

$$J_1=J_{01}\exp\left(-\frac{x}{\delta_1}\right)\cos\left(\omega_1 t-\frac{x}{\delta_1}+\varphi_{z01}\right) \tag{4-45}$$

$$J_2=J_{02}\exp\left(-\frac{x}{\delta_2}\right)\cos\left(\omega_2 t-\frac{x}{\delta_2}+\varphi_{z02}\right) \tag{4-46}$$

式中：脚标 1 代表载波 1，脚标 2 代表载波 2。

因为两路载波的频率接近，可以对趋肤深度使用近似值表达：

$$\delta_1\approx\delta_2=\delta \tag{4-47}$$

随后，通过展开式(4－44)，焦耳热源可以改写为

$$p_{cs}=\left(\frac{\rho}{2}\right)(J_{01}^2+J_{02}^2)\exp\left(-\frac{2x}{\delta}\right)+\sum_{i=1}^{4}p_i\exp\left(-\frac{2x}{\delta}\right)\cos\left(\omega_{d,i}t-\frac{x}{\delta_{d,i}}+\varphi_{d,i}\right) \tag{4-48}$$

式中：p_i 为热源幅度；δ 为趋肤深度；$\omega_{d,i}$ 为角频率；$1/\delta_{d,i}$ 为金属中 x 方向的传播常数；φ_d 为相位。这些参数的取值见表 4－2。

从公式(4－48)可以看出，热源包含 1 个直流分量和 4 个交流分量。因此，温度变化也将包含 5 个不同频率分量。由于 PIM 是由温度变化的交流分量产生的，因此我们以下仅讨论交流分量。

对于每个交流热源分量，以指数形式重写式(4－48)，则

$$p_{cs}=p_0\exp\left(-\frac{2x}{\delta}\right)\exp j\left(\omega_d t-\frac{x}{\delta_d}+\varphi_d\right),\quad 0\leqslant x\leqslant d_c \tag{4-49}$$

式中：d_c 是导体的厚度。

表 4-2 式(4-48)中的参数的取值

i	p_i	$\omega_{d,i}$	$1/\delta_{d,i}$	$\varphi_{d,i}$	$\Delta T/\mu K$
1	$J_{01}^2\rho/2$	$2\omega_1$	$-2/\delta$	$2\varphi_{01}$	1.25
2	$J_{02}^2\rho/2$	$2\omega_2$	$-2/\delta$	$2\varphi_{02}$	1.24
3	$J_{01}J_{02}\rho$	$\omega_1+\omega_2$	$-2/\delta$	$\varphi_{01}+\varphi_{02}$	2.49
4	$J_{01}J_{02}\rho$	$\omega_1-\omega_2$	0	$\varphi_{01}-\varphi_{02}$	36.3

注：ΔT 采用下文公式(4-54)计算，计算条件为 $f_1=2.61$ GHz、$f_2=2.60$ GHz，金属设置为铜，介质设置为 FR4。

根据导体损耗和介质损耗之间的关系，介质基板中的介电损耗热源可写为

$$p_{ds}=\left(\frac{2\alpha_d}{d\alpha_c}\right)\int_0^{d_c}p_{cs}\mathrm{d}x \tag{4-50}$$

式中：α_d 为介质损耗因子；α_c 为导体损耗因子；d 为介质层厚度。根据式(4-49)，p_{cs}的大小从介质-导体界面到导体上表面呈指数下降趋势。由于 δ 和 δ_d 通常比 d_c 小得多，因此，式(4-50)中的积分上限可以用无穷大近似，以简化求解过程。

热传导方程可以表示为

$$\begin{cases}\dfrac{\partial T}{\partial t}=\left(\dfrac{\lambda_c}{\rho_c c_c}\right)\left(\dfrac{\partial^2 T}{\partial x^2}\right)+\left(\dfrac{1}{\rho_c c_c}\right)p_{cs}, & 0\leqslant x<d_c\\ \dfrac{\partial T}{\partial t}=\left(\dfrac{\lambda_r}{\rho_r c_r}\right)\left(\dfrac{\partial^2 T}{\partial x^2}\right)+\left(\dfrac{1}{\rho_r c_r}\right)p_{ds}, & \dfrac{-d}{2}\leqslant x<0\end{cases} \tag{4-51}$$

式中：T 是温度；λ_c 和 λ_r 分别是导体和介质的热导率；c_c 和 c_r 分别是导体和介质的热容；ρ_c 和 ρ_r 分别是导体和介质的密度。

式(4-51)的边界条件是

$$\Delta T_c(x=0)=\Delta T_r(x=0) \tag{4-52}$$

$$\begin{aligned}&c_c\rho_c\int_0^{d_c}(\Delta T_c(t=t_2)-\Delta T_c(t=t_1))\mathrm{d}x+\\&c_r\rho_r\int_{\frac{-d}{2}}^{0}(\Delta T_r(t=t_2)-\Delta T_r(t=t_1))\mathrm{d}x\\&=\int_0^{d_c}\int_{t_1}^{t_2}p_{cs}\mathrm{d}t\mathrm{d}x+\int_{\frac{-d}{2}}^{0}\int_{t_1}^{t_2}p_{ds}\mathrm{d}t\mathrm{d}x\end{aligned} \tag{4-53}$$

式中：ΔT_c 和 ΔT_r 分别代表导体和介质中的交流温度变化。式(4-53)代表能量守恒，即储存在导体和介质中的能量等于焦耳热损失。

利用边界条件求解式(4-51)，可得导体-介质界面处由焦耳热引起的温

度变化为

$$\Delta T(x=0)=\sum_{i=1}^{4}\left[p_i\delta\left(\frac{1}{\sqrt{c_c\rho_c\lambda_c\omega_{d,i}}}\right)\Theta_i\exp\mathrm{j}(\omega_{d,i}t+\varphi_{d,i})\right] \tag{4-54}$$

式中：

$$\Theta_i=\frac{\sqrt{2}\left[\dfrac{1}{\left(\dfrac{2}{\delta}+\dfrac{\mathrm{j}}{\delta_{d,i}}\right)}\right]}{\dfrac{\delta}{2}\left(1+\sqrt{\dfrac{c_r\rho_r\lambda_r}{cc\rho_c\lambda}}\right)}\times$$

$$\left\{\frac{1}{1+\mathrm{j}\left[1+\left[\dfrac{2}{\left(\dfrac{2}{\delta}+\dfrac{\mathrm{j}}{\delta_{d,i}}\right)}\right]k_{T,i}\right]}+\frac{\alpha_d}{\alpha_c}\left[\frac{1}{2}\left(\frac{c_r\rho_r}{cc\rho_c}+1\right)(1-\mathrm{j})-\mathrm{j}\,\frac{1}{dk_{T,i}}\sqrt{\frac{c_r\rho_r\lambda_r}{\rho_c c_c\lambda_c}}\right]\right\} \tag{4-55}$$

$$k_{T,i}=\sqrt{\frac{\rho_c c_c\omega_{d,i}}{2\lambda_c}} \tag{4-56}$$

从该结果可以看出，在双载波激励下，温度变化包含频率为 $2\omega_1$、$2\omega_2$、$\omega_1+\omega_2$ 和 $\omega_1-\omega_2$ 的 4 个交流分量。频率为 $\omega_1-\omega_2$ 的分量的振幅是 4 个分量中最大的一个，比其他分量高约$\sqrt{\dfrac{\omega_1}{(\omega_1-\omega_2)}}$倍。因此，从式(4-54)可以推断：交流温度变化主要由 $\omega_1-\omega_2$ 分量决定。

例如，我们使用 Cu 和 FR4 材料参数[59]，并将两路载波的功率都设置为 43 dBm。表 4-2 列出了使用式(4-54)计算的各个分量交流温度变化。可以看出，频率为 $\omega_1-\omega_2$ 的分量的温度变化最大，比其他分量大 10 倍以上。

因此，可以通过仅考虑 $\omega_1-\omega_2$ 分量的影响来简化式(4-54)：

$$\Delta T(x=0)=J_1J_2R_s\left(\frac{1}{\sqrt{c_c\rho_c\lambda_c\omega_d}}\right)\Theta\exp\mathrm{j}(\omega_d t+\varphi_{d,4}) \tag{4-57}$$

式中：J_1 和 J_2 分别为两路载波的线电流密度；$\omega_d=\omega_1-\omega_2$；$R_s$ 为表面电阻。

$$R_s=\frac{\rho_0}{\delta} \tag{4-58}$$

$$\Theta=\frac{\sqrt{2}}{\left(1+\sqrt{\dfrac{c_r\rho_r\lambda_r}{c_c\rho_c\lambda_c}}\right)}\times$$

$$\left\{\frac{1}{[1+\mathrm{j}(1+\delta k_{Tc})]}+\frac{\alpha_d}{\alpha_c}\left[\frac{1}{2}\left(\frac{c_r\rho_r}{c_c\rho_c}+1\right)(1-\mathrm{j})-\mathrm{j}\,\frac{1}{dk_{Tc}}\sqrt{\frac{c_r\rho_r\lambda_r}{\rho_c c_c\lambda_c}}\right]\right\} \tag{4-59}$$

式中：k_{Tc}是热波在导体中的传播常数(热传播常数)，有

$$k_{Tc}=\sqrt{\frac{\rho_c c_c \omega_d}{2\lambda_c}} \tag{4-60}$$

在式(4-54)中，Θ是一个主要由式(4-55)中热参数比、介质和导体损耗比决定的因子。对于介质热导率和损耗都比导体热导率和损耗小得多的简单情况，例如介质是真空，当ω_d取值不是很大($<10^7$ rad/s)时，则热传播常数k_{Tc}远大于$1/\delta$，此时$\Theta\approx\frac{\sqrt{2}}{1+j}$。

在微带线中，单位长度的电阻可以近似为[60]

$$r=\frac{2\rho}{w\delta}=\frac{2\rho_0}{w\delta}(1+\alpha_T\Delta T) \tag{4-61}$$

因此，可得

$$dv=ir dz=i\frac{2\rho_0}{w\delta}dz+i\Delta T\frac{2\rho_0\alpha_T}{w\delta}dz \tag{4-62}$$

由此，将电流方程代入式(4-62)中，dv中的PIM分量可表示为

$$dv=J_1^2J_2R_s^2\alpha_T\left(\frac{1}{\sqrt{c_c\rho_c\lambda_c\omega_d}}\right)\Theta\times\exp[j(2\omega_1-\omega_2)t+j(2\varphi_{10}-\varphi_{20})]dz \tag{4-63}$$

根据式(4-63)，频率为$2\omega_1-\omega_2$的PIM分量也可表示为

$$dv=\frac{3}{4}r_3J_1^2J_2w^3\exp[j(2\omega_1-\omega_2)t+j(2\varphi_{10}-\varphi_{20})]dz \tag{4-64}$$

通过比较式(4-42)和式(4-62)，可以得出电阻率非线性系数的表达式为

$$r_3=\frac{4\alpha_T R_s^2\Theta}{3w^3\sqrt{c_c\rho_c\lambda_c\omega_d}} \tag{4-65}$$

表4-3列出了几种典型材料的参数供读者计算使用。值得注意的是，当ω_d定义的两路载波的频率差在兆赫兹量级及以下时，$1/k_T$的取值在微米量级及以下。而$1/k_T$代表了，由接触电阻引起的焦耳热的交流分量随着远离接触点距离的增加而衰减的衰减长度，该值在微米量级及以下，表明焦耳热的交流分量是局域的，因此在进行弹片或钼丝单点接触结构接触电阻的热学建模时，可以不必关注弹片及钼丝的宏观结构，而只需要关注接触点附近的几何结构。

表 4-3　几种典型材料的参数

符号	物理量	Au	Al	Cu	PET	玻璃	Al_2O_3	单位
λ	热导率 (300 K)	317	237	398	0.15 ~0.24	0.8 ~1.4	30	W/(m·K)
c	热容	0.13	0.897	0.385	1.0	0.503 ~0.84	0.75	J/(g·K)
ρ_d	密度	19.32	2.70	8.96	1.38	2.196	3.5	g/cm^3
ρ	电阻率	24	28.2	16.78	—	—	—	nΩ·m
α_T	电阻率温度系数	3.24	4.29	4.28	—	—	—	$\times 10^{-3}/K$
δ	趋肤深度 (2.6 GHz)	1.53	1.66	1.29	—	—	—	μm
k_T	$(\rho_d c\omega_d/2\lambda)^{1/2}$ ($\omega_d=2\pi\times$ 10 MHz)	0.499	0.567	0.522	—	—	—	/μm

注：PET 为聚对苯二甲酸乙二醇酯。

4.4.2　电热耦合微带线 PIM 功率计算

PIM 信号的功率通常比载波信号的功率小得多，通常相差 100 dBc 以上。因此，PIM 信号只是对线性系统的一个微扰。计算载波信号时，可以忽略 PIM 信号的影响。由于 PIM 信号是由施加的载波信号产生的，因此 PIM 信号的激励源由载波信号决定。因此，为了评估 PIM 效应，应首先获取系统中的载波信号，然后计算 PIM 信号的激励源，最后将 PIM 激励源应用于系统，即可得到 PIM 功率。在下文中，根据这一思路推导均匀微带线的 PIM 功率解析公式。

在微带线中传输的载波通常包含正向传输分量和反向反射分量，因此两路输入载波可以产生 4 个“子载波”分量。当我们同时考虑载波的衰减和反射状况时，载波信号可以写成：

$$\begin{aligned} i_1 = & a_{10}\exp(-\alpha z)\cos(\omega_1 t - k_1 z + \varphi_{11}) + \\ & b_{10}\exp(\alpha z)\cos(\omega_1 t + k_1 z + \varphi_{12}) \end{aligned} \tag{4-66}$$

$$\begin{aligned} i_2 = & a_{20}\exp(-\alpha z)\cos(\omega_2 t - k_2 z + \varphi_{21}) + \\ & b_{20}\exp(\alpha z)\cos(\omega_2 t + k_2 z + \varphi_{22}) \end{aligned} \tag{4-67}$$

式中：a_{10} 和 a_{20} 分别是两前向波的振幅；b_{10} 和 b_{20} 分别是两反射波的振幅；k_1 和 k_2 对应的是传播常数；φ_{11} 和 φ_{21} 分别是两前向波的初始相位；φ_{12} 和 φ_{22} 分别是两反射波的初始相位；α 是衰减常数。假设两路载波频率接近，因此这里忽略两路载波衰减常数之间的差异。

对于由式(4－65)描述的非线性关系及由式(4－66)和式(4－67)描述的两路载波，产生的 PIM 信号包含 6 个频率相同但幅值和相位不同的分量，见表 4－1。

因此，PIM 源信号可以写成

$$\mathrm{d}v_{\mathrm{pim,s}} = r_3 \sum_{i=1}^{6} \left[x_i \exp(-\eta_i \alpha z) \cos(\omega_{\mathrm{pim}} t - k_{\mathrm{pim},i} z + \varphi_i) \right] \mathrm{d}z \quad (4-68)$$

采用 e 指数可将式(4－68)改写为

$$\mathrm{d}v_{\mathrm{pim,s}} = r_3 \sum_{i=1}^{6} x_i \exp(-\eta_i \alpha z) \exp\mathrm{j}(-k_{\mathrm{pim},i} z + \varphi_i) \mathrm{d}z \quad (4-69)$$

微带线的等效电路如图 4－1 所示。非线性电阻 R 的特性可以用式(4－65)来描述。因此，当两路载波在微带线中传播时，将在 $\mathrm{d}z$ 长度内产生式(4－69)给出的 PIM 信号。

通过基尔霍夫定律，可以获得以下 PIM 信号传播方程：

$$-\frac{\mathrm{d}i_{\mathrm{pim}}}{\mathrm{d}z} = v_{\mathrm{pim}}(G + \mathrm{j}\omega C) \quad (4-70)$$

$$-\frac{\mathrm{d}v_{\mathrm{pim}}}{\mathrm{d}z} = (r_1 + \mathrm{j}\omega L) i_{\mathrm{pim}} + r_3 \left[\sum_{i=1}^{6} x_i \exp(-\eta_i \alpha z) \exp\mathrm{j}(-k_{\mathrm{pim},i} z + \varphi_i) \right] \quad (4-71)$$

从式(4－70)和式(4－71)可以看出，传输线的 PIM 信号传播方程只是在传统传输线方程中加入了激励源项。值得注意的是式(4－70)和式(4－71)是线性方程。因此，求解 PIM 功率的解析解变得非常方便。

式(4－70)和式(4－71)的通解分别是

$$i_{\mathrm{pim}} = \left(\frac{1}{Z_0}\right) V^+ \exp(-\gamma z) - \left(\frac{1}{Z_0}\right) V^- \exp(\gamma z) + \left(\frac{1}{Z_0}\right) \sum_{i=1}^{6} c_i \exp(-\eta_i \alpha z) \exp\mathrm{j}(-k_{\mathrm{pim},i} z + \varphi_i) \quad (4-72)$$

$$v_{\mathrm{pim}} = V^+ \exp(-\gamma z) + V^- \exp(\gamma z) + \sum_{i=1}^{6} y_i \exp(-\eta_i \alpha z) \exp\mathrm{j}(-k_{\mathrm{pim},i} z + \varphi_i) \quad (4-73)$$

式中：V^+ 和 V^- 是由终端条件决定的参数；γ 是复传播常数；Z_0 是特征阻抗；

$$y_i = \frac{r_3 x_i (\eta_i \alpha + \mathrm{j} k_{\mathrm{pim},i})}{[(\eta_i \alpha + \mathrm{j} k_{\mathrm{pim},i})^2 - \gamma^2]} \tag{4-74}$$

$$c_i = \frac{r_3 x_i \gamma}{[(\eta_i \alpha + \mathrm{j} k_{\mathrm{pim},i})^2 - \gamma^2]} \tag{4-75}$$

考虑匹配终端条件：

$$\frac{v_{\mathrm{pim}}(z=0)}{i_{\mathrm{pim}}(z=0)} = -Z_0 \tag{4-76}$$

$$\frac{v_{\mathrm{pim}}(z=l)}{i_{\mathrm{pim}}(z=l)} = Z_0 \tag{4-77}$$

式中：l 是微带线的长度。

因此，

$$V^+ = -\left[\frac{(c_1 + y_1)}{2}\right]\exp(\mathrm{j}\varphi_1) \tag{4-78}$$

$$V^- = \left[\frac{(c_1 - y_1)}{2}\right]\exp(-2\alpha l - 2\gamma l)\exp(\mathrm{j}\varphi_1) \tag{4-79}$$

则反射 PIM 功率(从微带线载波输入端口检测到的 PIM 功率)可写为

$$\begin{aligned} P_{\mathrm{IMr}} &= \frac{|v_{\mathrm{pim}}(z=0)|^2}{2|Z_0|} \\ &= \frac{\alpha_T^2 R_s^4 \ |\Theta|^2}{4c_c\rho_c\lambda_c\omega_d w^6 k_{\mathrm{pim},1}^2 \ |Z_0|^4} \times [1+\exp(-8\alpha l) - \exp(-4\alpha l)\cos(2k_{\mathrm{pim},1} l)]P_1^2 P_2 \end{aligned} \tag{4-80}$$

式中：P_1 和 P_2 分别是两路载波的功率。

从微带线输出端口测得的传输 PIM 功率为

$$\begin{aligned} P_{\mathrm{IMf}} &= \frac{|v_{\mathrm{pim}}(z=l)|^2}{2|Z_0|} \\ &= \frac{\alpha_T^2 R_s^4 \ |\Theta|^2}{4c_c\rho_c\lambda_c\omega_d w^6 \alpha^2 \ |Z_0|^4} \times [1-\exp(-2\alpha l)]^2 \exp(-2\alpha l) P_1^2 P_2 \end{aligned} \tag{4-81}$$

根据式(4－80)和式(4－81)，反射和传输 PIM 功率均与两路载波的频率间隔 ω_d 成反比，表明 PIM－ω_d 曲线的斜率为 10 dB/dec。值得注意的是，式(4－80)和式(4－81)是从经典热传导方程推导出来的，避免了分数热传导[7]和热阻[57]的假设。

此外，式(4－80)和式(4－81)是基于 PIM 激励源表达式(4－70)和式(4－71)导出的。由于式(4－70)和式(4－71)与微带电路的结构无关，因此式(4－70)和式(4－71)也可用于计算滤波器和耦合器等更复杂微带电路中的 PIM 规律。

对于不匹配终端条件，PIM 信号可以从式(4-70)和式(4-71)中推导出。对于匹配终端条件，PIM 功率的表达式为式(4-80)和式(4-81)。在式(4-80)和式(4-81)中，衰减常数 α 包含导体损耗和介质损耗的贡献，即

$$\alpha=\alpha_c+\alpha_d \tag{4-82}$$

式中：α_c 和 α_d 可以进一步表示为[60]

$$\alpha_c=\frac{R_s}{Z_0 w} \tag{4-83}$$

$$\alpha_d=\omega_1\sqrt{\mu_0\varepsilon_0}\times\left[\frac{\varepsilon_r(\varepsilon_e-1)}{2\sqrt{\varepsilon_e}(\varepsilon_r-1)}\right]\tan\delta \tag{4-84}$$

式中：ε_r 是相对介电常数；ε_e 是有效介电常数；$\tan\delta$ 是介质损耗角正切。

因此，根据推导的 PIM 模型，匹配终端条件下均匀微带线的 PIM 功率与微带线尺寸、介质和导体材料特性及频率等有关。下面，我们将根据计算结果讨论这些因素的影响。本节中使用的材料参数参考文献[59]中使用的材料参数。

1. 微带线长度的影响

PIM 功率随微带线长度的变化如图 4-19 所示。双载波频率间隔设置为 10 MHz。图 4-19(b)表明，随着传输微带线长度的增加，传输 PIM 功率先上升，然后下降。

最大传输 PIM 功率可从式(4-81)中推导得出，即

$$P_{\mathrm{IMfmax}}=\frac{\alpha_T^2 R_s^4\ |\Theta|^2}{c\rho_d\lambda\omega_d w^6\alpha^2\ |Z_0|^4}\times\frac{1}{27}P_1^2P_2 \tag{4-85}$$

当传输 PIM 功率达到最大值时，微带线长度为

$$z_0=\frac{\ln 3}{2\alpha} \tag{4-86}$$

当微带线的长度为式(4-86)给出的 z_0 时，输入载波的损耗约为 2.4 dB。通常微带线 α 设计得尽可能小，以降低插入损耗，因此很长的微带线才能达到传输 PIM 功率的最大值。在图 4-19 中，z_0 约为 77 cm。在实际微带电路设计中，微带线长度通常比 z_0 小得多。因此，在下面的讨论中，我们只关注微带线长度小于 z_0 的 PIM 规律。

根据式(4-80)，反射 PIM 功率随微带线长度变化是一个幅度递减的周期函数，如图 4-19(a)所示。

当 l 取值：

$$l=\frac{n\pi}{2k_{\mathrm{pim},1}}=\frac{n\lambda_r}{4} \tag{4-87}$$

式中：$n=1$，2，3…。此时反射 PIM 功率取得极值。当 n 为奇数时，反射

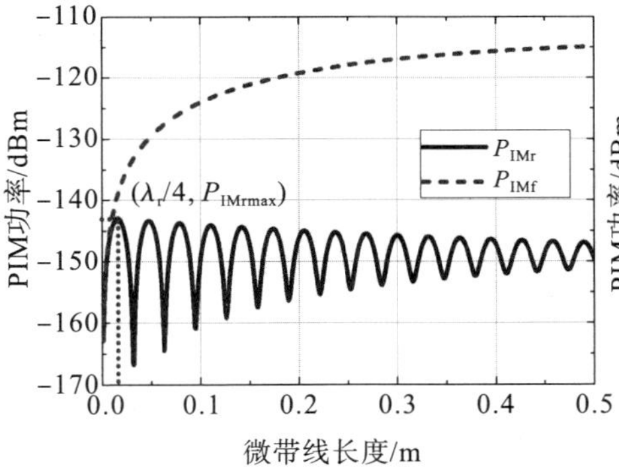

（a）0～0.5 m范围

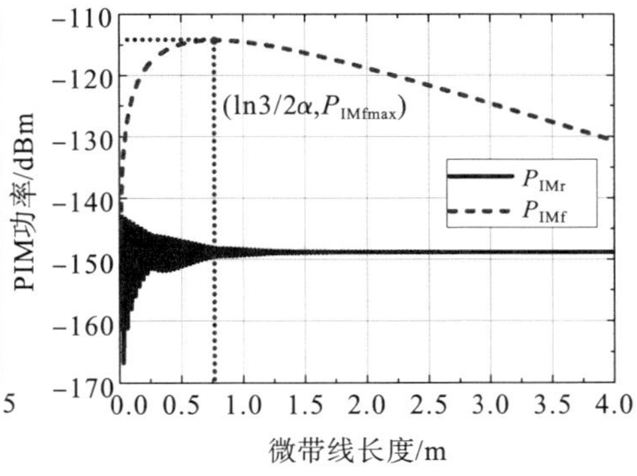

（b）0～4 m范围

图 4－19　反射和传输 PIM 功率随微带线长度变化关系计算结果图

（注：微带线宽度设置为 1 m。）

PIM 功率达到局部最大值；当 n 为偶数时，反射 PIM 功率达到局部最小值。这一特性表明，如果不关心传输 PIM 功率，我们可以在电路设计中添加一个适当长度的微带线来降低反射 PIM 功率。

全局最大反射 PIM 功率可以从式(4－80)中导出：

$$P_{\mathrm{IMrmax}} \approx \frac{\alpha_T^2 R_s^4 \ |\Theta|^2}{c\rho_d \lambda \omega_d w^6 k_{\mathrm{pim},1}^2 \ |Z_0|^4} P_1^2 P_2 \tag{4-88}$$

此时，微带线的长度约为载波波长的四分之一。

值得注意的是，当微带线长度大于 λ_r 时，反射 PIM 功率明显小于传输 PIM 功率。这一现象已在实验中观察到。在参考文献[54]和[37]中，反射 PIM 功率比传输 PIM 功率小约 10 dB。在参考文献[56]中，对于 914 mm 长的微带线，二者相差可达 30 dB。在参考文献[37]中，Zelenchuk 测试了具有不同衬底的微带线的 PIM 功率，结果均表明反射 PIM 功率低于传输 PIM 功率。

2. 介质损耗角正切的影响

当微带衬底的介质损耗角正切很小或载波频率不是很高时，与导体损耗相比，介质损耗通常可以忽略不计。否则，在进行 PIM 分析时应考虑介质损耗的影响。介质损耗影响微带线中的温度分布，那么 PIM 功率与介质损耗角正切具有相关性。

在图 4－20 中，计算了 FR4 基板微带线的三阶 PIM 功率。通过将其损耗角正切设置为零，可以对比出介质损耗对 PIM 功率的影响。可以看出，由于介质损耗，PIM 功率显著增加。

PIM 功率与介质损耗角正切的函数关系如图 4－21 所示，表明损耗角正切越大，PIM 功率越高。当损耗角正切很小时，微带线的总损耗主要由导体损耗决定，因此，它对 PIM 功率的影响将变小。

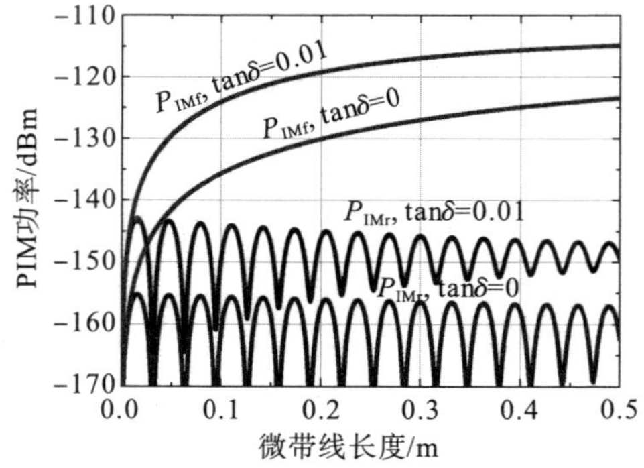

图 4－20　介质损耗对 PIM 功率的影响规律

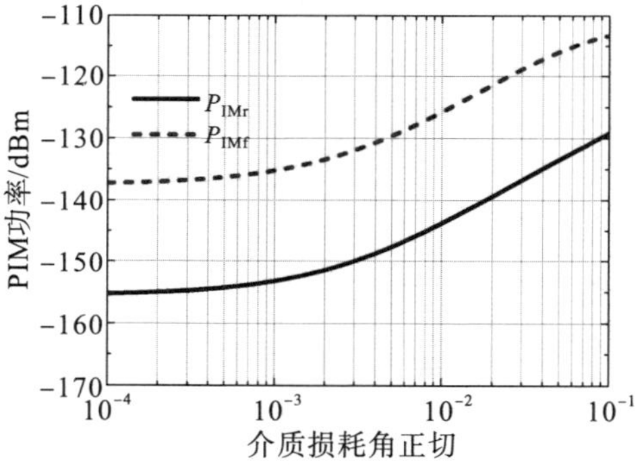

图 4－21　微带线长度为 0.08 m 时 PIM 功率与介质损耗角正切的关系

3. 介质厚度、介电常数和导体宽度的影响

在微带线设计中，介质厚度与导体宽度之比、介电常数和特性阻抗这三个参数并非相互独立，其中任意两个参数的确定将直接决定第三个参数的值。

图 4－22 显示了在介电常数保持不变的情况下，PIM 功率与上导体宽度(或介质厚度)之间的关系。随着宽度和厚度的增加，电流密度和热损耗功率密度减小，这将导致微带线中的温度变化减小。因此，增大微带线尺寸将降低 PIM 功率，这与 Shitvov 等人[55]的实验结果一致，即当微带线宽度增加时，PIM 功率有降低的趋势。

PIM 功率与介电常数的函数关系如图 4－23 所示。当介质厚度保持不变时，传输 PIM 功率单调增加，反射 PIM 功率随着介电常数的增加而波动增

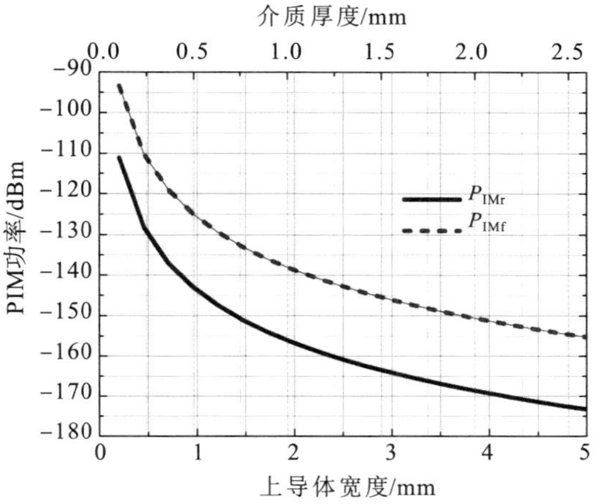

图 4-22　PIM 功率与微带线上导体宽度(介质厚度)的关系曲线

(注：微带线长度设置为 0.08 m。)

加[见图4-23(a)]，这主要是为保持特性阻抗不变而减小了导体宽所致。PIM 功率增加的原因主要是导体损耗的增加。

当上导体宽度保持不变时，导体损耗几乎不变。因此，PIM 功率的变化主要是由介质损耗变化引起的。由于式(4-84)所描述的介质损耗随着介电常数的增加而增加，因此反射 PIM 功率也会随之增加，如图 4-23(b)所示。

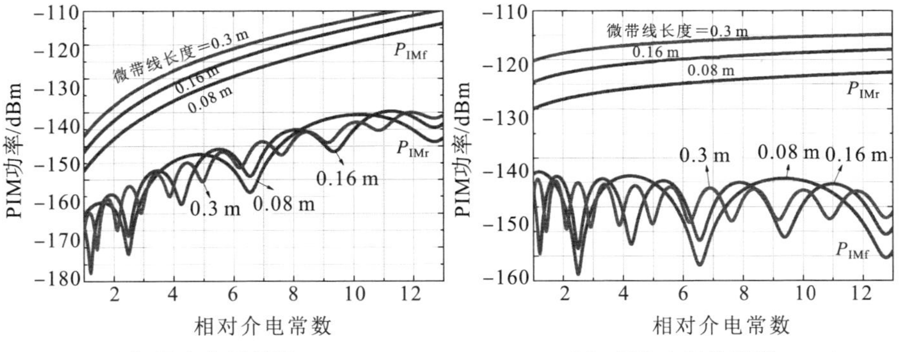

图 4-23　微带线长度分别为 0.08 m、0.16 m 和 0.3 m 时 PIM 功率随介电常数的变化关系

还可以注意到，在图 4-23 所示的恒定介质厚度条件下，介电常数对 PIM 功率的影响更加显著。

4. 载波信号的频率的影响

从式(4-80)和(4-81)可知，反射和传输 PIM 功率均与约 10lg(ω_d)成正比，如图 4-24 所示。在 Wilkerson 的研究中，基于载波对消技术的 PIM 功率测试系统测量了 PIM 功率与载波频率间隔的关系。结果表明，当载波间隔不十分小时，PIM 功率-频率间隔曲线的斜率约为 10 dB/dec[7]，这与电热耦合理论一致。

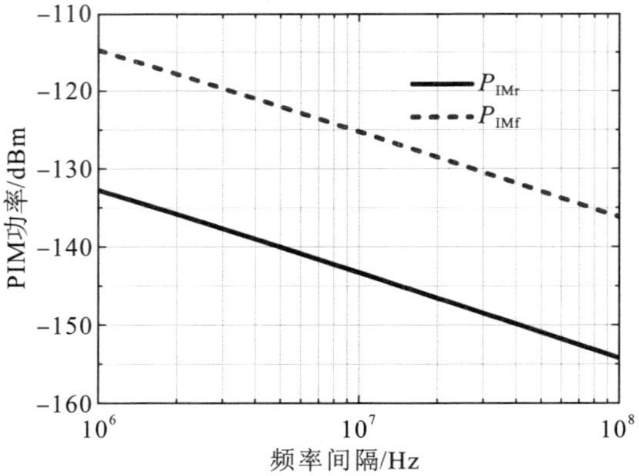

图 4－24　PIM 功率随双载波频率间隔的变化关系

不同载波频率的 PIM 功率如图 4－25 所示。计算中忽略了介质色散。总的趋势是，传输 PIM 功率随着频率的增加而增加。对于反射 PIM 功率，频率变化将导致射频信号波长的变化，因此局部最大值位置也将随频率而变化，如式(4－88)给出的关系所示。

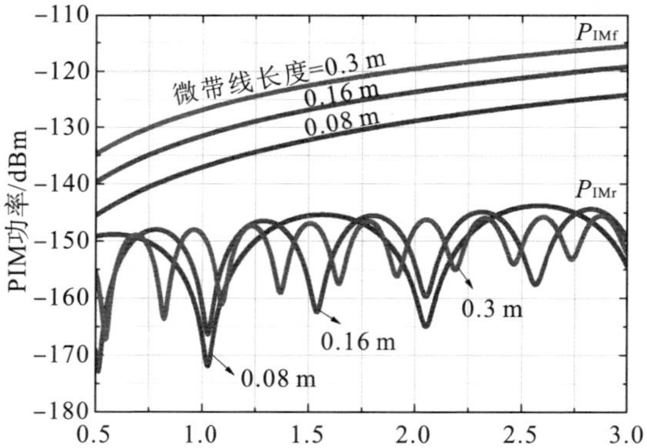

图 4－25　PIM 功率随载波频率的变化关系

值得注意的是，传输 PIM 功率不可能永远随着载波频率的增加而增加。当载波频率足够大以至于 $\ln 3/2\alpha$ 小于微带线长度时，传输 PIM 功率将按照式(4－85)规律而减小。

5. 介质热导率的影响

较高的介质热导率可以改善导体中产生的热量的消散。因此，较高的介质热导率将导致较低的 PIM 功率。根据式(4－80)和式(4－81)，介质热导率的影响主要取决于介质与导体的热导率比。因此，只有当介质的热导率接近或大于导体的热导率时，介质热导率的影响才显著。这与图 4－26 所示的计算结果一致。

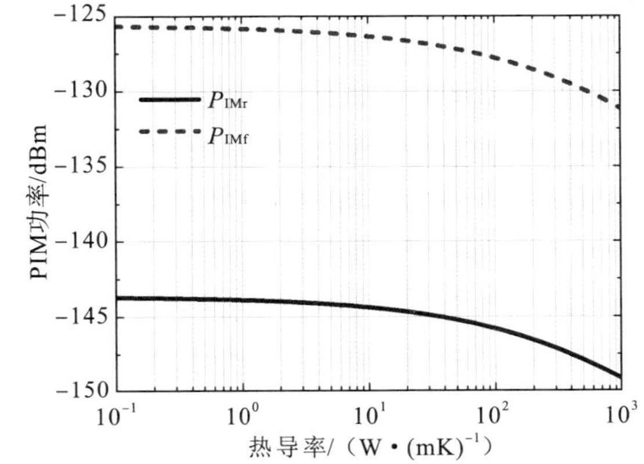

图 4－26　PIM 功率随介质热导率的变化关系

6. 不同介质衬底的影响

图 4－27 显示了 FR4、SiO_2、Al_2O_3 和聚酰亚胺基板微带线的 PIM 功率值。微带线阻抗保持为 50 Ω。当微带线上导体宽度保持不变时，导体损耗也不变。PIM 功率变化的趋势与基板损耗角正切的变化趋势相同。还可以注意到，由于聚酰亚胺衬底具有更大的热导率，尽管聚酰亚胺介质的损耗角正切约为 SiO_2 基板的 6 倍，但聚酰亚胺基板微带线的 PIM 功率并不比 SiO_2 基板大许多。

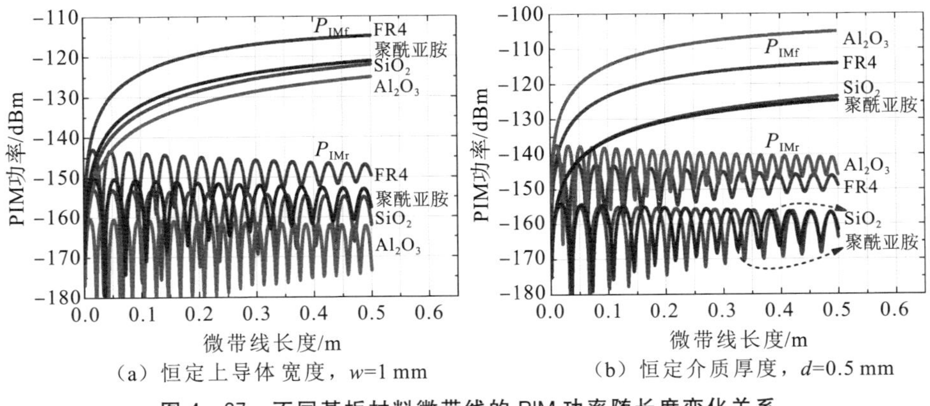

图 4－27　不同基板材料微带线的 PIM 功率随长度变化关系

当介质厚度保持不变时，微带线上导体宽度由其介电常数决定，介电常数将决定微带线的导体损耗。较大的导体损耗会导致较大的 PIM 功率，因此不同微带线的 PIM 功率与图 4－27 中基板介电常数的趋势相同，这可以解释 Al_2O_3 微带线的 PIM 功率远大于 SiO_2 基板的实验结果[8]。

7. 金属导电材料的影响

图 4－28 显示了 FR4 基板铝、金、银和铜导体层微带线的 PIM 功率与微带线长度的函数关系。可以看出，PIM 功率大小顺序为 Al 金属＞Au 金属＞Ag 金属。这一现象与铝的电阻率大于金的电阻率且远大于银的电阻率的事实相一致。相反，Ag 金属的 PIM 功率大于 Cu 金属，尽管 Ag 的电阻率较小，这主要是因为 Cu 的热容较大。

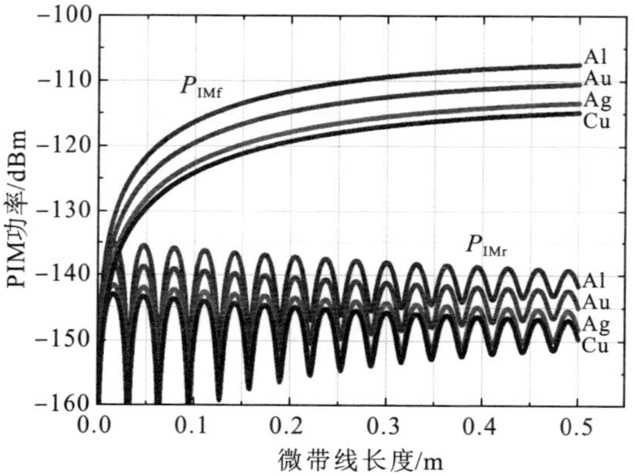

图 4－28　不同金属导体材料微带线的 PIM 功率随微带线长度变化关系

实际上，导体材料的电学和热学性质与材料加工工艺有关。因此，要评估实际微带线的 PIM 功率，应使用实际材料参数。

根据上述分析，我们使用推导得到的 PIM 功率解析表达式计算了不同设计参数下微带线的 PIM 功率变化规律。这些规律与其他研究人员的实验结果总体一致。然而，在实际的微带线中，即使采用相同的基板及相同的结构设计，也会导致 PIM 功率测量值出现相当大的差异[15]，这表明 PIM 功率还取决于制造工艺。在本节中，我们假设导体表面和边缘是光滑的。实际上，为了获得足够的剥离强度，金属导体表面通常是粗糙的，并且湿法蚀刻制造工艺下，导体的边缘也不光滑，这将导致导体中产生更多的热量并增大微带线中的 PIM 功率。

值得注意的是，导体表面的粗糙度，对电热耦合机制 PIM 也有影响。泰州博泰电子有限公司、旺灵绝缘材料厂和罗杰斯科技有限公司均公开报道了微带线 PIM 功率与金属表面粗糙度依赖关系的实验结果。在微带基板制作时，为了保证覆铜和介质层之间具有足够的剥离强度，介质和覆铜层表面均具有几个微米量级的粗糙化形貌，但是表面粗糙化程度对复合基板微带线的 PIM 效应会产生显著影响，通常需要控制较低的粗糙度，才能获得较低的 PIM 功率。粗糙度的增加导致等效电阻 R_s 增加，从而热效应更加显著，因此 PIM 功率增加，这与本节的理论模型式(4-80)和式(4-81)给出的 PIM 功率与 R_s 正相关的结论一致。2018 年，Schuchinsky 等人[59]与多名学者合作，专门针对粗糙处理铜箔表面形貌的 PIM 问题进行了计算研究，提出了小球堆积微凸体模型，并利用该模型实现了对复杂粗糙微观结构的描述，相比于传统的半球微凸体描述，给出了更为准确的表面电阻表述方法。他们还对粗糙处理的铜箔表面电阻进行了计算修正，在此基础上实现了针对复杂粗糙形貌特征的电热耦合 PIM 功率计算分析。这里不再进一步展开讨论。

至此，本节研究了微带线的电阻率非线性系数，建立了微带线的 PIM 功率解析表达式，该表达式是材料特性和结构的函数。本节还探讨了材料特性、微带线尺寸和载波信号对 PIM 产物的影响。从给出的电热耦合机制 PIM 模型来看，低介电常数和大导体宽度会导致低 PIM 功率值，这主要归因于微带线中电磁场密度的降低。大的介质损耗会导致 PIM 功率增加。介质基板热导率对 PIM 功率的影响，主要体现在微带线发热导致材料属性发生变化。载波频率本身和两路载波频率间隔也会影响 PIM 功率。PIM 功率将随着载波频率间隔的减小而增加，二者关系曲线的斜率约为 10 dB/dec。当载波频率增加时，传输 PIM 功率单调增加，反射 PIM 功率随频率波动而变化[60]。

4.5　微带线介电非线性机制

根据电介质物理理论，介质中的电位移矢量和电场强度之间存在弱非线性关系[61]，因此，介电常数非线性[62-63]也是 PIM 的一种可能的主要来源。然而目前关于介电非线性的 PIM 实验研究却较少。

本节首先介绍二次源的电路等效方法，然后基于此推导介电非线性机制的微带线 PIM 功率解析表达式。

4.5.1　基于等效受控源模型的 PIM 功率计算方法

考虑如图 4-29 所示的电路中存在的非线性元件 Σ(非线性源)，其中 Z_s 表示载波信号源阻抗，Z_L 表示负载阻抗，V_s、V_i 和 V_o 分别表示载波信号、源端信号和负载端信号。通过电路求解可获得该非线性系统的传输和反射 PIM 功率。非线性元件 Σ 的 $i-v$ 特性表示为

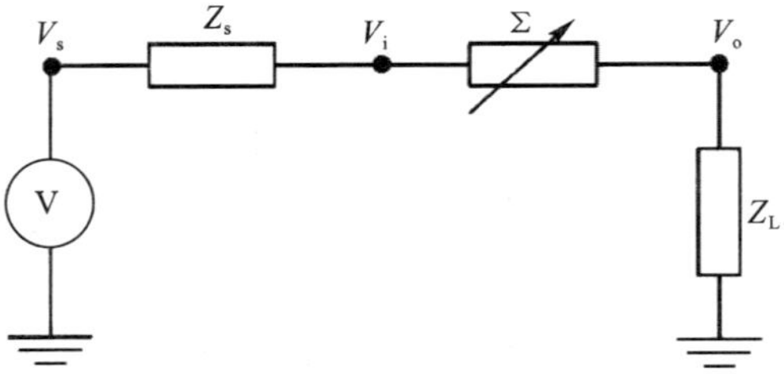

图 4-29 存在非线性元件的等效电路图

$$v=g(i) \tag{4-89}$$

式中：函数 $g(x)$ 由产生非线性源的具体物理机制决定。

根据电路定理，回路电流为

$$i=\frac{[V_s-g(i)]}{(Z_s+Z_L)} \tag{4-90}$$

由于式(4-90)为非线性方程，难以获得解析解，可以采用简单迭代法[63]进行近似求解。当图 4-29 的系统无元件 Σ 时，回路电流为

$$i_0=\frac{V_s}{(Z_s+Z_L)} \tag{4-91}$$

以 i_0 作为非线性方程式(4-90)近似计算的迭代初值，进行一次迭代计算，可得系统回路电流为

$$i\approx\frac{[V_s-g(i_0)]}{(Z_s+Z_L)} \tag{4-92}$$

对于实际射频无源器件，通常寄生非线性非常弱，即 $v\ll V_s$，因此采用一次迭代结果作为回路电流近似解来估算系统 PIM 功率是可行的。若进行多次迭代则可以获得更为准确的结果。

根据式(4-92)可得，负载端和源端得到的信号分别为

$$V_i=\frac{[Z_LV_s+Z_sg(i_0)]}{(Z_s+Z_L)} \tag{4-93}$$

$$V_o=\frac{[Z_LV_s-Z_Lg(i_0)]}{(Z_s+Z_L)} \tag{4-94}$$

对于通常的双载波 PIM 测试，输入信号 V_s 包括 f_1 和 f_2 的两种频率分量，则由式(4-93)和式(4-94)可知，源端和负载端信号中将包含 f_1 和 f_2 的各种组合频率分量。通过傅里叶变换可以得到源端和负载端的频谱，并进一步求得频率为 $f_3=2f_1-f_2$ 的信号分量，我们将这一过程用算符 F 表示。则三阶互调信号分别为

$$V_o(f_3)=\frac{-Z_LS}{(Z_s+Z_L)} \tag{4-95}$$

$$V_{\mathrm{i}}(f_3)=\frac{Z_{\mathrm{s}}S}{(Z_{\mathrm{s}}+Z_{\mathrm{L}})} \tag{4-96}$$

式中：

$$S=F[g(i_0)]\mid_{f=f_3} \tag{4-97}$$

其他各阶 PIM 功率表达式可以通过类似方法获得。至此，我们通过求解非线性电路方程，获得了存在非线性元件时的系统互调信号表达式。

通过式(4－95)和式(4－96)可以看出，互调信号可以看作是将式(4－97)描述的等效受控 PIM 源 S 作为受控源加载在非线性元件位置处并在源端和负载端得到的输出信号。等效受控源可以看作是载波信号激励下的二次辐射源。因此，可以将图 4－29 所示电路根据信号频率拆分为图 4－30 所示的载波信号链路电路和 PIM 信号链路电路。

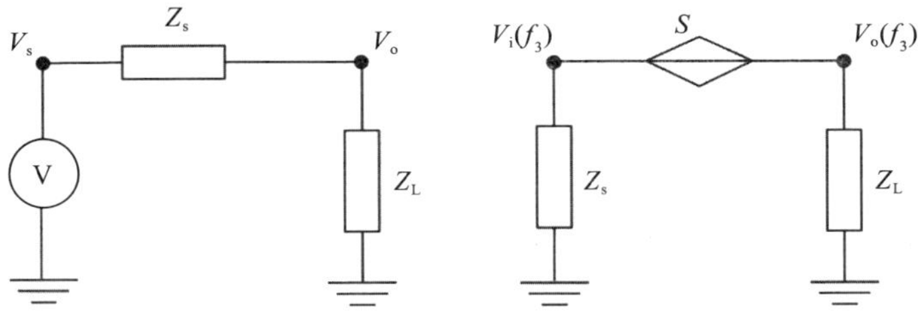

（a）载波信号链路等效　　　　（b）PIM信号链路等效

图 4－30　载波信号和 PIM 信号等效电路图

图 4－30(a)表示忽略非线性源的等效电路，图 4－30(b)表示 PIM 信号等效电路，其中 S 为受控 PIM 源，即受载波信号控制的等效 PIM 源，S 的大小由式(4－97)决定，即等效 PIM 源表达式只由非线性元件特性决定，而与具体电路形式无关。因此，根据图 4－30 的等效电路，可以获得如下的系统 PIM 计算流程。

(1)根据图 4－30(a)计算忽略非线性源时接触位置处的电压或电流；

(2)根据非线性源的 $i-v$ 特性和式(4－97)所示的等效 PIM 源计算表达式，获得等效 PIM 源；

(3)建立图 4－30(b)所示等效电路，求解等效 PIM 源作用在非线性位置时系统的响应，获得源端和负载端的电压和电流，并进一步计算 PIM 功率。

从以上计算流程可见，步骤(1)和(3)的系统电压和电流求解过程均不涉及非线性过程，因此可以方便地采用线性电路理论和场仿真软件进行计算，步骤(2)的等效 PIM 源计算过程不涉及具体器件结构，可以采用通用方法获得，从而该方法可以扩展到微带滤波器和耦合器等不同的微带结构器件的无源互调计算，并且由于载波信号和互调信号是分开计算的，因此避免了直接数值求解非线性方程带来的互调信号需要从总输出信号中分离而引入的数值误差问题。

需要注意的是，根据电路原理，电压源和电流源可以互相等效，因此图4－30(b)中的等效电压源也可以转化为等效PIM电流源，具体等效为何种信号源可以根据具体问题确定。如在下一节中我们对介电非线性进行等效时采用了受控PIM电流源。

根据以上PIM功率计算方法，可以快速求解图4－30电路系统的PIM信号，并获得PIM信号表达式(4－95)和式(4－96)。可以得到，源端和负载端的传输PIM功率P_{IMf}和反射PIM功率P_{IMr}分别为

$$P_{\mathrm{IMf}}=\left|\frac{Z_{\mathrm{L}}S^2}{2\ (Z_{\mathrm{s}}+Z_{\mathrm{L}})^2}\right| \tag{4-98}$$

$$P_{\mathrm{IMr}}=\left|\frac{Z_{\mathrm{s}}S^2}{2\ (Z_{\mathrm{s}}+Z_{\mathrm{L}})^2}\right| \tag{4-99}$$

对于实际射频系统，通常要求电路是匹配的，即负载阻抗和源阻抗匹配，$Z_{\mathrm{L}}=Z_{\mathrm{s}}$。因此，从式(4－98)和式(4－99)可以得出，对于图4－29所示的存在局部非线性源的系统的PIM，通常传输PIM功率和反射PIM功率幅值相等，这与第1.2.2小节给出的单个连接器传输PIM功率和反射PIM功率基本相当的实验结果是一致的。

下面，我们将利用上述等效PIM源模型进一步计算微带线的传输和反射PIM功率。

4.5.2 微带线介电非线性PIM建模

根据电介质物理[61]，介质材料中电位移矢量和电场强度之间存在关系：

$$\boldsymbol{D}=\varepsilon_0\varepsilon_1\boldsymbol{E}+\varepsilon_0\varepsilon_2\boldsymbol{E}^2+\varepsilon_0\varepsilon_3\boldsymbol{E}^3+\cdots \tag{4-100}$$

式中：$\boldsymbol{E}$为电场强度；$\boldsymbol{D}$为电位移矢量；ε_0为真空介电常数；ε_1为线性相对介电常数；$\varepsilon_i(i=2，3\cdots)$为非线性相对介电常数。

为了简化分析，在分析三阶互调时，我们只考虑线性相对介电常数和三阶非线性相对介电常数，则等效相对介电常数为

$$\varepsilon_{\mathrm{r}}=\frac{D}{\varepsilon_0 E}=\varepsilon_1+\varepsilon_3E^2 \tag{4-101}$$

对微带线的等效电容采用平行板电容近似，则单位长度等效电容c的$i-v$特性为

$$i=c\,\frac{\mathrm{d}v}{\mathrm{d}t}=\frac{w\varepsilon_0\varepsilon_{\mathrm{r}}}{h}\frac{\mathrm{d}v}{\mathrm{d}t} \tag{4-102}$$

式中：w为微带线上导体宽度；h为介质板厚度；t为时间。

由于材料非线性在微带线上具有分布性，对于均匀微带线，非线性源也是均匀分布的，对位置 z 处长度为 Δz 的一段微带线产生的 PIM 效应，可根据等效受控 PIM 源模型，建立如图 4-31 所示等效电路图。

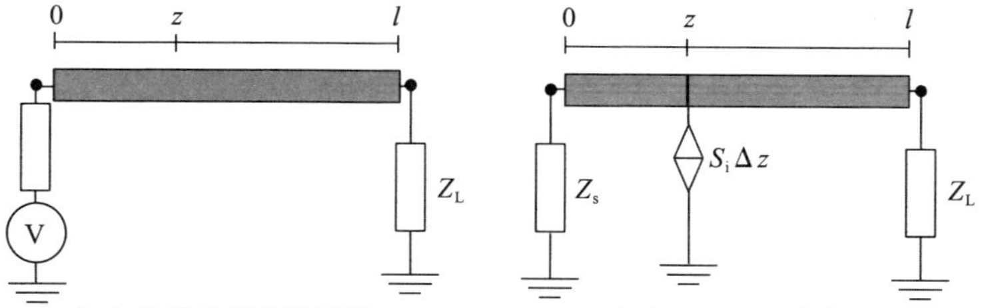

（a）非线性源电路等效 （b）PIM源电路等效

图 4-31 微带线非线性源电路和 PIM 源电路等效示意图

两路载波馈入时，考虑传输线具有损耗，则传输线各位置处载波信号电压波可以表示为

$$v(z)=\sum_{i=1}^{2}V_i\exp(-\alpha z)\cos(\omega_i t-kz) \tag{4-103}$$

式中：V_i 和 ω_i 分别为载波信号幅值和角频率；α 为衰减系数；k 为传播常数；z 为位置坐标。由于通常两路载波频率接近，因此这里不区分两路载波的衰减系数和传播常数的不同。将该电容引起的非线性源等效为受控 PIM 电流源，通过将式(4-100)带入式(4-103)并进行傅里叶变换，可得等效受控 PIM 源表达式为

$$S_{\mathrm{i}}=F[i(v)]|f=f_3=\frac{V_1^2V_2\omega w\varepsilon_0\varepsilon_3}{4h^3}\exp(-3\alpha z)\exp(-\mathrm{j}kz) \tag{4-104}$$

根据图 4-31(b)等效电路，可以得到长度为 Δz 的一段微带线在源端和负载端产生的 PIM 电流信号满足微分方程：

$$\frac{\mathrm{d}i_{\mathrm{r}}}{\mathrm{d}z}=\frac{1}{2}\exp(-\gamma z)\times S_{\mathrm{i}} \tag{4-105}$$

$$\frac{\mathrm{d}i_{\mathrm{f}}}{\mathrm{d}z}=\frac{1}{2}\exp[-\gamma(l-z)]\times S_{\mathrm{i}} \tag{4-106}$$

式中：γ 为复传播常数。

利用式(4-105)和式(4-106)对整个微带线长度积分，即可获得长度为 l 的微带线产生的总的 PIM 电流波：

$$i_{\mathrm{r}}=\left[\frac{X}{4(\alpha+\gamma)}\right]\times[1-\exp(-(2\alpha+2\gamma)l)] \tag{4-107}$$

$$i_{\mathrm{f}}=\left(\frac{X}{4\alpha}\right)[1-\exp(-2\alpha l)]\times\exp(-\gamma l) \tag{4-108}$$

式中：

$$X=\frac{V_1^2 V_2 \omega w \varepsilon_0 \varepsilon_3}{4h^3}=\frac{Z_0^{\frac{3}{2}} P_1 \sqrt{P_2}\,\omega w \varepsilon_0 \varepsilon_3}{\sqrt{2}\,h^3} \tag{4-109}$$

式中：P_1 和 P_2 表示两路载波的输入功率；Z_0 表示微带线特征阻抗。

对于微带线，匹配情况下，$Z_L=Z_s=Z_0$。则反射和传输 PIM 功率分别为

$$P_{\mathrm{IMr}}=\frac{i_r^2 Z_0}{2}=\left|\left(\frac{X^2 Z_0}{32\ (\alpha+\gamma)^2}\right)\times[1-\exp(-(2\alpha+2\gamma)l)]^2\right| \tag{4-110}$$

$$P_{\mathrm{IMf}}=\frac{i_f^2 Z_0}{2}=\left|\left(\frac{X^2 Z_0}{32\alpha^2}\right)\times[1-\exp(-2\alpha l)]^2\exp(-2\gamma l)\right| \tag{4-111}$$

至此，我们得到了介电非线性机制微带线 PIM 功率的解析表达式。

4.5.3 微带线 PIM 实验规律验证

为了验证以上 PIM 功率计算方法的合理性，我们采用聚四氟乙烯(PTFE)玻纤布覆铜板制备的微带线进行 PIM 验证。首先，将 PTFE 覆铜板两面的 Cu 箔用刻蚀液腐蚀掉，得到介质基板，相对介电常数为 3.5，厚度为 1 mm。采用 1 mm 厚 Cu 板作为接地板，将 40 μm 的 Cu 箔裁剪为 2.28 mm 宽度的线条作为微带上导体，组装成导体和介质分离的 PTFE 介质微带线，微带线长度为 140 mm。如果将介质基板从微带结构中抽离，则形成以空气为介质的微带线。上导体的宽度按照 PTFE 介质基板微带线 50 Ω 特征阻抗设计。对于空气介质微带线，由于上导体宽度和高度未改变，理论计算得到的特征阻抗为 83 Ω。通过 S 参数测量表明，在0～1 GHz 频率范围内，两种微带线的 S_{11} 优于－10 dB。互调测试中选择的两路载波频率分别为 728 MHz 和 746 MHz，测量的三阶互调信号的频率为710 MHz。在互调测试频率附近，S_{11} 优于－13 dB，表明大部分载波功率可以在两种微带线中进行有效传输，从而可以进行传输和反射互调测试。作为对比，同时采用热转印和化学刻蚀方法制备了基于 PTFE 覆铜板的微带线，并测试它们的互调特性。微带线两端使用了低互调的 N 型同轴连接器。

微带线的传输和反射 PIM 采用双载波馈入原理，利用镇江市澳华测控技术有限公司自主开发的专用 PIM 分析仪进行测试，分析仪型号为 PIM700S。测试基本原理如图 4－32 所示，两路载波通过功放放大后在合路器中合并，通过 1 号双工器的 ANT 端口输入待测件，待测件的输出端口接 2 号双工器，载波信号最终被 2 号低 PIM 功率负载吸收。经过 1 号双工器 RX 端口输出的 PIM 信号被高灵敏度接收机检测，从而获得反射 PIM 功率，经过 2 号双工器 RX 端口输出的 PIM 信号被高灵敏度接收机检测，从而获得传输 PIM 功率。

首先我们比较了直接利用 PTFE 覆铜板制备的微带线(标记为＃3)和分

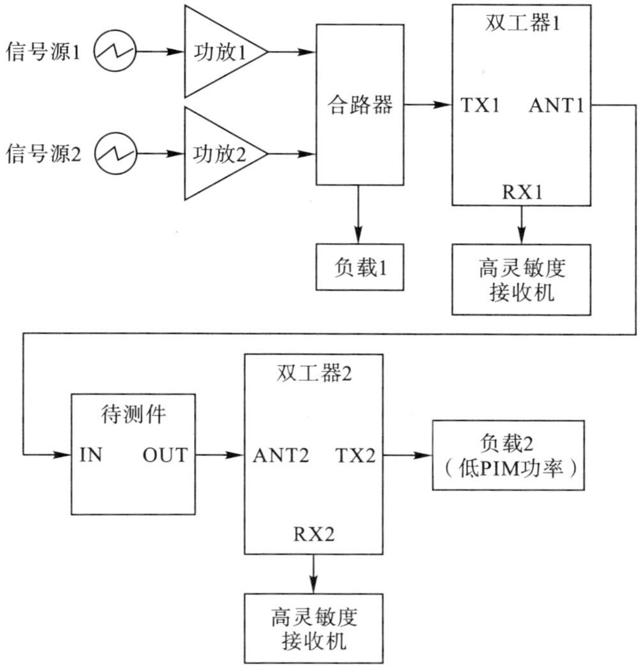

图 4－32 传输和反射互调测试系统原理框图

离结构 PTFE 介质微带线的 PIM 功率，如图 4－33(a)所示。从图中可以看到：对于两种微带线，传输 PIM 功率均远高于反射 PIM 功率，差距在 13～16 dB 范围内。这表明微带线的 PIM 和连接器等接触结构的 PIM 的产生机理是不同的。对于连接器等接触结构，由于互调信号只在接触界面处被激发出来，因此可以看作是点互调源，由于通常测量时连接器两端系统阻抗相当，因此在传输端和反射端获得的 PIM 功率基本相同。而对于微带线结构，由于互调主要由材料非线性产生，非线性分布在整段微带线上，因此可以看作是连续分布的线互调源，这种情况下由于不同位置处的互调源输出信号在传输端口和反射端口的矢量叠加的不同而使得传输 PIM 功率和反射 PIM 功率具有较大差别，图 4－33(b)给出了一种 N 型同轴连接器的传输和反射 PIM 功率随载波功率的变化曲线，从图中可以看出传输和反射 PIM 功率相差不大。

从图 4－33(a)还可以看出♯1、♯3 结构的传输和反射 PIM 功率均接近，差距小于 3.7 dB，表明利用 Cu 板、PTFE 介质和 Cu 箔构成的微带结构的 PIM 功率和 PTFE 覆铜板制备的微带线的 PIM 功率相当，可见金属导体状态和制备工艺对基于 PTFE 介质基板的微带线的 PIM 功率影响不大。

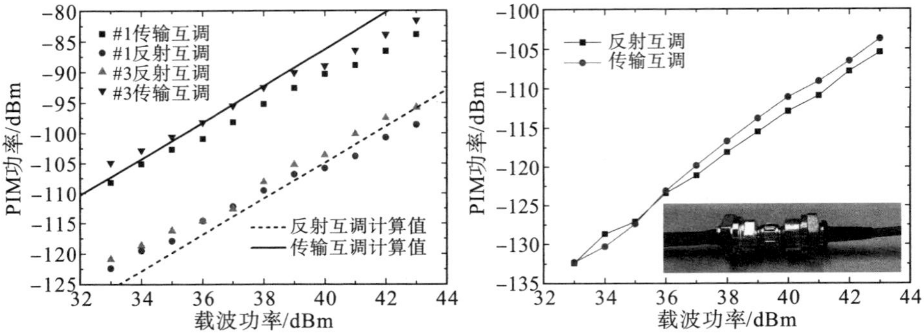

（a）PTFE覆铜板微带线（#3）和分离结构PTFE介质微带线（#1）　　（b）同轴连接器（内插图为同轴连接器照片）

图 4－33　微带线和同轴连接器 PIM 功率随载波功率变化关系曲线

为了进一步研究介质材料对微带线 PIM 的影响，我们对比了 PTFE 介质和空气介质微带线的 PIM。首先测量分离结构 PTFE 介质微带线的传输和反射 PIM 功率，然后将 PTFE 介质基板抽离形成空气介质微带线，再测量此时空气介质微带线的 PIM 功率，共反复测量了 3 次，结果如图 4－34 所示。由于测量过程中不需要重新连接微带线两端的连接器，因此避免了连接器 PIM 对微带线 PIM 测试规律的影响。从图中可以看出 PTFE 介质微带线相比于空气介质微带线传输 PIM 功率高了约 20 dB，反射 PIM 功率高了约 15 dB。

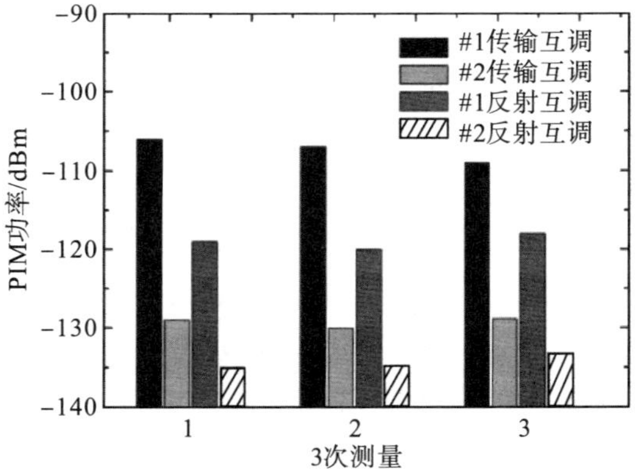

图 4－34　分离结构 PTFE 介质微带线（＃1）和空气介质微带线（＃2）PIM 功率比较

对于微带线的 PIM，可能来源于导体非线性，也可能来源于介质非线性。基于电热耦合效应的导体非线性引起的 PIM 与导体的表面电流密度密切相关。我们仿真了 PTFE 介质微带线和空气介质微带线上导体的下表面电流密度，如图 4－35 所示。从图中可以看出，由于本书采用的空气介质微带线结构阻抗与连接器阻抗存在一定的失配，因此电流密度沿着长度方向并不均

匀，但是整体上导体表面的平均电流密度为 20 A/m(仿真载波激励功率为 0.5 W)，而 PTFE 介质微带线上导体表面平均电流密度为 30 A/m。由于 PIM 功率与导体表面电流密度的关系可以近似表示为 PIM 功率$\propto |J_1|^6$，其中 J_1 为流过微带线的单个载波的电流密度，因此，若假设电热耦合效应为本书微带结构 PIM 的来源，则可以判断当介质被抽离后由于导体电流密度改变引起的 PIM 功率的变化量约为 10 dB，远小于实验测量值。并且，结合图 4-33(a)给出的当导体单独发生改变后，对微带结构的 PIM 功率影响不大，表明本书 PTFE 介质微带线的互调来自介质非线性。借鉴非线性光学理论，介电常数非线性是光学非线性效应的主要来源，下面基于第 4.5.2 节给出的介质介电常数非线性互调模型对微带线的互调现象进行理论分析。

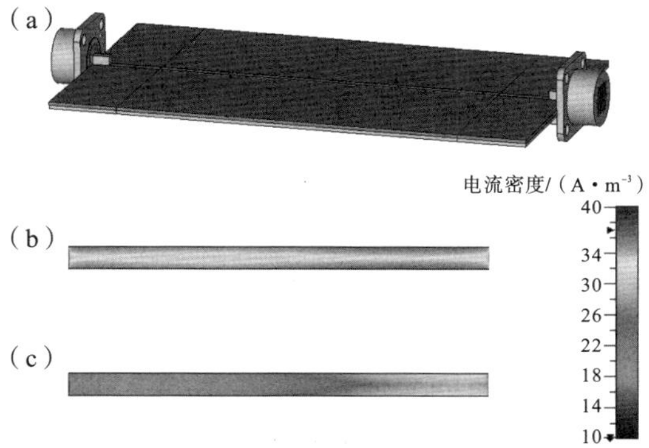

图 4-35　微带结构仿真模型与上导体的电流密度分布

(a)微带结构仿真模型；(b)介质微带线上导体下表面的最大电流密度分布；(c)空气微带线上导体下表面的最大电流密度分布。

在 PIM 功率表达式(4-110)和式(4-111)中，除了衰减系数和三阶非线性介电常数未知，其他参数均可以根据微带线结构设计和测量得出。微带线的衰减系数可以通过 S 参数测量获得，结果如图 4-36 所示。在 735 MHz 附近，衰减系数约为 0.08 Np/m。则 PTFE 介质微带线的互调结果拟合曲线如图 4-33(a)中的黑色实线和虚线所示，可以提取三阶非线性介电常数为 $6.1\times10^{-15}\ \mathrm{m^2/V^2}$。

根据非线性光学理论，非线性介电常数和线性介电常数之间存在如下相关关系[33]：

$$\frac{\varepsilon_3}{\varepsilon_1}\approx\frac{1}{E^2}\left|\frac{P^{(3)}}{P^{(1)}}\right|=\frac{1}{E^2}\left|\frac{P^{(3)}}{P^{(2)}}\right|\cdot\left|\frac{P^{(2)}}{P^{(1)}}\right|=\frac{1}{E^2}\left|\frac{E}{E_b}\right|\cdot\left|\frac{E}{E_b}\right|=\frac{1}{E_b^2} \tag{4-112}$$

式中：$P^{(1)}$、$P^{(2)}$ 和 $P^{(3)}$ 分别为一阶、二阶和三阶极化强度；E_b 表示介质中

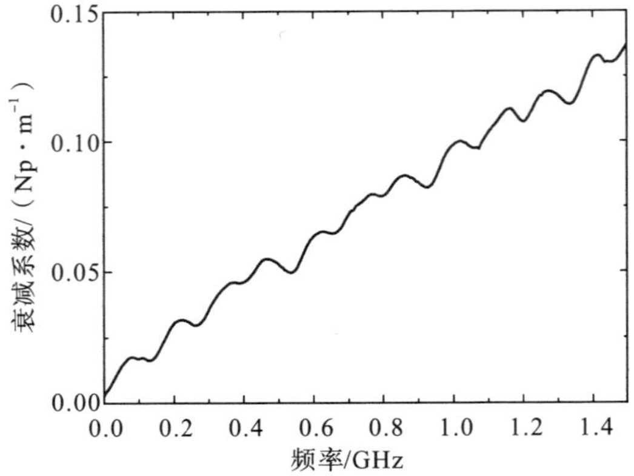

图 4－36　PTFE 覆铜板微带线衰减系数随频率的变化关系曲线

的原子内场，与介质极化机制有关。

在射频频段，介质极化主要受介电弛豫影响，而在可见和紫外光波段则主要受原子和电子共振影响，通常原子和电子共振极化场强远大于介电弛豫极化场强。根据非线性光学研究，光频段 E_b 的典型值为 3×10^{10} V/m[33]。根据本书提取的非线性介电常数，可以计算射频频段 E_b 的典型值约为 2.4×10^{7} V/m。

根据式(4－110)和式(4－111)可以得出，介电非线性机制的传输 PIM 功率将随着微带线长度的增加而增加，而反射 PIM 功率将波动变化，这与 Kozlov 等人[23]计算的基于电容非线性机制的微带线 PIM 功率变化规律一致。这主要是分布在微带线不同位置的非线性源产生的 PIM 波相位不同，在端口处矢量叠加所导致的。对于负载端口，由于微带线各个部分产生的 PIM 波同相(即同相位)，因此传输 PIM 功率随着微带线的长度增加而逐渐增加。在反射端，微带线不同位置处的非线性源产生的 PIM 波不再同相，因此矢量叠加后出现反射 PIM 功率随着微带线长度的增加而波动变化。Henrie 等人[39]采用同轴连接器级联的方式研究了多个 PIM 源级联的互调规律，结果也表明反射 PIM 功率随着级联连接器数量的增加而周期性波动变化。

图 4－37(a)给出了 PTFE 介质微带线 PIM 功率随微带线长度的变化关系。可以看出实验测量和理论计算结果基本趋势一致，表明本书介电非线性机制互调模型具有合理性。图 4－37(b)给出了 PIM 功率随微带线上导体宽度的变化关系。根据式(4－102)，当宽度增加时，单位长度等效电容增加，因此基于电容介电非线性机制的 PIM 功率增加，这与实验结果一致。需要注意的是，当上导体宽度变化时，微带线的特征阻抗将发生变化，S_{11} 参数恶化，因此只有当反射功率不高时，结论才成立，关于阻抗不匹配对微带结构器件 PIM 功率的影响有待进一步分析。

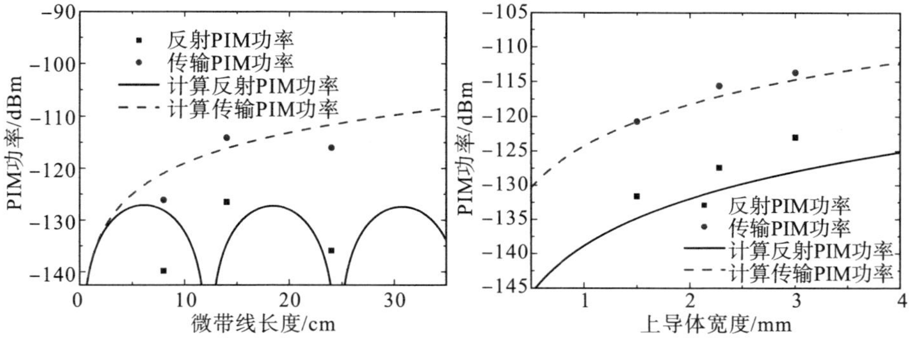

（a）改变微带线长度　　（b）改变上导体宽度

图 4-37　PTFE 介质微带线 PIM 功率随微带线长度和上导体宽度的变化关系

（注：图中，▪•表示实验测量结果，—— - - -表示理论计算结果。）

至此，本节基于等效受控源模型，建立了介电非线性机制的微带线 PIM 功率计算解析模型，同时，通过对比测试分离结构的 PTFE 介质微带线和空气介质微带线的三阶 PIM，验证了介质非线性是微带电路 PIM 的主要来源之一。实验表明 PTFE 介质微带线的传输 PIM 功率比反射 PIM 功率高 13～16 dB，验证了非线性源在微带线上具有分布性。分离结构 PTFE 介质微带线和 PTFE 覆铜板微带线的 PIM 功率差别不大，表明导体材料状态对 PIM 功率影响不大，同时，分离结构 PTFE 介质微带线比空气介质微带线的传输 PIM 功率高了约 20 dB，反射 PIM 功率高了约 15 dB，表明介质非线性是 PTFE 介质微带线 PIM 的主要来源。基于本节推导的基于介电非线性机制的微带线 PIM 解析模型，提取的 PTFE 介质基板的三阶非线性相对介电常数在 10^{-15} m^2/V^2 数量级。

4.6　本章小节

本章介绍了基于传输矩阵法的微带电路 PIM 建模方法。通过给出微带电路每个构成单元的 PIM 功率传输矩阵，可以计算不同结构微带器件的 PIM 功率，并利用阶跃阻抗滤波器和正交混合网络进行了实验验证。最后，针对电热耦合非线性机制和介电非线性机制，讨论了微带线中的 PIM 功率变化规律。

参考文献

［1］　李亚靖，孙浩，杨雪霞，等．带有软表面的 V 波段微带阵列天线[J]．电子测量技术，2018，41(10)：81-85.

［2］　任高飞，徐勤．基于人工磁导体的低 RCS 微带天线设计[J]．太赫兹科

学与电子信息学报，2022，20(9)：959 - 964.

[3] 杨波，孟庆东．基于 CRLH 的小型化三频 LTE 微带天线设计[J]. 太赫兹科学与电子信息学报，2021，19(6)：1037 - 1040.

[4] 刘高见，李军，徐辉，等．一种 220 GHz 波导-悬置微带线过渡电路设计[J]. 太赫兹科学与电子信息学报，2017，15(1)：11 - 14.

[5] LI B，YANG S，HUANG M，et al. A compact and dual - polarized microstrip array antenna for mini base station applications [C]. Chengdu：International Workshop on Microwave & Millimeter Wave Circuits & System Technology. IEEE，2012.

[6] 叶鸣，肖怡，陶长英，等．微带传输线的无源互调效应实验研究[J]. 电波科学学报，2014，29(3)：5.

[7] WILKERSON J R，GARD K G，SCHUCHINSKY A G，et al. Electro - thermal theory of intermodulation distortion in lossy microwave components[J]. IEEE Trans. Microw. Theory Techn. 2008，56(12)：2717 - 2725.

[8] WILKERSON J R，LAM P G，GARD K G，et al. Distributed passive intermodulation distortion on transmission lines [J]. IEEE Trans. Microw. Theory Techn. 2011，59(5)：1190 - 1205.

[9] WILKERSON J R，KILGORE I M，GARD K G，et al. Passive intermodulation distortion in antennas [J]. IEEE Trans. Antennas Propag.，2015，63(2)：125 - 127.

[10] HIENONEN S，GOLIKOV V，MOTTONEN V S，et al. Near - field amplitude measurement of passive intermodulation in antennas[C]. Amsterdan：European Microwave Conference. IEEE，2001.

[11] HIENONEN S，RAISANEN A V. Passive intermodulation near - field measurements on microstrip lines[C]. Microwave Conference，2004. 34th European. IEEE，2004.

[12] HIENONEN S，VAINIKAINEN P，RAISANEN A V. Sensitivity measurements of a passive intermodulation near - field scanner[J]. IEEE Antennas Propag. Mag.，2003，45(4)：124 - 129.

[13] ZELENCHUK D E，SHITVOV A P，SCHUCHINSKY A G，et al. Discrimination of passive intermodulation sources on microstrip lines [C]. Xi'an International Workshop in Multipactor. 2008.

[14] SHITVOV A P，KOZLOV D S，SCHUCHINSKY A G. Nonlinear

characterization for microstrip circuits with low passive intermodulation[J]. IEEE Trans. Microwave Theory Tech., 2018 (2): 1-10.

[15] SCHUCHINSKY A. Characterisation of passive intermodulation in printed lines[C]. California: Antennas and Propagation Conference. IEEE, 2008.

[16] SHITVOV A P, OLSSON T, BANNA B E, et al. Effects of geometrical discontinuities on distributed passive intermodulation in printed lines[J]. IEEE Trans. Microwave Theory Tech., 2010, 58 (2): 356-362.

[17] SHITVOV A P, ZELENCHUK D E, SCHUCHINSKY A G, et al. Studies on passive intermodulation phenomena in printed and layered transmission lines[C]. Xi'an: High Frequency Postgraduate Student Colloquium, 2005.

[18] ZELENCHUK D, SHITVOV A P, SCHUCHINSKY A G, et al. Passive intermodulation on microstrip lines[C]. Amsterdam: European Microwave Conference. IEEE, 2007.

[19] SHITVOV A P, ZELENCHUK D E, SCHUCHINSKY A G. Experimental observations of distributed nonlinearity in printed transmission lines[J]. Proceedings of the 14th International Student Seminar on Microwave and Optical Applications of Novel Physical Phenomena, 2007.

[20] ZELENCHUK D E, SHITVOV A P, SCHUCHINSKY A G, et al. Passive intermodulation in finite lengths of printed microstrip lines[J]. IEEE Trans. Microwave Theory Tech., 2008, 56(11): 2426-2434.

[21] SHITVOV A P, SCHUCHINSKY A G. Distributed passive intermodulation generation in coplanar waveguide transmission lines [C]. Amsterdam: Microwave Symposium Digest. IEEE, 2012.

[22] SHITVOV A P, ZELENCHUK D E, SCHUCHINSKY A G, et al. Passive intermodulation in printed lines: effects of trace dimensions and substrate[J]. Iet Microw. Antennas Propag., 2009, 3(2): 260-268.

[23] KOZLOV D S, SHITVOV A P, SCHUCHINSKY A G, et al. Passive intermodulation of analog and digital signals on transmission lines with distributed nonlinearities: modelling and characterization[J]. IEEE

Trans. Microwave Theory Tech., 2016, 64(5): 1383-1395.

[24] 何鋆，王琪，胡天存，等. 微带线热致无源互调产物计算模型[J]. 西安电子科技大学学报，2017，44(3)：7.

[25] 何鋆，李军，崔万照，等. 分布式无源互调研究综述[J]. 空间电子技术，2016，13(4)：1.

[26] 叶鸣，贺永宁，崔万照. 基于电热耦合效应的微带线无源互调机理研究[J]. 电波科学学报，2013，28(2)：6.

[27] 万里鹏，赵小龙，曹智，等. 电热耦合引起的微带传输线无源互调计算与验证[J]. 西安交通大学学报，2018，52(2)：6.

[28] 朱泳名，葛鹰，栾翼. 不同传输线设计对无源互调的影响分析[J]. 印制电路信息，2017，25(8)：4.

[29] WILCOX J Z, MOLMUD P. Thermal heating contribution to intermodulation fields in coaxial waveguides [J]. IEEE Trans. Commun., 1976, 24(2): 238-243.

[30] WILKERSON J R, GARD K G, STEER M B. Electro-thermal passive intermodulation distortion in microwave attenuators [C]. Amsterdam: Microwave Conference, 2006. 36th European. IEEE, 2006.

[31] WILKERSON J R, GARD K G, SCHUCHINSKY A G, et al. Electro-thermal theory of intermodulation distortion in lossy microwave components [J]. IEEE Trans. Microwave Theory Tech., 2008, 56: 2717-2725.

[32] JONATHAN R, PETER G, KEVIN G et al. Distributed passive intermodulation distortion on transmission lines [J]. IEEE Trans. Microwave Theory Tech., 2011, 59(5).

[33] 石顺祥，陈国夫，赵卫. 非线性光学[M]. 西安：西安电子科技大学出版社，2012.

[34] 杨维生，彭延辉. 射频介质基板材料及选用[J]. 覆铜板资讯，2015(5)：6.

[35] 赵小龙，叶鸣，张松昌，等. 基于介电非线性机制的微带电路无源互调效应研究[J]. 电子学报，2020，48(12)：8.

[36] SHITVOV A P, OLSSON T, FRANCEY J, et al. Effects of interface conditions and long-term stability of passive intermodulation response in printed lines[J]. IET Microw. Antenna. P. 2011, 5(1): 68-76.

[37] SCHUCHINSKY A G, FRANCEY J, FUSCO V F, Distributed sources of passive intermodulation on printed lines[J]. IEEE AP-S

Int. Symp，2005，4：447 - 450.

[38] ZELENCHUK D E，SHITVOV A P，SCHUCHINSKY A G，Effect of laminate properties on passive intermodulation generation [C]. Amsterdam：IEEE Antennas and Propagation Conference，LAPC，Loughborough.，2007.

[39] HENRIE J，CHRISTIANSON A，CHAPPELL W J. Prediction of passive intermodulation from coaxial connectors in microwave networks[J]. IEEE Trans. Microwave Theory Tech.，2008，56(1)：209 - 216.

[40] KOZLOV D S，SHITVOV A P，SCHUCHINSKY A G. Passive intermodulation in distributed circuits with cascaded discrete nonlinearities[C]. Amsterdam：9th Eur. Conf. Antennas Propag.（EuCAP），2015.

[41] KUGA N，TAKAO T. Passive intermodulation evaluation of printed circuit board by using 50 Ω microstrip line[C]. Amsterdam：APMC 2004，New Delhi，India，2004.

[42] HENRIE J，CHRISTIANSON A，CHAPPELL W J. Cancellation of passive intermodulation distortion in microwave networks [C]. Amsterdam：Microwave Conference，EuMC 2008. 38th European. IEEE，2008.

[43] ZHAO X，HE Y，YE M，et al. Analytic passive intermodulation model for flange connection based on metallic contact nonlinearity approximation[J]. IEEE Trans. Microwave Theory Tech.，2017：1 -9.

[44] WONG J S，LANCASTER M J. Microstrip filters for RF/microwave applications[J]. IEEE Microw. Mag.，2002，3(3)：62 - 65.

[45] 周杰，刘少云，薛玉洁，等. 5G 宏蜂窝移动通信三维圆柱 MIMO 多天线系统性能[J]. 太赫兹科学与电子信息学报，2020，18(5)：780 - 785.

[46] 陈琦，何晓阳，杨阳，等. 基于 FDTD 的太赫兹光导天线三维辐射特性计算方法[J]. 太赫兹科学与电子信息学报，2011，9(3)：330 - 335.

[47] 韦生文，吴文煜，孙国清. 多层微带天线复合成型工艺技术研究[J]. 电子工艺技术，2009，30(05)：295 - 297.

[48] 余文革，钟先信，巫正中，等. 三维层叠微带天线的 FDTD 模拟[J]. 电子科技大学学报，2004，(03)：266 - 269.

[49] 梁建，洪伟. 多层微带贴片天线的三维全波分析[J]. 电波科学学报，1999，(01)：7 - 12.

[50] YOU J，ZHANG J，GU W，et al. Numerical analysis of passive

intermodulation arisen from nonlinear contacts in HPMW devices[J]. IEEE Trans. Electromagn. Compat. , 2017, 60(5): 1470 - 1480.

[51] 陈翔，崔万照，李军，等．空间大功率微波部件无源互调检测与定位技术[J]. 空间电子技术，2015，12(06)：1 - 7.

[52] 高凡，赵小龙，叶鸣，等．一种基于偶极子近场耦合法测量无源互调的方法[J]. 空间电子技术，2018，15(03)：12 - 18.

[53] THOMAS E B, LARKSPUR, C O, Passive intermodulation probe [C]. United States Patent US 2018/0088161 A1 Pub, 2018.

[54] ZELENCHUK D, SHITVOV A P, SCHUCHINSKY A G, et al. Passive intermodulation on microstrip lines [C]. Amsterdam: Proc. 37th Eur. Microw. Conf. (EuMC), 2007.

[55] SHITVOV A P, ZELENCHUK D E, SCHUCHINSKY A G, et al. Passive intermodulation in printed lines: effects of trace dimensions and substrate[J]. IET Microw. Antenna. P. 2009, 3(2): 260 - 268.

[56] SHITVOV A P, ZELENCHUK D E, SCHUCHINSKY A G. Experimental observations of distributed nonlinearity in printed lines [C]. U. K.: 14th Int Microw. Opt. Appl. Novel Phys. Phenomena. Student Seminar, Belfast, 2007.

[57] ROCAS E, COLLADO C, ORLOFF N D, et al. Passive intermodulation due to self - heating in printed transmission lines[J]. IEEE Trans. Microw. Theory Techn. 2011, 59(2): 311 - 322.

[58] BECHTOLD T, RUDNYI E, KORVINK J. Dynamic electro - thermal simulation of microsystems - a review[J]. Micromechan. Microeng. , Oct. 2005, 15(11): 17 -31.

[59] ANSUINELLI P, SCHUCHINSKY A G, FREZZA F, et al. Passive intermodulation due to conductor surface roughness[J]. IEEE Trans. Microw. Theory Techn. 2018, 66(2): 688 - 699.

[60] POZAR D M. Microwave engineering[M]. New York: John Wiley & Sons, Inc. , 4th Edition, 2011.

[61] 方俊鑫，殷之文．电介质物理学[M]. 北京：科学出版社，1989，73 - 73.

[62] WANG X, CUI W. 2D PIM simulation based on COMSOL [C]. Marrakesh: PIER, Progress In Electromagnetics Research Symposium Proceedings, 2011.

[63] 李乃成，梅立泉．数值分析[M]. 北京：科学出版社，2011.

第5章　虚拟端口法MIMO单元无源互调建模

天线是射频无线收发系统中的关键部件，信号的全部功率都要通过天线辐射到空间中。天线引起的PIM信号将会同有用信号一起被传输。由于基站天线的集成度越来越高，外围电磁环境也较为复杂，使得辐射场中的PIM问题凸显。在射频天线前端很多常用的射频无源器件及天线固定支架中都会存在金属接触连接，比如移相器、网状天线和天线阵子中的连接结构，这些都是潜在的非线性源。当天线辐射照射到铁塔、围栏、垃圾箱等存在金属接触或材料非线性的物体上时，也会激励出PIM信号，即当天线的辐射场中存在具有寄生非线性效应的无源结构时，载波信号会激励出PIM干扰。产生的PIM干扰信号落入与其频率相近的接收频段时，就会降低收发共用天线的灵敏度，降低通信系统的容量。天线辐射环境中的非线性引起的PIM问题已经成为基站天线中面临的严重电磁干扰问题[1-3]。

1989年，美国电气和电子工程师协会(Institute of Electrical and Electronics Engineers，IEEE)举办了关于天线等相关结构PIM效应产生的专题会议，对天线PIM问题的起源[1,4]、诊断方法[5]及抑制方法[6-8]进行了比较全面的讨论。1993年Sanford[9]发现，被环境氧化腐蚀的金属接头和铁氧体材料均会诱发PIM效应，并且研究表明，在天线等结构中，面接触结构的PIM性能优于点接触结构，粗糙焊接产生的PIM功率要高于界面光滑产生的PIM功率。2003年，Lubrano等人[10]对大型反射面天线中金属丝网的PIM现象进行了研究，通过测试得到PIM功率随PIM阶数、载波信号功率、丝网预加张力、微扰动及温度的变化规律，但没有从物理根源上揭示发生上述PIM行为规律的原因，同时他们还提出天线的PIM功率计算公式，为基于丝网接触非线性电流求解PIM功率幅值奠定了基础。谢拥军课题组通过仿真建立了网状天线反射面的PIM功率合成计算，并给出具有相同结构和工作条件的网状反射面天线的PIM功率预测[11-13]模型。

在天线辐射场中，由于载波信号是通过辐射的方式激励非线性源的，因此可以将这类PIM称为辐射型PIM。虽然辐射型PIM的产生机制与传输线及滤波器等结构中的传导PIM是一致的，但是由于该场景下的载波及PIM信号传输过程与近场信道特性有关，因此相比传导PIM的分析更为复杂，需要考虑载波信号到待测件及 PIM 信号到天线接收端口的多径传输问题。

在新一代移动通信系统中，多天线(MIMO，Multiple - Input Multiple - Output)是其主要技术特点之一。MIMO 是指在无线通信领域使用多天线发送和接收信号的技术。通常讲的 $M\times N$ MIMO 是指发送端有 M 条天线，接收端有 N 条天线。MIMO 技术允许多个天线同时发送和接收多个信号，并能够区分发往或来自不同空间方位的信号，通过空分复用和空间分集等技术，在不增加占用带宽的情况下，提高系统容量、覆盖范围和信噪比。MIMO 技术中对并行数据通道的利用方式大致可以分为空分复用、发射分集和波束赋形，其中波束赋形是一种基于天线阵列的信号预处理技术，即通过调整天线阵列中每个阵元的加权系数产生具有可控指向性的波束。近年来，MIMO 天线的 PIM 问题也受到广泛关注[14]。

本章主要介绍一种基于虚拟端口的辐射 PIM 分析方法及其在分析 MIMO 天线中不同阵元加权系数条件下 PIM 规律的应用。

5.1 MIMO 天线 PIM

对于一般的 MIMO 天线系统，如图 5 - 1 所示，其信道数学模型可以表示为

$$\boldsymbol{y}(t)=\boldsymbol{H}(t)\boldsymbol{e}(t)+\boldsymbol{n}(t) \tag{5-1}$$

式中：$\boldsymbol{y}(t)$接收信号(向量)；$\boldsymbol{e}(t)$为发送信号(向量)；$\boldsymbol{H}(t)$为信道矩阵；$\boldsymbol{n}(t)$为噪声(向量)。

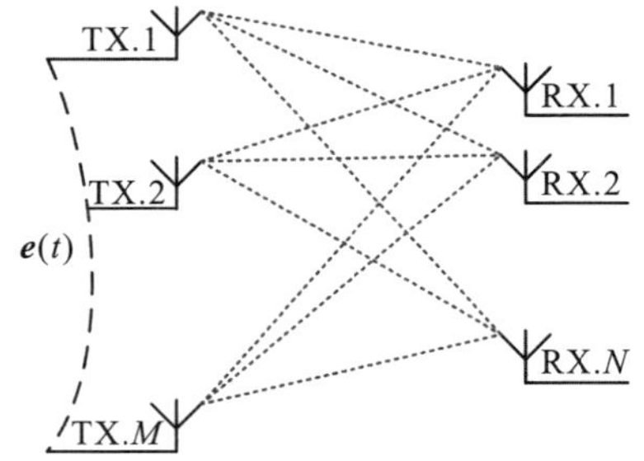

图 5 - 1 MIMO 系统示意图

当系统中存在寄生非线性结构，载波在该处将激励出 PIM 信号，从而产生 PIM 干扰，单个发射天线产生 PIM 干扰的过程如图 5 - 2 所示。发射信号首先在非线性结构处激励出 PIM 信号(二次源)，该二次源再通过信道传输至接收天线，从而使接收天线端口既有载波信号又有 PIM 信号。例如，包含三阶 PIM 信号的信道模型可以表示为

$$\boldsymbol{y}(t)=\boldsymbol{H}(t)\boldsymbol{e}_i(t)+\sum_j \boldsymbol{g}_j(t)[A_j\boldsymbol{e}_i^3(t)]+\boldsymbol{n}(t) \tag{5-2}$$

式中：$\boldsymbol{y}(t)$为接收信号；$\boldsymbol{e}_i(t)$为发射信号；$\boldsymbol{g}_j(t)$为 PIM 信号的信道系数；A_j 为第 j 个 PIM 源的三阶非线性转化系数。

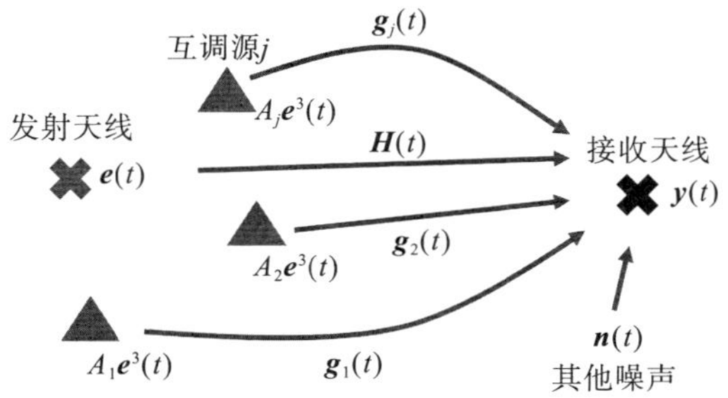

图 5-2　单个发射天线多个 PIM 源的信号传输模型示意图

因此，对于多个发射天线和多个接收天线的 MIMO 系统（信号传输模型见 5-3），信道模型可以表示为

$$\boldsymbol{y}_k(t)=\sum_i H_{k,i}(t)\boldsymbol{e}_i(t)+\sum_i\sum_j g_{k,i,j}(t)[A_{i,j}\boldsymbol{e}_i^3(t)]+\boldsymbol{n}_k(t) \tag{5-3}$$

式中：$\boldsymbol{y}_k(t)$为第 k 个接收天线的接收信号；$\boldsymbol{e}_i(t)$为第 i 个发射天线的发射信号；$g_{k,i,j}(t)$为 PIM 信号的信道系数；$A_{i,j}$ 为第 j 个 PIM 源的非线性转化系数。

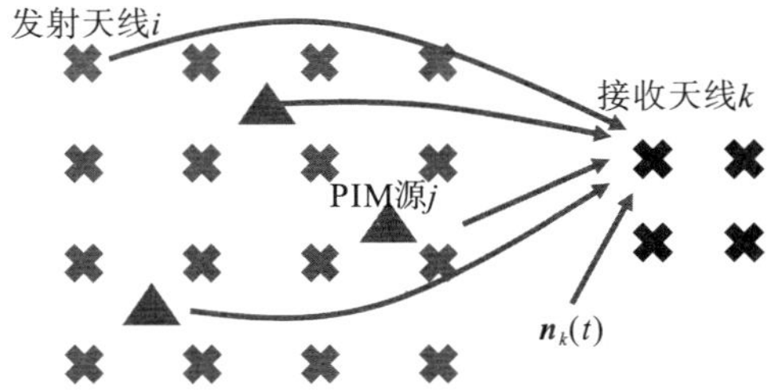

图 5-3　多个发射天线多个 PIM 源的信号传输模型示意图

从公式(5-3)可以提取 PIM 相关的“PIM 信号信道模型”为

$$\boldsymbol{y}_{k,\mathrm{PIM}}(t)=\sum_i\sum_j g_{k,i,j}(t)[A_{i,j}\boldsymbol{e}_i^3(t)] \tag{5-4}$$

从式(5-4)可见，只要获得系数 $g_{k,i,j}$ 和 $A_{i,j}$，即可获得 PIM 信号的传输模型。大规模 MIMO 天线阵进行波束赋形时，一个令人关心的问题是，当每个天线的加权系数(功率和相位)发生改变时，PIM 效应会怎么变化，该问题可以利用该 PIM 信号传输模型进行分析。对于实际 MIMO 天线，由于天线加权系数多样，PIM 源数量和位置未知，因此需要建立一般的 MIMO 天线

PIM 信号传输模型，并可以基于少量实测数据进行模型参数提取，进而预测不同情况下的 PIM 规律。

5.2 基于虚拟端口的 PIM 量化分析方法

5.2.1 虚拟端口 PIM 建模方法

在前面章节中，我们认为 PIM 的产生可以视作是载波激励出的 PIM 二次源辐射。本节将通过将二次源视作一种“虚拟端口”，并通过广义散射参数对系统进行建模，以便于将模型推广至多端口的 MIMO 系统中。

建模基本过程如图 5－4 所示。

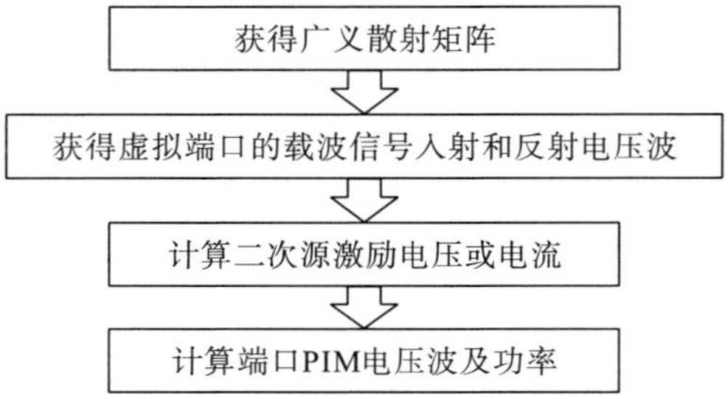

图 5－4 基于虚拟端口模型和广义散射参数的 PIM 建模过程

下面通过分析如图 5－5 所示的在微带线 x 位置处存在长度为 Δl 的一段非线性源的 PIM 问题，来说明基于虚拟端口模型和广义散射参数的 PIM 建模过程。

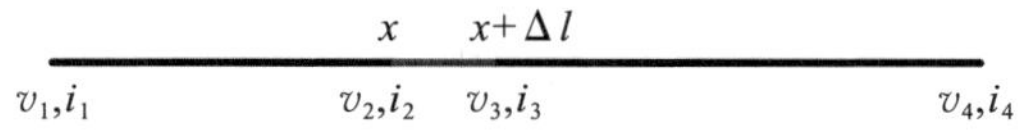

图 5－5 微带线 x 位置处存在非线性源示意图

1. 基于虚拟端口模型的广义散射矩阵

如图 5－6 所示，将非线性源视作虚拟端口，这里考虑非线性是由等效电阻元件的非线性引起的(其他元件的非线性等效方法与此类似)。

基于图 5－6 的等效电路图，可以建立广义散射矩阵(S 参数)为

$$\begin{bmatrix} \dfrac{V_1^-}{\sqrt{Z_{01}}} \\ \dfrac{V_2^-}{\sqrt{Z_{02}}} \\ \dfrac{V_3^-}{\sqrt{Z_{03}}} \end{bmatrix} = \begin{bmatrix} S_{11} & S_{12} & S_{13} \\ S_{21} & S_{22} & S_{23} \\ S_{31} & S_{32} & S_{33} \end{bmatrix} \begin{bmatrix} \dfrac{V_1^+}{\sqrt{Z_{01}}} \\ \dfrac{V_2^+}{\sqrt{Z_{02}}} \\ \dfrac{V_3^+}{\sqrt{Z_{03}}} \end{bmatrix} \tag{5-5}$$

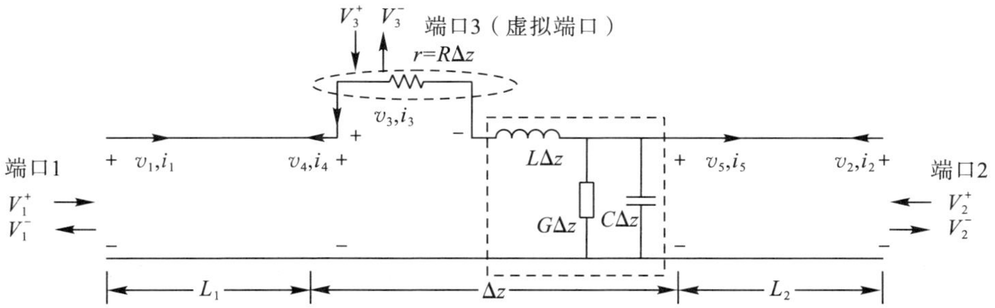

图 5-6　存在非线性源虚拟端口的微带线等效模型

式中：Z_{03}为虚拟端口的特征阻抗。

为了简化分析，忽略 $L\Delta z$、$G\Delta z$ 和 $C\Delta z$，则

$$v_1=V_1^+ +V_1^- \tag{5-6}$$

$$i_1=\frac{1}{Z_{01}}(V_1^+ -V_1^-) \tag{5-7}$$

$$v_2=V_2^+ +V_2^- \tag{5-8}$$

$$i_2=\frac{1}{Z_{02}}(V_2^+ -V_2^-) \tag{5-9}$$

$$v_3=V_3^+ +V_3^- \tag{5-10}$$

$$i_3=\frac{1}{Z_{03}}(V_3^+ -V_3^-) \tag{5-11}$$

$$i_4=i_3 \tag{5-12}$$

$$v_4=v_3+v_5 \tag{5-13}$$

$$i_3=-i_5 \tag{5-14}$$

$$\begin{bmatrix} v_1 \\ i_1 \end{bmatrix}=\begin{bmatrix} A_1 & B_1 \\ C_1 & D_1 \end{bmatrix}\begin{bmatrix} v_4 \\ -i_4 \end{bmatrix} \tag{5-15}$$

$$\begin{bmatrix} v_5 \\ i_5 \end{bmatrix}=\begin{bmatrix} A_2 & B_2 \\ C_2 & D_2 \end{bmatrix}\begin{bmatrix} v_2 \\ -i_2 \end{bmatrix} \tag{5-16}$$

式中：A、B、C、D(下标 1 和 2)为二端口网络的传输矩阵参数。

式(5-6)～式(5-16)共 13 个方程[式(5-15)及式(5-16)各展开为 2 个方程]，消去 v_n 和 i_n($n=1$，2，3，4，5)共 10 个变量可以获得关于 $V_n{}^+$ 和 $V_n{}^-$ 的 3 个方程，对照式(5-5)，即可获得 S 参数。

2. 虚拟端口的载波信号入射和反射电压波

考虑端口 1 馈入载波信号，端口 2 接匹配负载，则边界条件：

$$i_2=-\frac{v_2}{Z_{02}} \tag{5-17}$$

$$i_3=-\frac{v_3}{r} \tag{5-18}$$

则

$$V_2^+=0 \tag{5-19}$$

利用式(5-17)和式(5-18)可以计算虚拟端口的载波信号入射和反射电压波 V_3^+ 和 V_3^-。则非线性电阻 r 上的载波压降为

$$v_3=V_3^+ +V_3^- \tag{5-20}$$

3. PIM 信号激励电流

基于非线性电阻的 $i-v$ 方程，即可计算非线性电阻上产生的 PIM 电流。考虑电阻 r 的非线性表示为

$$i_3=\frac{1}{r_0}v_3+g_3v_3^3 \tag{5-21}$$

式中：r_0 为线性电阻分量；g_3 为三阶非线性系数。

假设式(5-20)表示的载波电压可以表示为

$$v_3=\alpha_1\cos(\omega_1t+\varphi_1)+\alpha_2\cos(\omega_2t+\varphi_2) \tag{5-22}$$

式中：α_1 与 α_2 分别为两载波信号振幅；ω_1 与 ω_2 分别为两载波信号角频率；φ_1 与 φ_2 分别为两载波信号初始相位。

将式(5-22)带入式(5-21)，并采用谐波平衡法，即可以计算出 PIM 信号的激励电流：

$$i_{3,\mathrm{PIM}}=\frac{3}{4}g_3\alpha_1^2\alpha_2\cos[(2\omega_1-\omega_2)t+(2\varphi_1-\varphi_2)] \tag{5-23}$$

4. 计算微带端口的 PIM 电压波和功率

将式(5-23)表达的电流源加载在系统中(见图 5-7)，即可计算微带端口的 PIM 电压波和功率。

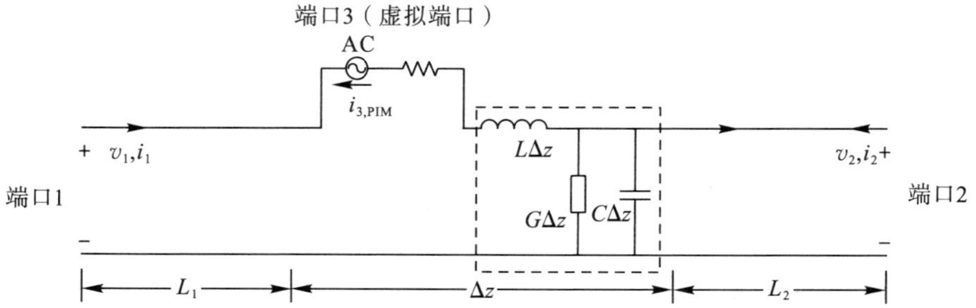

图 5-7 PIM 电流源加载方式示意图

为了在计算 PIM 信号时，也采用 S 参数，需要将 PIM 激励电流源转换为功率源，根据等效电路，可以得到 PIM 功率源与电流源的关系为

$$P_{3,\mathrm{PIM}}=i_{3,\mathrm{PIM}}^{2}Z_{3,\mathrm{in}} \tag{5-24}$$

式中：$Z_{3,\mathrm{in}}$为虚拟端口 3 的输入阻抗。

PIM 激励功率源加载方式的等效电路图为图 5－8。

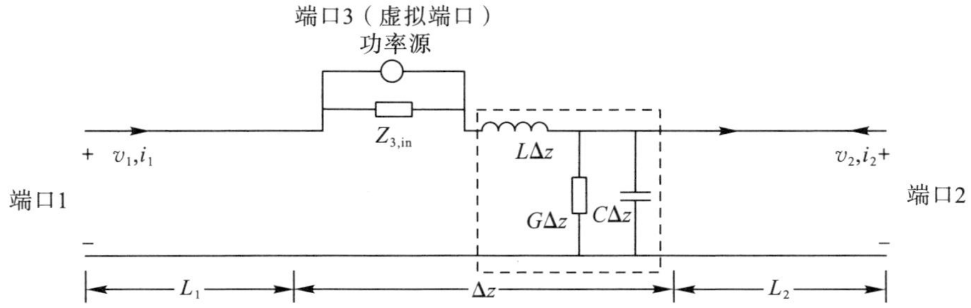

图 5－8　PIM 功率源加载方式示意图

将以上计算过程采用矩阵方式表达，即可易于推广至更多端口系统的情形。

1)计算载波信号

输入参数为，两路载波角频率 $\omega_{1,1}$ 和 $\omega_{1,2}$；载波功率 $P_{1,1}$ 和 $P_{1,2}$；载波相位 $\varphi_{1,1}$ 和 $\varphi_{1,2}$，其中第一个脚标表示端口 1 馈入载波，第二个脚标分别表示第一和第二路载波。则输入载波的电压表示为

$$V_{\mathrm{S1}}=2\sqrt{2P_{1,1}Z_0}\cos(\omega_{1,1}t+\varphi_{1,1})+2\sqrt{2P_{1,2}Z_0}\cos(\omega_{1,2}t+\varphi_{1,2}) \tag{5-25}$$

各端口载波信号之间关系为

$$\begin{bmatrix}\dfrac{V_1^-}{\sqrt{Z_{01}}}\\ \dfrac{V_2^-}{\sqrt{Z_{02}}}\\ \dfrac{V_3^-}{\sqrt{Z_{03}}}\end{bmatrix}=\begin{bmatrix}S_{11} & S_{12} & S_{13}\\ S_{21} & S_{22} & S_{23}\\ S_{31} & S_{32} & S_{33}\end{bmatrix}\begin{bmatrix}\dfrac{V_1^+}{\sqrt{Z_{01}}}\\ \dfrac{V_2^+}{\sqrt{Z_{02}}}\\ \dfrac{V_3^+}{\sqrt{Z_{03}}}\end{bmatrix} \tag{5-26}$$

各端口的边界条件：

$$V_1^+ + V_1^- - V_{\mathrm{S1}}=-\frac{Z_{\mathrm{S1}}}{Z_{01}}(V_1^+ - V_1^-) \tag{5-27}$$

$$V_2^+ + V_2^- =-\frac{Z_{\mathrm{L2}}}{Z_{02}}(V_2^+ - V_2^-) \tag{5-28}$$

$$V_3^+ + V_3^- = -\frac{r}{Z_{03}}(V_3^+ - V_3^-) \tag{5-29}$$

式中：Z_{S1}为端口 1 的源阻抗；Z_{L2}为端口 2 的负载阻抗。

将式(5-26)和式(5-27)改写为

$$\begin{bmatrix} \frac{V_{S1}}{\sqrt{Z_{01}}} \\ 0 \\ 0 \\ 0 \\ 0 \\ 0 \end{bmatrix} = \boldsymbol{N} \begin{bmatrix} \frac{V_1^-}{\sqrt{Z_{01}}} \\ \frac{V_2^-}{\sqrt{Z_{02}}} \\ \frac{V_3^-}{\sqrt{Z_{03}}} \\ \frac{V_1^+}{\sqrt{Z_{01}}} \\ \frac{V_2^+}{\sqrt{Z_{02}}} \\ \frac{V_3^+}{\sqrt{Z_{03}}} \end{bmatrix} \tag{5-30}$$

式中：

$$\boldsymbol{N} = \begin{bmatrix} \left(1-\frac{Z_{S1}}{Z_{01}}\right) & 0 & 0 & \left(1+\frac{Z_{S1}}{Z_{01}}\right) & 0 & 0 \\ 0 & \left(1-\frac{Z_{L3}}{Z_{01}}\right) & 0 & 0 & \left(1+\frac{Z_{L3}}{Z_{01}}\right) & 0 \\ 0 & 0 & \left(1-\frac{Z_{L3}}{Z_{01}}\right) & 0 & 0 & \left(1+\frac{Z_{L3}}{Z_{01}}\right) \\ -1 & 0 & 0 & S_{11} & S_{12} & S_{13} \\ 0 & -1 & 0 & S_{21} & S_{22} & S_{23} \\ 0 & 0 & -1 & S_{31} & S_{32} & S_{33} \end{bmatrix} \tag{5-31}$$

式中：Z_{S1}为端口 1 的源阻抗；Z_{L3}为端口 3 的负载阻抗。

利用式(5-30)即可获得 PIM 源端口(端口 3)的入射和反射电压波，并利用式(5-23)即可获得 PIM 电流源。根据式(5-30)，可得

$$\begin{bmatrix} \frac{V_1^-}{\sqrt{Z_{01}}} \\ \frac{V_2^-}{\sqrt{Z_{02}}} \\ \frac{V_3^-}{\sqrt{Z_{03}}} \\ \frac{V_1^+}{\sqrt{Z_{01}}} \\ \frac{V_2^+}{\sqrt{Z_{02}}} \\ \frac{V_3^+}{\sqrt{Z_{03}}} \end{bmatrix} = \boldsymbol{N}^{-1} \begin{bmatrix} \frac{V_{S1}}{\sqrt{Z_{01}}} \\ 0 \\ 0 \\ 0 \\ 0 \\ 0 \end{bmatrix} \tag{5-32}$$

2)计算 PIM 信号

将 PIM 电流源加载到 PIM 端口，此时端口边界条件：

$$V_1^+ + V_1^- = -\frac{Z_{S1}}{Z_{01}}(V_1^+ - V_1^-) \tag{5-33}$$

$$V_2^+ + V_2^- = -\frac{Z_{L2}}{Z_{02}}(V_2^+ - V_2^-) \tag{5-34}$$

$$i_{3,\mathrm{PIM}} = \frac{1}{Z_{03}}(V_3^+ - V_3^-) \tag{5-35}$$

联立式(5-32)～(5-35)，即可获得各个端口的 PIM 入射和反射电压波关系：

$$\begin{bmatrix} 0 \\ 0 \\ \frac{i_{3,\mathrm{PIM}}}{\sqrt{Z_{03}}} \\ 0 \\ 0 \\ 0 \end{bmatrix} = \boldsymbol{M} \begin{bmatrix} \frac{V_1^-}{\sqrt{Z_{01}}} \\ \frac{V_2^-}{\sqrt{Z_{02}}} \\ \frac{V_3^-}{\sqrt{Z_{03}}} \\ \frac{V_1^+}{\sqrt{Z_{01}}} \\ \frac{V_2^+}{\sqrt{Z_{02}}} \\ \frac{V_3^+}{\sqrt{Z_{03}}} \end{bmatrix} \tag{5-36}$$

式中：

$$
\boldsymbol{M}=\begin{bmatrix}
\left(1-\dfrac{Z_{S1}}{Z_{01}}\right) & 0 & 0 & \left(1+\dfrac{Z_{S1}}{Z_{01}}\right) & 0 & 0 \\
0 & \left(1-\dfrac{Z_{L3}}{Z_{01}}\right) & 0 & 0 & \left(1+\dfrac{Z_{L3}}{Z_{01}}\right) & 0 \\
0 & 0 & -\dfrac{1}{Z_{03}} & 0 & 0 & \dfrac{1}{Z_{03}} \\
-1 & 0 & 0 & S_{11} & S_{12} & S_{13} \\
0 & -1 & 0 & S_{21} & S_{22} & S_{23} \\
0 & 0 & -1 & S_{31} & S_{32} & S_{33}
\end{bmatrix} \tag{5-37}
$$

则各个端口 PIM 信号的入射和反射电压波关系为

$$
\begin{bmatrix}
\dfrac{V_1^-}{\sqrt{Z_{01}}} \\
\dfrac{V_2^-}{\sqrt{Z_{02}}} \\
\dfrac{V_3^-}{\sqrt{Z_{03}}} \\
\dfrac{V_1^+}{\sqrt{Z_{01}}} \\
\dfrac{V_2^+}{\sqrt{Z_{02}}} \\
\dfrac{V_3^+}{\sqrt{Z_{03}}}
\end{bmatrix}
=\boldsymbol{M}^{-1}
\begin{bmatrix}
0 \\ 0 \\ \dfrac{i_{3,\mathrm{PIM}}}{\sqrt{Z_{03}}} \\ 0 \\ 0 \\ 0
\end{bmatrix} \tag{5-38}
$$

因此，计算得到的端口 1 和端口 2 的 PIM 电压分别为

$$v_{M1}=V_1^+ + V_1^- \tag{5-39}$$

$$v_{M2}=V_2^+ + V_2^- \tag{5-40}$$

则 PIM 功率分别为

$$P_{M1}=\frac{v_{M1}^2}{Z_{S1}} \tag{5-41}$$

$$P_{M2}=\frac{v_{M2}^2}{Z_{S2}} \tag{5-42}$$

搭建图 5-9 所示测量电路，并通过在微带线上放置泡棉模拟非线性源，移动泡棉位置可改变非线性源位置。采用 2.6 GHz PIM 测试系统进行 PIM 相位测量。

（a）测试现场照片

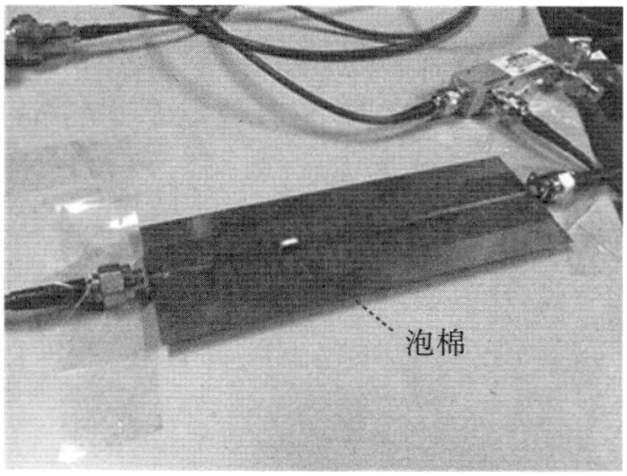

（b）微带线上放置非线性源（泡棉）照片

图 5-9　微带线上不同位置放置非线性源的 PIM 相位变化规律实验照片

利用上述理论方程计算的 PIM 相位与实验测量的 PIM 相位比较如图 5-10 所示，可见实验结果与理论预测相吻合，表明通过虚拟端口法进行 PIM 信号传输规律建模是合理的。

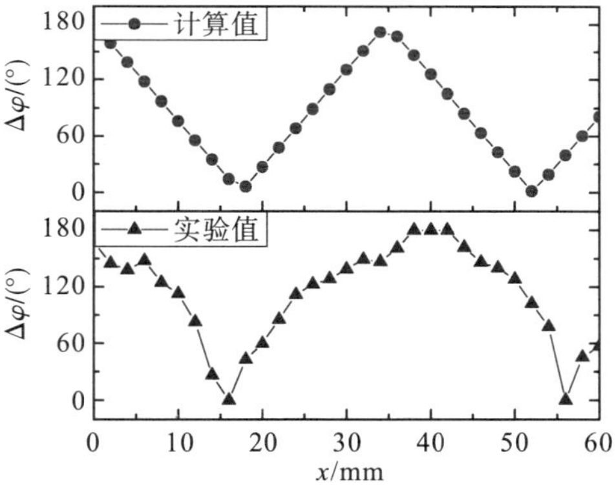

图 5-10　理论计算和实验测量的反射 PIM 相位随非线性源位置的变化关系

因此，通过引入虚拟端口(PIM 二次源)，PIM 信号的传输规律可以采用传统射频电路分析方法进行建模预测。对于 MIMO 天线阵列，根据不同的加权系数，计算获得不同的 PIM 二次源，然后将计算所得二次源加载在 PIM 源位置处，即虚拟端口上，最后计算各接收天线耦合的二次源辐射的 PIM 信号，即得到不同天线加权系数下的 PIM 信号传输规律。

5.2.2　MIMO 天线的虚拟端口 PIM 分析

对于 2×2 阵列天线，若存在一个 PIM 源，根据前面提出的将 PIM 源看作一个“虚拟端口”，则可以通过广义散射参数将载波与 PIM 信号联系起来。对于 2×2 阵列天线，广义散射参数为 5×5 的矩阵。对于 $N\times N$ 矩阵天线，存在一个 PIM 源的情形，需要采用$(N+1)\times(N+1)$参数矩阵，通过实验和理论仿真方法获得这些参数耗时较长且对于大规模阵列更加困难，因此需要基于阵列天线系统 S 参数的基本特征进行简化，得到简化模型。如果能够通过少数的 PIM 实验结果估计简化模型参数，则可以用这些模型参数估计其他情况下的 PIM 信号传输规律。

1. 计算载波信号

对于 2×2 阵列天线并存在 1 个 PIM 源的情况，各端口载波信号关系为

$$\begin{bmatrix} \dfrac{V_{S1}}{\sqrt{Z_{01}}} \\ \dfrac{V_{S2}}{\sqrt{Z_{02}}} \\ \dfrac{V_{S3}}{\sqrt{Z_{03}}} \\ \dfrac{V_{S4}}{\sqrt{Z_{04}}} \\ 0 \\ 0 \\ 0 \\ 0 \\ 0 \\ 0 \end{bmatrix} = \begin{bmatrix} & & & & & 2 & & & & \\ & & & & & & 2 & & & \\ & & & & & & & 2 & & \\ & & & & & & & & 2 & \\ & & & & & & & & & 2 \\ -1 & & & & & S_{11} & S_{12} & S_{13} & S_{14} & S_{15} \\ & -1 & & & & S_{21} & S_{22} & S_{23} & S_{24} & S_{25} \\ & & -1 & & & S_{31} & S_{32} & S_{33} & S_{34} & S_{35} \\ & & & -1 & & S_{41} & S_{42} & S_{43} & S_{44} & S_{45} \\ & & & & -1 & S_{51} & S_{52} & S_{53} & S_{54} & S_{55} \end{bmatrix} \begin{bmatrix} \dfrac{V_{S1}^{-}}{\sqrt{Z_{01}}} \\ \dfrac{V_{S2}^{-}}{\sqrt{Z_{02}}} \\ \dfrac{V_{S3}^{-}}{\sqrt{Z_{03}}} \\ \dfrac{V_{S4}^{-}}{\sqrt{Z_{04}}} \\ \dfrac{V_{S5}^{-}}{\sqrt{r}} \\ \dfrac{V_{S1}^{+}}{\sqrt{Z_{01}}} \\ \dfrac{V_{S2}^{+}}{\sqrt{Z_{02}}} \\ \dfrac{V_{S3}^{+}}{\sqrt{Z_{03}}} \\ \dfrac{V_{S4}^{+}}{\sqrt{Z_{04}}} \\ \dfrac{V_{S5}^{+}}{\sqrt{r}} \end{bmatrix} \tag{5-43}$$

式中：$V_{Si}=2\sqrt{2P_{1,i}Z_0}\cos(\omega_{1,1}t+\varphi_{1,i})$，$i=1$，2，3，4，为四条天线的馈电电压。

对于理想的 MIMO 天线，通常要求各个天线端口反射尽量小，各个天线端口之间的隔离度足够高，因此公式(5-43)中 S_{ij}(i 和 j 取 1，2，3，4)近似取零比较合理。

PIM 端口的电流可以表示为

$$i_5=\frac{1}{r}(V_5^{+}-V_5^{-}) \tag{5-44}$$

考虑 PIM 电流源大小与 i_5 的三次方成正比，因此

$$i_{3,\mathrm{PIM}}=g_3 i_5^3 \tag{5-45}$$

将电流源转化为电压源：

$$v_{3,\mathrm{PIM}}=i_{3,\mathrm{PIM}}Z_{\mathrm{in}} \tag{5-46}$$

基于 S 参数的简化条件 $S_{ij}\approx 0$，则式(5-43)～(5-46)可以表示为

$$v_{3,\mathrm{PIM}}=A\left(S_{51}x_1+S_{52}x_2+S_{53}x_3+S_{54}x_4\right)^3 \tag{5-47}$$

式中：$x_i=\dfrac{V_{\mathrm{S}i}^{+}}{\sqrt{Z_{0i}}}$为归一化激励电压波；$A$ 为比例系数。

2. 计算 PIM 信号

PIM 端口激励条件：

$$\frac{v_{3,\mathrm{PIM}}}{\sqrt{r}}=\frac{V_3^{+}}{\sqrt{r}}+\frac{V_3^{-}}{\sqrt{r}} \tag{5-48}$$

各个端口互调信号关系为

$$\begin{bmatrix} 0 \\ 0 \\ 0 \\ 0 \\ \dfrac{v_{3,\mathrm{PIM}}}{\sqrt{r}} \\ 0 \\ 0 \\ 0 \\ 0 \\ 0 \end{bmatrix}=\begin{bmatrix} & & & & & 2 & & & & \\ & & & & & & 2 & & & \\ & & & & & & & 2 & & \\ & & & & & & & & 2 & \\ & & & & \dfrac{1}{r} & & & & & \dfrac{1}{r} \\ -1 & & & & & S_{11} & S_{12} & S_{13} & S_{14} & S_{15} \\ & -1 & & & & S_{21} & S_{22} & S_{23} & S_{24} & S_{25} \\ & & -1 & & & S_{31} & S_{32} & S_{33} & S_{34} & S_{35} \\ & & & -1 & & S_{41} & S_{42} & S_{43} & S_{44} & S_{45} \\ & & & & -1 & S_{51} & S_{52} & S_{53} & S_{54} & S_{55} \end{bmatrix}\begin{bmatrix} \dfrac{V_1^{-}}{\sqrt{Z_{01}}} \\ \dfrac{V_2^{-}}{\sqrt{Z_{02}}} \\ \dfrac{V_3^{-}}{\sqrt{Z_{03}}} \\ \dfrac{V_4^{-}}{\sqrt{Z_{04}}} \\ \dfrac{V_5^{-}}{\sqrt{r}} \\ \dfrac{V_1^{+}}{\sqrt{Z_{01}}} \\ \dfrac{V_2^{+}}{\sqrt{Z_{02}}} \\ \dfrac{V_3^{+}}{\sqrt{Z_{03}}} \\ \dfrac{V_4^{+}}{\sqrt{Z_{04}}} \\ \dfrac{V_5^{+}}{\sqrt{r}} \end{bmatrix} \tag{5-49}$$

同理基于 S 参数的简化条件 $S_{ij}\approx 0$，则

$$\frac{V_i^-}{\sqrt{Z_{0i}}}=S_{i5}\frac{v_{3,\mathrm{PIM}}}{(S_{55}+1)\sqrt{r}} \tag{5-50}$$

各天线端口的 PIM 电压为

$$v_{\mathrm{M}i}\approx V_i^- \tag{5-51}$$

各天线端口的 PIM 功率为

$$P_{\mathrm{M}i}=\frac{v_{\mathrm{M}i}^2}{2Z_{\mathrm{S}i}} \tag{5-52}$$

联立式(5－49)～式(5－52)，各天线端口的 PIM 功率可以表达为

$$P_{\mathrm{M}i}=|BS_{5i}(S_{51}x_1+S_{52}x_2+S_{53}x_3+S_{54}x_4)^3|^2 \tag{5-53}$$

式中：B 为比例系数。为了便于数学处理，将式(5－53)改写为

$$y_i=|S_{5ix}(S_{51x}x_{1x}+S_{52x}x_{2x}+S_{53x}x_{3x}+S_{54x}x_{4x})^3| \tag{5-54}$$

式中：y_i 表示第 i 个天线端口测得的 PIM 功率的开方；x_{ix} 为第 i 个天线端口馈电功率的开方；S_{5ix} 为待定参数。式(5－54)中的角标是为了和前面的参数进行区分，在不致混淆的情况下，我们将式(5－54)表示为

$$y_i=|S_{5i}(S_{51}x_1+S_{52}x_2+S_{53}x_3+S_{54}x_4)^3| \tag{5-55}$$

5.3 2×2 天线 PIM 规律研究

5.3.1 MIMO 天线 PIM 测试

设计 2.6 GHz 频段的 2×2 阵列天线，并在天线附近放置 PIM 源，PIM 源与微带天线导体无接触，测试由于 PIM 源产生的辐射 PIM 功率。测试系统框图如图 5－11 所示。系统采用的两路载波频率分别为 2.62 GHz 和 2.69 GHz，互调频率为 2.55 GHz。＃3 和＃4 天线作为发射天线(ANT3、ANT4)，＃1 和＃2 作为接收天线(ANT1、ANT2)，可调整＃3 和＃4 天线馈入载波信号的功率比和相位差，测量＃1、＃2 和＃3 天线的 PIM 信号。

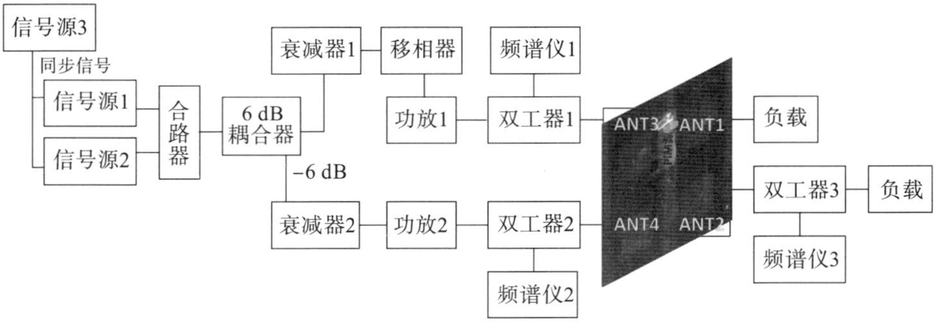

图 5－11　2×2 阵列天线 PIM 测试系统框图

目前制作的 2×2 阵列天线在 ♯3 和 ♯4 天线均馈入 23 dBm 双载波信号时，♯2 接收天线得到的 PIM 底噪约-110 dBm。在该天线上放置 PIM 源后，如图 5-12 所示，可测得显著的 PIM 信号，表明目前可以通过外置 PIM 源的方式研究辐射 PIM 的规律。

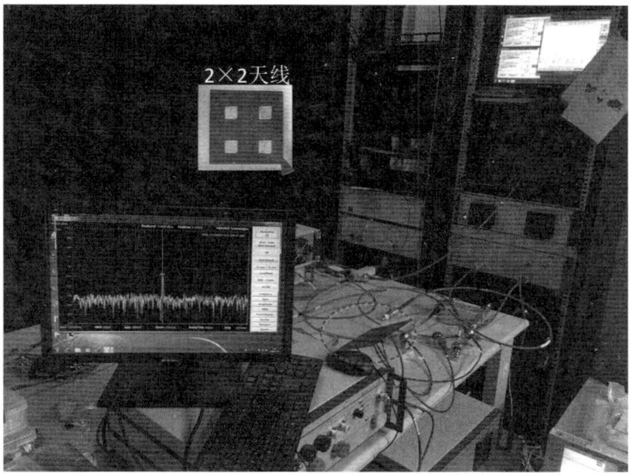

图 5-12　2×2 阵列天线 PIM 测试现场照片

该天线系统 2♯ 天线的 PIM 功率随输入载波功率的变化关系如图 5-13 所示。可以看到 PIM 规律基本符合载波功率降低1 dB，三阶 PIM 功率降低 3 dB 的规律，存在的偏差判断来自 PIM 源本身的不稳定。

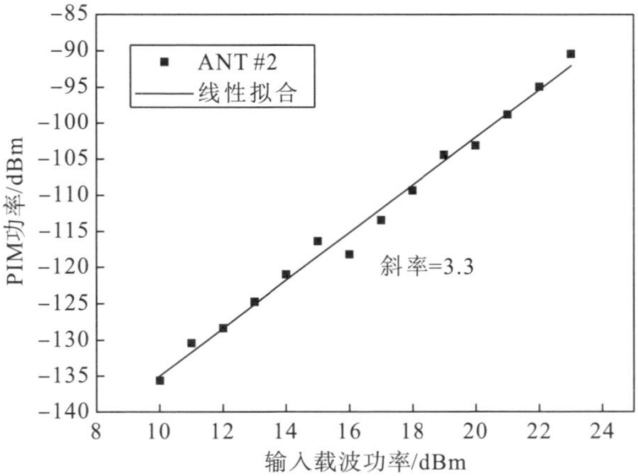

图 5-13　放置 PIM 源后的 2×2 阵列♯2 天线 PIM 功率与输入载波功率的关系

设置两种馈电方式时，调节移相器，获得♯3 和♯4 天线馈电的相对相位(相移)对 PIM 功率的影响，如图 5-14 所示，一种方式为♯3 载波功率

23 dBm和♯4 载波功率 23 dBm，另一种为♯3 载波功率 22 dBm 和♯4 载波功率 24 dBm。可以看到 PIM 信号基本随相移周期性变化。

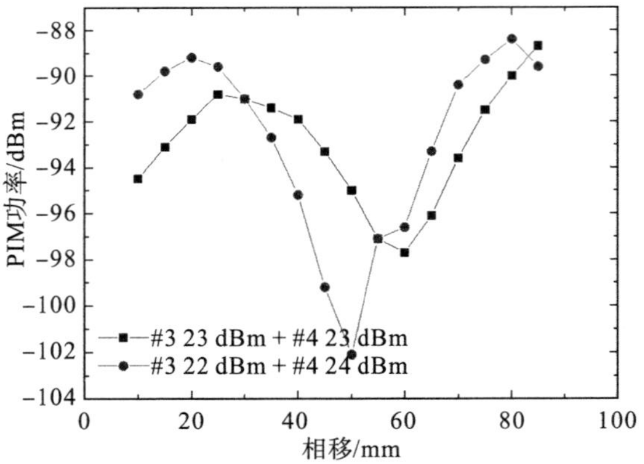

图 5-14 调节移相器对天线端口 PIM 功率的影响

单独改变♯3 天线通路的馈电功率对 PIM 功率的影响规律，如图 5-15 所示。

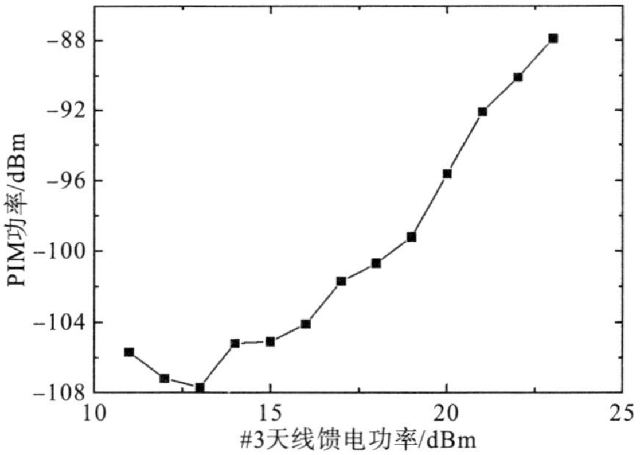

图 5-15 单独改变♯3 天线馈电功率对 PIM 功率的影响规律

对比上节和本节的 PIM 测试结果，可以判断传导 PIM 与辐射 PIM 信号变化的规律基本一致，因此上节给出的 PIM 分析方法对于辐射 PIM 仍然是适用的。

5.3.2 MIMO 天线 PIM 规律

在上次讨论中，我们通过两路馈电，测量了 2×2 阵列天线的 PIM 特性。这里对其中三端口的 PIM 进行分析。对于天线端口 3 和端口 4 两路馈电(x_1 和 x_2 等于零)，公式(5-55)可以简化为

$$y_3 = |S_{53}(S_{53}x_3 + S_{54}x_4)^3| \tag{5-56}$$

式中：S_{53} 和 S_{54} 为待定参数。

采用非线性参数优化方法，可以获得式(5-56)中的待定参数。我们利用测得的天线端口 3 PIM 功率随着移相器相移的变化关系数据作为输入量，估计待定参数。图 5-16 给出了优化计算结果，可见式(5-56)的 PIM 模型基本符合实验规律。

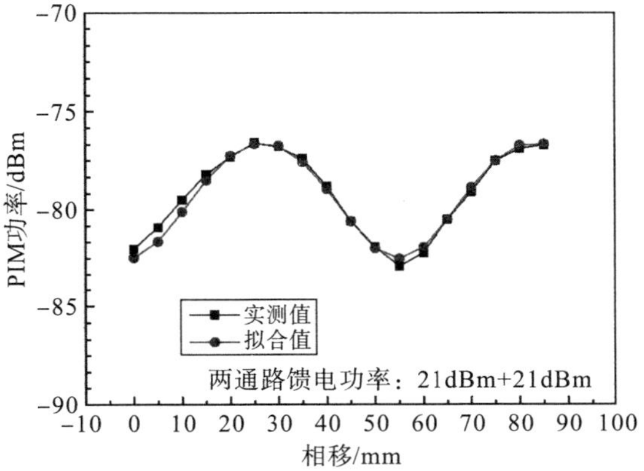

图 5-16　天线端口 3 PIM 功率随着移相器相移的变化关系

基于优化算法获得的待定参数，并利用式(5-56)，可以进一步预测其他情况下的 PIM 信号变化规律。

图 5-17 给出了利用上述待定参数计算获得的天线端口 3 PIM 功率随载波功率的变化结果与实测值的比较，可以看到结果基本吻合。

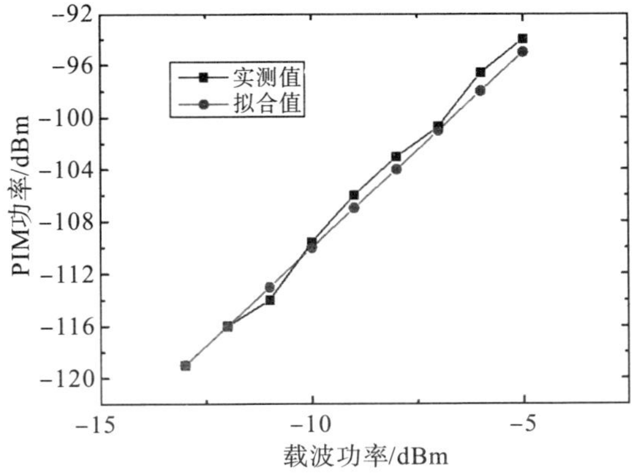

图 5-17　天线端口 3 PIM 功率随载波功率的变化

图 5-18 给出了利用上述待定参数计算获得的改变 #3 天线和 #4 天线的

馈电功率组合后天线端口 3 的 PIM 功率随着移相器相移变化关系。可见预测结果与实验规律基本一致，表明本节采用虚拟端口法进行 MIMO 天线 PIM 规律研究是可行的。

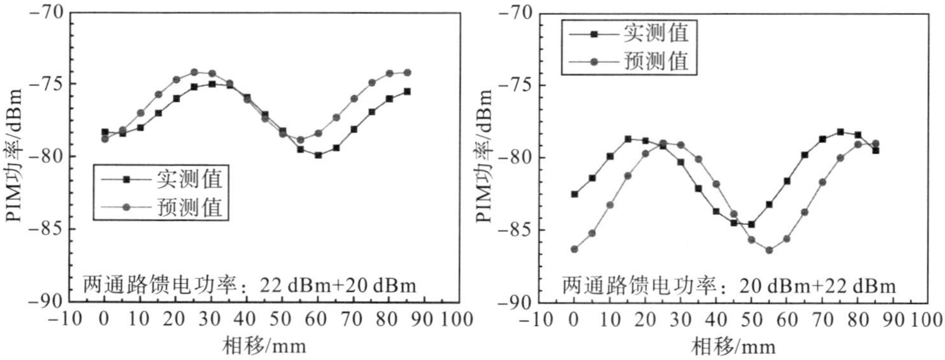

（a）两路载波功率分别为22 dBm和20 dBm （b）两路载波功率分别为20 dBm和22 dBm

图 5－18 天线端口 3 PIM 功率随着移相器相移的变化关系

5.4 本章小节

本章介绍了一种基于虚拟端口的 PIM 分析方法。该方法将 PIM 源视为虚拟端口，利用广义散射矩阵和等效二次源激励，建立辐射场中的 PIM 规律模型，为快速分析大规模 MIMO 天线 PIM 规律奠定了理论基础。

参考文献

[1] LUI PL，RAWLINS AD. Passive non－linearities in antenna systems [C]. IEE Colloquium on Passive Intermodulation Products in Antennas and Related Structures，1989.

[2] JARGON J A，DEGROOT D C，REED K L. NIST passive intermodulation measurement comparison for wireless base station equipment [C]. 52nd ARFTG Conference Digest. Automatic RF Techniques Group. Computer－Aided Design and Test for High－Speed Electronics（IEEE Cat. No. 98EX245），1998.

[3] OKAWA R，KUGA N. Reverse－PIM extraction in non－contact antenna－PIM measurement [C]. IEEE Asia Pacific Microwave Conference（APMC），2017.

[4] BROWN A K. Passive intermodulation products in antennas－an overview [C]. IEE Colloquium on Passive Intermodulation Products in Antennas and

Related Structures, 1989.

[5] ASPDEN P L, ANDERSON A P, BENNETT J C. Evaluation of the intermodulation product performance of reflector antennas and related structures by microwave imaging[C]. IEE Colloquium on Passive Intermodulation Products in Antennas and Related Structures, 1989.

[6] HALL W J, GIBSON M H, KUNES M A, et al. The control of passive intermodulation products in spacecraft antennas[C]. IEE Colloquium on Passive Intermodulation Products in Antennas and Related Structures, 1989.

[7] LUI P L, RAWLINS A D. The design and improvement of PIMP measurement facilities and the measurement of PIMP in antenna structures[C]. IEE Colloquium on Passive Intermodulation Products in Antennas and Related Structures, 1989.

[8] HO P O, WILKINSON W S, TSEUNG A C. The suppression of intermodulation product generation in materials and structures used in radio communications[C]. IEE Colloquium on Passive Intermodulation Products in Antennas and Related Structures, 1989.

[9] SANFORD J. Passive intermodulation considerations in antenna design [C]. Proceedings of IEEE Antennas and Propagation Society International Symposium, 1993.

[10] LUBRANO V, MIZZONI R, SILVESTRUCCI F, et al. PIM characteristics of the large deployable reflector antenna mesh[C]. International Workshop on Multipactor, Corona and Passive Intermodulation in Space RF Hardware, 2003.

[11] 毛煜茹，刘莹，谢拥军，等. 金属接触非线性引起的无源互调效应的数值分析[J]. 电子学报，2015，43(06)：1174－1178.

[12] MAO Y, XIE Y, TIAN Z. The analysis of the electromagnetic performance of planar mesh reflector based on the electrical contact model of metallic junction[C]. IEEE 12th Intl Conf on Ubiquitous Intelligence and Computing and IEEE 12th Intl Conf on Autonomic and Trusted Computing and IEEE 15th Intl Conf on Scalable Computing and Communications and Its Associated Workshops (UIC－ATC－ScalCom), 2015.

[13] WU D, XIE Y, KUANG Y, et al. Prediction of passive intermodulation on

mesh reflector antenna using collaborative simulation: multiscale equivalent method and nonlinear model[J]. IEEE Trans. Antennas Propag., 2018, 66(3): 1516 - 1521.

[14] LAMPU V, ANTTILA L, TURUNEN M, et al. Air - induced PIM cancellation in FDD MIMO transceivers[J]. IEEE Microw. Wirel. Co., 2022, 32(6): 780 - 783.

第 6 章　基于非线性麦克斯韦方程的无源互调全波仿真

全波仿真通过数值求解麦克斯韦方程获得电磁问题的解。目前比较常用的电磁仿真软件包括 CST、HFSS、ADS(Advanced Design System)。如今，电磁仿真已经成为设计射频元器件及电路的关键一环。究其原因是射频器件的种类繁多，而且在不断创新之中，各器件的性能指标难以用解析模型精确表达。对于 PIM 问题，也无法给各射频器件分别建立解析模型，因此也需要借助电磁仿真方法进行分析求解。

如前面章节所述，近年来，学者们针对矩形波导、连接器和天线等射频部件由于金属接触非线性引起的 PIM 效应，进行了从物理机理到行为级模型的解析建模研究[1-6]。然而，为了获得解析模型的显性表达，往往需要采用理想假设，例如偶极辐射模型[3]。然而这些模型尚未从电磁分析的角度进行严格验证。全波电磁仿真[7-9]可以解决这个问题。

PIM 效应属于非线性电磁问题之一。晶体管、二极管是射频有源电路中典型的非线性器件，因此这些非线性元件本身的电磁仿真问题，已经有较为成熟的解决方案。然而，相比于这些有源器件的非线性，无源器件非线性具有两个显著特征，第一产生机理不同；第二无源器件非线性效应非常弱。因此 PIM 效应仿真也面临两个问题：①如何引入无源非线性效应；②如何精确计算弱非线性。

Li 等人[8]和 Zhang 等人[9]借鉴非线性集总元件的仿真思路，提出了基于时域场路结合的接触 PIM 仿真方法，即将接触界面非线性等效为一系列非线性集总元件。仿真中需要在与接触界面对应的每一个网格上放置非线性集总元件[9]。因此，场路结合仿真方法需要使用非线性迭代求解大量非线性集总元件对应的非线性方程，既耗时又耗费内存[10]。

其次，无源器件中的非线性效应通常非常弱。例如，对于地面通信系统，通常需要无源器件的 PIM 功率小于－110 dBm(采用 43 dBm 双载波激励)，这意味着 PIM 信号的幅值可能比载波信号的幅值小 7 个数量级。对于时域算法，微小的 PIM 信号和较大的载波信号叠加在一起，这将在数值计算过程中导致较大的误差，并且在后处理过程中难以从输出结果中分离出 PIM 信号。

为了克服以上问题，可以从电磁计算的角度入手寻找非线性的引入方法，并针对 PIM 的弱非线性特征采用专门的求解方法，即采用“线性-非线性分离”及“单向耦合近似”理论思路进行求解。本章将具体介绍如何采用时域有限差分法(Finite - Difference Time - Domain Method，FDTD)实现 PIM 全波仿真。首先介绍 FDTD 的基本原理，然后介绍接触和材料非线性的引入方法及基于“线性-非线性分离”和“单向耦合近似”的 PIM 仿真实现方法。

6.1 FDTD 算法基础

FDTD 算法的基本思路是将时域麦克斯韦方程组通过有限差分近似，转化为差分方程组，从而可以利用递推的方法，根据前一时间步的场量取值得到当前时刻的场量，从而获得在一定激励条件下的各个场量随时间的演化规律，最后通过数据处理，获取所需的信息。

麦克斯韦方程的微分形式为

$$\nabla\times\boldsymbol{H}=\frac{\partial\boldsymbol{D}}{\partial t}+\boldsymbol{J} \tag{6-1}$$

$$\nabla\times\boldsymbol{E}=-\frac{\partial\boldsymbol{B}}{\partial t}-\boldsymbol{M} \tag{6-2}$$

$$\nabla\cdot\boldsymbol{D}=\rho_{\mathrm{e}} \tag{6-3}$$

$$\nabla\cdot\boldsymbol{B}=\rho_{\mathrm{m}} \tag{6-4}$$

式中：$\boldsymbol{E}$ 为电场强度；$\boldsymbol{D}$ 为电位移矢量；$\boldsymbol{H}$ 为磁场强度；$\boldsymbol{B}$ 为磁感应强度；$\boldsymbol{J}$ 为电流密度；$\boldsymbol{M}$ 为磁流密度；ρ_{e} 为电荷密度，ρ_{m} 为磁荷密度。

对各向同性、非色散的线性媒质，满足本构方程：

$$\boldsymbol{D}=\varepsilon\boldsymbol{E} \tag{6-5}$$

$$\boldsymbol{B}=\mu\boldsymbol{H} \tag{6-6}$$

式中：ε 为介电常数；μ 为磁导率。

在 FDTD 算法中，只需要考虑麦克斯韦方程中的两个旋度方程，因此利用本构方程，并将电流(磁流)拆分为导体和外加电流(磁流)，可得

$$\nabla\times\boldsymbol{H}=\varepsilon\frac{\partial\boldsymbol{E}}{\partial t}+\sigma^{\mathrm{e}}\boldsymbol{E}+\boldsymbol{J}_{\mathrm{i}} \tag{6-7}$$

$$\nabla\times\boldsymbol{E}=-\mu\frac{\partial\boldsymbol{H}}{\partial t}-\sigma^{\mathrm{m}}\boldsymbol{H}-\boldsymbol{M}_{\mathrm{i}} \tag{6-8}$$

式中：σ^{e} 为电导率；σ^{m} 为假想的磁导率；$\boldsymbol{J}_{\mathrm{i}}$ 为外加电流密度；$\boldsymbol{M}_{\mathrm{i}}$ 为外加磁流密度。求解方程中的电场强度和磁场强度，即可获得电磁问题的解。

FDTD 算法采用差分方程近似上述微分方程，常用的差分方法为中心差分近似：

$$\frac{\mathrm{d}f(x)}{\mathrm{d}x}=\frac{f\left(x+\frac{1}{2}\Delta x\right)-f\left(x-\frac{1}{2}\Delta x\right)}{\Delta x} \tag{6-9}$$

式中：$f(x)$为未知函数；Δx 为 x 方向空间步长。

由此可见，函数的微分可以通过格点上的取值近似得到。该方法只能直接获得特定离散空间点和离散时间上的场量的取值，其他位置的取值需要通过插值方法获得。数值算法的问题空间是有界的，如图 6－1(a)所示。通常采用 Yee 网格将问题空间离散化，如图 6－1(b)所示。电场只在 Yee 网格的棱上取值，磁场只在面心取值。在离散时间中，电场只在 $n\Delta t(n=0, 1, 2\cdots)$时刻取值，磁场只在$(n+0.5)\Delta t$ 时刻取值，其中 Δt 为时间步长。电场和磁场在时间上交错半个时间步长。

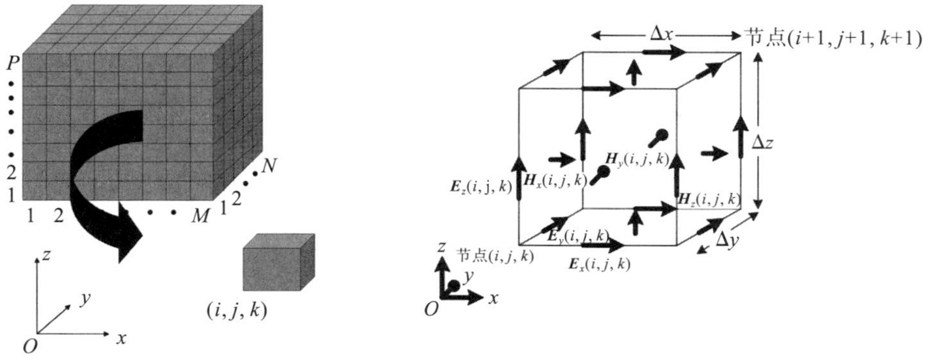

（a）问题空间的网络划分　　（b）Yee元胞结构

图 6－1　问题空间的网格划分及 Yee 元胞结构示意图

采用如上有限差分近似及 Yee 网格离散化方法，就可以将麦克斯韦方程离散化。由于 $\boldsymbol{E}$ 和 $\boldsymbol{H}$ 均为三维矢量，因此矢量方程(6－7)和(6－8)共可拆分为 6 个标量方程，这里仅给出 E_x 分量满足的差分方程：

$$E_x^{n+1}(i, j, k)=C_{\mathrm{exe}}(i, j, k)\times E_x^n(i, j, k)+C_{\mathrm{exhz}}(i, j, k)\times (H_z^{n+\frac{1}{2}}(i, j, k)-H_z^{n+\frac{1}{2}}(i, j-1, k))+C_{\mathrm{exhy}}(i, j, k)\times (H)_y^{n+\frac{1}{2}}(i, j, k)-H_y^{n+\frac{1}{2}}(i, j, k-1))+C_{\mathrm{exj}}(i, j, k)\times J_{ix}^{n+\frac{1}{2}}(i, j, k) \tag{6-10}$$

式中：

$$C_{\mathrm{exe}}(i, j, k)=\frac{2\varepsilon_x(i, j, k)-\Delta t\sigma_x^{\mathrm{e}}(i, j, k)}{2\varepsilon_x(i, j, k)+\Delta t\sigma_x^{\mathrm{e}}(i, j, k)} \tag{6-11}$$

$$C_{\mathrm{exhz}}(i, j, k)=\frac{2\Delta t}{(2\varepsilon_x(i, j, k)+\Delta t\sigma_x^{\mathrm{e}}(i, j, k))\Delta y} \tag{6-12}$$

$$C_{\mathrm{exhy}}(i, j, k)=\frac{2\Delta t}{(2\varepsilon_x(i, j, k)+\Delta t\sigma_x^{\mathrm{e}}(i, j, k))\Delta z} \tag{6-13}$$

$$C_{\mathrm{exj}}(i, j, k)=-\frac{2\Delta t}{2\varepsilon_x(i, j, k)+\Delta t\sigma_x^{\mathrm{e}}(i, j, k)} \tag{6-14}$$

式中：(i, j, k)为空间离散坐标位置；Δy 和 Δz 分别为 y 和 z 方向空间步长。

由式(6－10)可知，利用 n 时刻的 E 和 H 取值，即可计算 $n+1$ 时刻二者的取值。因此，若初始问题空间中的 E 和 H 为零，则可以根据差分方程递推得到此后各个时刻的 E 和 H 取值，电磁问题得到求解。由于问题空间有界，因此还需要根据求解问题设置诸如周期边界、理想电导体边界、理想磁导体边界和吸收边界等。至此，一般的FDTD求解流程如图6－2所示。更多的关于激励源、集总元件、媒质网格、稳定性等问题，可参阅FDTD领域专业书籍。

以上分析过程，假定系统是线性的。下面将会看到，对于PIM问题，金属接触引起的非线性将通过非线性界面边界条件引入，材料非线性将通过非线性本构方程引入。

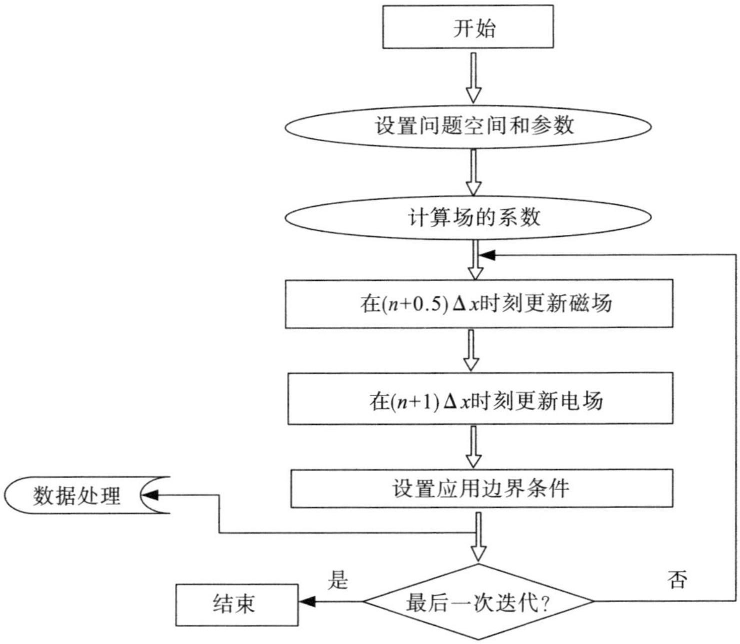

图6－2 FDTD仿真流程图

6.2 PIM效应的电磁仿真算法

由上节可知，电磁计算的核心是计算本构方程和边界条件约束下的麦克斯韦方程组。因此为了计算PIM功率，必须将非线性机理引入麦克斯韦方程组。

对于材料非线性，本构方程将引入非线性修正，即

$$\boldsymbol{D}=\varepsilon\boldsymbol{E}+\varepsilon_1\boldsymbol{E}^2+\varepsilon_2\boldsymbol{E}^3+\cdots \tag{6－15}$$

$$\boldsymbol{B}=\mu\boldsymbol{H}+\mu_1\boldsymbol{H}^2+\mu_2\boldsymbol{H}^3+\cdots \tag{6-16}$$

这些非线性表示在第 1.3 节已被介绍。对于电导率非线性，可以采用非线性传导电流方程表示：

$$\boldsymbol{J}_{\mathrm{c}}=\sigma^{\mathrm{e}}\boldsymbol{E}+\sigma_1\boldsymbol{E}^2+\sigma_2\boldsymbol{E}^3+\cdots \tag{6-17}$$

考虑这些非线性后，麦克斯韦方程的旋度方程可以表示为

$$\nabla\times\boldsymbol{H}=\varepsilon\frac{\partial\boldsymbol{E}}{\partial t}+\frac{\partial}{\partial t}(\varepsilon_1\boldsymbol{E}^2+\varepsilon_2\boldsymbol{E}^3+\cdots)+\sigma^{\mathrm{e}}\boldsymbol{E}+(\sigma_1\boldsymbol{E}^2+\sigma_2\boldsymbol{E}^3+\cdots)+\boldsymbol{J}_{\mathrm{i}} \tag{6-18}$$

$$\nabla\times\boldsymbol{E}=-\mu\frac{\partial\boldsymbol{H}}{\partial t}-\frac{\partial}{\partial t}(\sigma_1\boldsymbol{E}^2+\sigma_2\boldsymbol{E}^3+\cdots)-\sigma^{m}\boldsymbol{H}-\boldsymbol{M}_{\mathrm{i}} \tag{6-19}$$

上述旋度方程考虑了非线性本构方程关系，即包含了材料非线性因素。对于接触非线性源，由于非线性起源于金属-金属接触界面，显然这是一种界面边界条件，而且是非线性的。然而需要注意的是，这种非线性界面边界条件与电磁场传统的两种媒质的界面边界条件有所不同，它考虑的实际是两个界面满足的边界条件。如图 6-3 所示，在金属和介质分界面上，满足边界条件：

$$\boldsymbol{n}\times\boldsymbol{H}=\boldsymbol{J} \tag{6-20}$$

式中：$\boldsymbol{n}$ 为介质和金属界面的法线方向；$\boldsymbol{H}$ 为介质中的磁场强度；$\boldsymbol{J}$ 为流过金属-金属接触界面的电流密度。

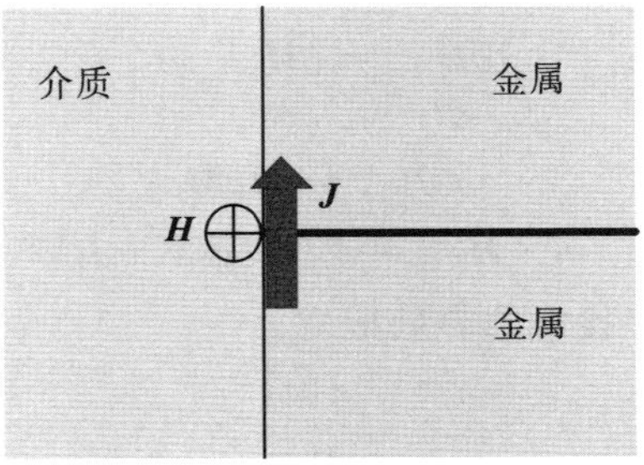

图 6-3　金属-金属接触的界面边界

根据第 1 章的非线性机制分析，可知流过金属-金属接触界面的电流密度 J 与接触界面两端的电压 V 存在非线性关系，则电流密度可以表示为

$$J=J_0+a_1V+a_2V^2+a_3V^3+\cdots \tag{6-21}$$

式中：J_0 为不考虑非线性效应时的感应电流密度；$a_i(i=1,2,3\cdots)$为系数；V 由金属-金属接触阻抗及流过该接触界面的电流决定。

因此，在接触边界处：

$$|\boldsymbol{n}\times\boldsymbol{H}|=J_0+(a_1V+a_2V^2+a_3V^3+\cdots) \tag{6-22}$$

由此可见，对于 PIM 问题，需要求解由式(6－15)～式(6－22)组成的非线性麦克斯韦方程。

无论是材料非线性源还是接触非线性源，PIM 效应的产生过程都可以看作是载波传输到非线性源位置，激励出非线性信号，然后非线性信号在系统中传播。如果我们把载波称为“线性场”，把激励出的非线性信号称为“非线性场”，则 PIM 问题可以看作是线性场与非线性场的耦合问题。由于 PIM 信号相比于载波信号非常弱，可以忽略非线性场对线性场的影响，因此，PIM 问题可以采用单向耦合近似，即只考虑线性场单向影响非线性场，而不考虑反向影响。

若将总的电场和磁场分别记为 $\boldsymbol{E}$ 和 $\boldsymbol{H}$，将线性场记为 $\boldsymbol{E}_0$ 和 $\boldsymbol{H}_0$，则非线性场 $\boldsymbol{E}_{\mathrm{p}}$ 和 $\boldsymbol{H}_{\mathrm{p}}$ 可以表示为

$$\boldsymbol{E}_{\mathrm{p}}=\boldsymbol{E}-\boldsymbol{E}_0 \tag{6-23}$$

$$\boldsymbol{H}_{\mathrm{p}}=\boldsymbol{H}-\boldsymbol{H}_0 \tag{6-24}$$

利用上述关系，将总场分解为线性场和非线性场，我们把该方法称为线性-非线性分离(LNS)方法。下面我们将推导线性场和非线性场分别所满足的方程。

将式(6－23)和式(6－24)带入式(6－18)、式(6－19)和式(6－22)，可得

$$\begin{aligned}\nabla\times\boldsymbol{H}_0+\nabla\times\boldsymbol{H}_{\mathrm{p}}=\varepsilon\frac{\partial\boldsymbol{E}_0}{\partial t}+\varepsilon\frac{\partial\boldsymbol{E}_{\mathrm{p}}}{\partial t}+\frac{\partial}{\partial t}(\varepsilon_1\boldsymbol{E}^2+\varepsilon_2\boldsymbol{E}^3+\cdots)+\\ \sigma^{\mathrm{e}}\boldsymbol{E}_0+\sigma^{\mathrm{e}}\boldsymbol{E}_{\mathrm{p}}+(\sigma_1\boldsymbol{E}^2+\sigma_2\boldsymbol{E}^3+\cdots)+\boldsymbol{J}_{\mathrm{i}}\end{aligned} \tag{6-25}$$

$$\begin{aligned}\nabla\times\boldsymbol{E}_0+\nabla\times\boldsymbol{E}_{\mathrm{p}}=-\mu\frac{\partial\boldsymbol{H}_0}{\partial t}-\mu\frac{\partial\boldsymbol{H}_{\mathrm{p}}}{\partial t}-\frac{\partial}{\partial t}(\mu_1\boldsymbol{E}^2+\mu_2\boldsymbol{E}^3+\cdots)-\\ \sigma^m\boldsymbol{H}_0-\sigma^m\boldsymbol{H}_{\mathrm{p}}\boldsymbol{M}_i\end{aligned} \tag{6-26}$$

$$|\boldsymbol{n}\times\boldsymbol{H}_0|+|\boldsymbol{n}\times\boldsymbol{H}_{\mathrm{p}}|=J_0+(a_1V+a_2V^2+a_3V^3+\cdots) \tag{6-27}$$

注意式(6－26)只在接触边界处成立。

对于线性场满足：

$$\nabla\times\boldsymbol{H}_0=\varepsilon\frac{\partial\boldsymbol{E}_0}{\partial t}+\sigma^{\mathrm{e}}\boldsymbol{E}_0+\boldsymbol{J}_{\mathrm{i}} \tag{6-28}$$

$$\nabla\times\boldsymbol{E}_0=-\mu\frac{\partial\boldsymbol{H}_0}{\partial t}-\sigma^m\boldsymbol{H}_0-\boldsymbol{M}_{\mathrm{i}} \tag{6-29}$$

$$|\boldsymbol{n}\times\boldsymbol{H}_0|=J_0 \tag{6-30}$$

式(6－25)、式(6－26)、式(6－27)分别减去式(6－28)、式(6－29)、式(6－30)，可得非线性场满足的方程：

$$\nabla\times\boldsymbol{H}_{\mathrm{p}}=\varepsilon\frac{\partial\boldsymbol{E}_{\mathrm{p}}}{\partial t}+\sigma^{\mathrm{e}}\boldsymbol{E}_{\mathrm{p}}+\frac{\partial}{\partial t}(\varepsilon_1\boldsymbol{E}^2+\varepsilon_2\boldsymbol{E}^3+\cdots)+(\sigma_1\boldsymbol{E}^2+\sigma_2\boldsymbol{E}^3+\cdots) \tag{6-31}$$

$$\nabla\times\boldsymbol{E}_{\mathrm{p}}=-\mu\frac{\partial\boldsymbol{H}_{\mathrm{p}}}{\partial t}-\sigma^{\mathrm{m}}\boldsymbol{H}_{\mathrm{p}}-\frac{\partial}{\partial t}(\mu_1\boldsymbol{E}^2+\mu_2\boldsymbol{E}^3+\cdots)\tag{6-32}$$

$$|\boldsymbol{n}\times\boldsymbol{H}_{\mathrm{p}}|=a_1V+a_2V^2+a_3V^3+\cdots\tag{6-33}$$

由于通常情况下，$\boldsymbol{E}_{\mathrm{p}}\ll\boldsymbol{E}_0$，$\boldsymbol{H}_{\mathrm{p}}\ll\boldsymbol{H}_0$，因此，在式(6-31)～式(6-33)中，可以取近似 $\boldsymbol{E}\approx\boldsymbol{E}_0$ 和 $\boldsymbol{H}\approx\boldsymbol{H}_0$，那么

$$\nabla\times\boldsymbol{H}_{\mathrm{p}}=\varepsilon\frac{\partial\boldsymbol{E}_{\mathrm{p}}}{\partial t}+\sigma^{\mathrm{e}}\boldsymbol{E}_{\mathrm{p}}+\frac{\partial}{\partial t}(\varepsilon_1\boldsymbol{E}_0^2+\varepsilon_2\boldsymbol{E}_0^3+\cdots)+(\sigma_1\boldsymbol{E}_0^2+\sigma_2\boldsymbol{E}_0^3+\cdots)\tag{6-34}$$

$$\nabla\times\boldsymbol{E}_{\mathrm{p}}=-\mu\frac{\partial\boldsymbol{H}_{\mathrm{p}}}{\partial t}-\sigma^{\mathrm{m}}\boldsymbol{H}_{\mathrm{p}}-\frac{\partial}{\partial t}(\mu_1\boldsymbol{E}_0^2+\mu_2\boldsymbol{E}_0^3+\cdots)\tag{6-35}$$

$$|\boldsymbol{n}\times\boldsymbol{H}_{\mathrm{p}}|=a_1V(J_0)+a_2[V(J_0)]^2+a_3[V(J_0)]^3+\cdots\tag{6-36}$$

至此，我们得到了线性场和非线性场分别满足的方程。这些方程实现了强场和弱场的分离，并且求解过程无须进行非线性迭代。基于这些方程，即可以实现 PIM 功率的数值计算。

下面我们将针对接触非线性、材料非线性和铁氧体非线性具体介绍基于 FDTD 算法的 PIM 数值仿真方法。

6.3　接触非线性 PIM 的 FDTD 仿真

金属接触会在接触界面产生弱非线性效应，导致射频部件的 PIM 效应(见图 6-4)。本节引入一种描述金属接触非线性的非线性界面边界条件，并介绍如何利用线性-非线性分离(LNS)FDTD 算法实现全波 PIM 仿真。

6.3.1　金属接触的非线性界面边界条件

全波电磁仿真是结合本构方程和边界条件求解麦克斯韦方程组的。在常见的电磁问题中，传统边界条件被假定是线性的[11]。如果从边界条件角度审视金属-金属接触界面，则该界面更像是一个具有非线性特征的界面边界条件。下面以波导法兰面接触为例展开分析。

如图 6-5(a)和(b)所示，波导法兰连接的 PIM 效应是由金属接触界面引起的。通常，使用机械加工制造的波导，其边缘的表面粗糙度约为几微米，这将导致如图 6-5(b)所示的接触界面处的电流聚集。如前所述，该电流集中效应可以用线性接触阻抗建模。此外，金属表面从来不是理想的，即其上有氧化层或沾污物，这些非理想因素共同引起隧道电流或其他非线性机制。因此，可以将线性接触阻抗 Z_{l} 与非线性部分 Z_{p} 并联来模拟这种效应，如图 6-5(c)所示。Z_{p} 的 $I-V$ 特性可以进一步表示为非线性函数 $f(\ )$，这已在第 3 章中讨论过[3]。

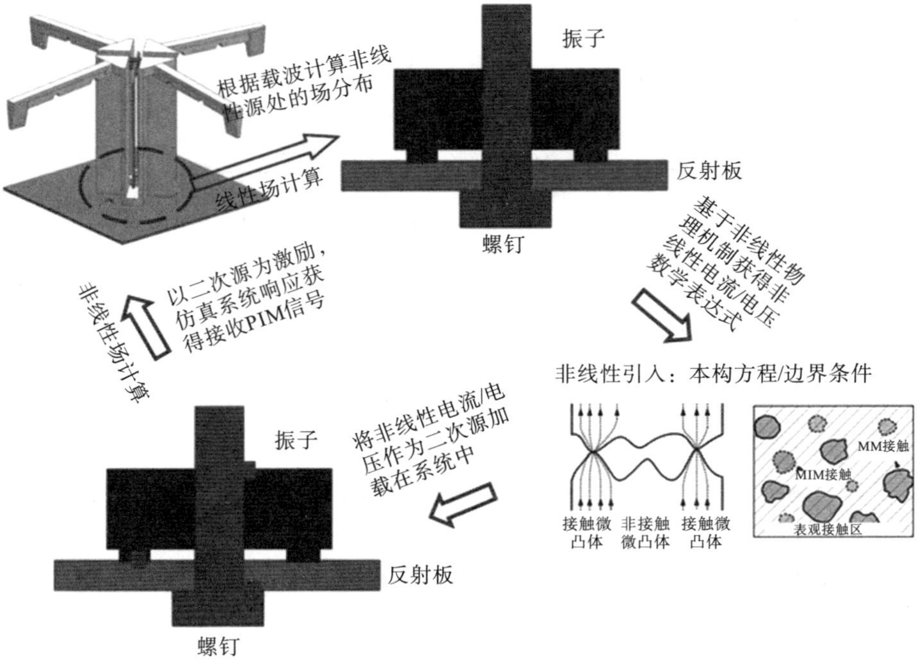

图 6－4　以接触 PIM 为例的仿真流程示意图

在电磁模拟中，很难再现表面粗糙度的微观细节，因为表面微凸体的尺寸比我们在数值模拟中设置的网格尺寸要小得多。通常网格尺寸比在射频部件中传播的电磁波的波长要小 1～2 个数量级。因此，模拟时应采用等效方法。这里，我们将金属接触界面视为一种非线性界面边界条件，如图 6－5(d)所示。

基于非线性接触界面的等效电路模型，表面电流密度 $\boldsymbol{J}_z$ 包含线性分量 $\boldsymbol{J}_{z1}$ 和非线性分量 $\boldsymbol{J}_{zp}$。因此，根据电磁场理论，接触界面处的磁场边界条件可以表示为

$$\boldsymbol{n}\times\boldsymbol{H}_x=\boldsymbol{J}_{z1}+f(Z_1\cdot\boldsymbol{J}_{z1}) \tag{6-37}$$

$$Z_1=\frac{Z_{c,s}}{\delta} \tag{6-38}$$

式中：$\boldsymbol{H}_x$ 是 x 方向磁场强度；$\boldsymbol{J}_{z1}$ 是 z 方向表面电流密度的线性部分；$f(\ )$ 是非线性函数；$Z_{c,s}$ 是单位面积的界面接触阻抗；δ 是趋肤深度。应该注意的是，我们在数值模拟中使用的网格尺寸通常比趋肤深度大得多，因此我们在分析中将金属视为理想电导体(Perfect Electric Conductor，PEC)。通过使用方程(6－37)的非线性界面边界条件，我们可以将界面非线性与电磁场联系起来，从而可以仿真非线性电磁场及 PIM 电平。

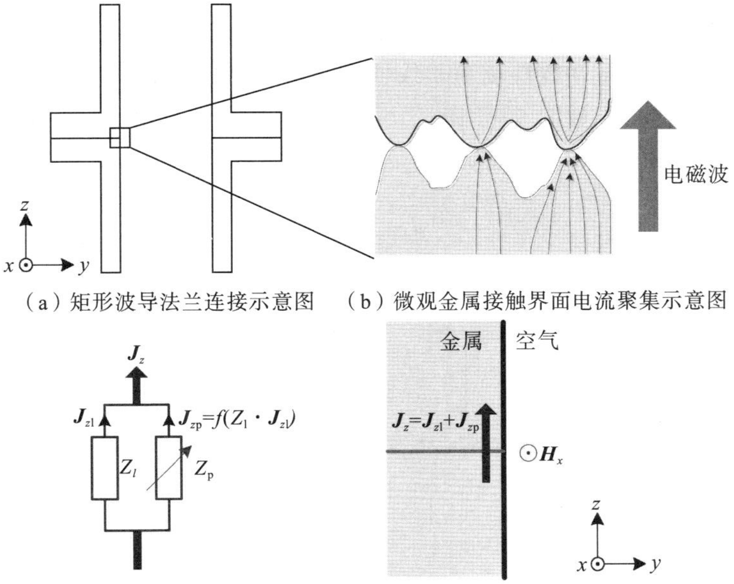

（a）矩形波导法兰连接示意图　（b）微观金属接触界面电流聚集示意图

（c）非线性接触界面的等效电路示意图　（d）非线性接触界面边界条件示意图

图 6－5　波导法兰连接中的金属接触非线性效应及其等效模型

6.3.2　基于 LNS 方法的 PIM 计算方法

很明显方程(6－37)的非线性性质在数值计算时会增加计算难度。幸运的是，接触非线性效应通常非常弱，即它是一种微扰，这与 PIM 功率比载波信号功率小得多是一致的。例如，PIM 信号的振幅可能比载波的振幅小 7 个数量级[12]，也就是说，界面非线性的影响非常弱，这表明可以应用微扰法进行计算。首先，我们可以在不考虑非线性扰动的情况下获得线性部分的解 $\boldsymbol{H}_{x0}$ 和 $\boldsymbol{J}_{z0}$，有

$$\boldsymbol{n} \times \boldsymbol{H}_{x0} = \boldsymbol{J}_{z0} \tag{6-39}$$

然后，我们可以使用一次迭代来计算非线性扰动的影响：

$$\boldsymbol{n} \times (\boldsymbol{H}_{x0} + \boldsymbol{H}_{xp}) = \boldsymbol{J}_{z0} + \boldsymbol{J}_{zp} \tag{6-40}$$

$$\boldsymbol{J}_{zp} = f(Z_1 \cdot \boldsymbol{J}_{z0}) \tag{6-41}$$

式中：$\boldsymbol{H}_{xp}$是非线性项扰动引起的磁场强度增量。根据式(6－40)和式(6－41)，我们可以推导出：

$$\boldsymbol{n} \times \boldsymbol{H}_{xp} = \boldsymbol{J}_{zp} \tag{6-42}$$

式中：J_{zp}为非线性电流密度。

式(6－39)和式(6－42)指出，可以利用迭代法分离非线性部分场和线性部分场，然后依次计算它们。首先，通过忽略接触非线性来计算线性部分场

$\boldsymbol{H}_{x0}$和 $\boldsymbol{J}_{z0}$。其次，计算非线性电流密度 $\boldsymbol{J}_{zp}$。然后，计算接触界面边界处的非线性磁场强度 $\boldsymbol{H}_{xp}$。最后，将边界场值应用到非线性部分场的计算中。

应该注意的是，线性场和非线性场交替计算，并通过非线性接触界面边界条件进行耦合，如图 6 - 6 所示。由于非线性效应非常弱，因此线性场和非线性场属于弱耦合，因此可以通过单向耦合方式进行交替计算。

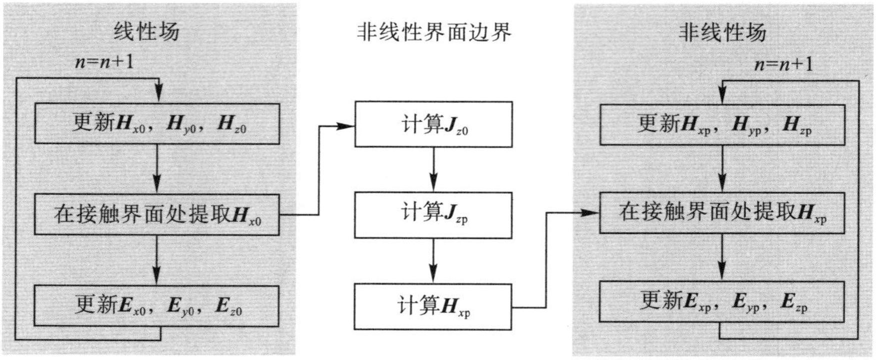

图 6 - 6　基于线性场和非线性场分离算法的 PIM 仿真流程图

通过在传统 FDTD 理论[13]的基础上使用 MATLAB 软件对以上仿真过程进行编程，即可计算接触非线性 PIM 参数。Yee 网格用于离散电磁场计算，如图 6 - 7所示，线性部分场方程(6 - 39)的接触界面边界条件可以表示为离散形式：

$$J_{z0}^{n+\frac{1}{2}}(i,\ j,\ k)=H_{x0}^{n+\frac{1}{2}}(i,\ j-1,\ k) \tag{6-43}$$

式中：角标 n 和$(i,\ j,\ k)$表示时间和空间离散化坐标。

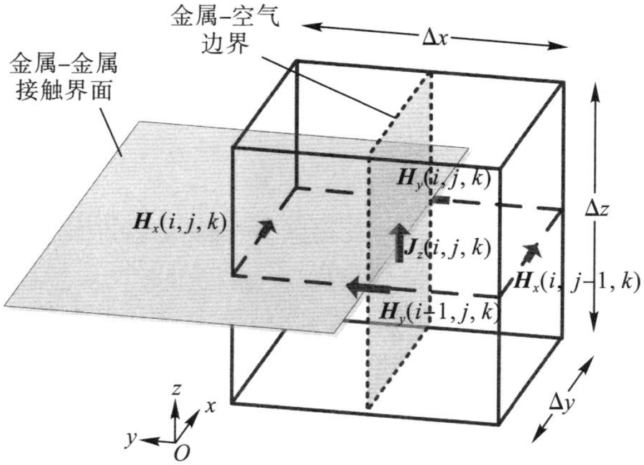

图 6 - 7　存在金属接触界面的 Yee 元胞中磁场和表面电流分量的示意图

对于三阶 PIM 功率计算，我们可以将非线性函数 $f(\ )$简化为 $\delta a_3(Z_l\cdot J_{z0})^3$，式中 a_3 是非线性系数，可以进一步表示为金属-绝缘体-金属接触面积

比和非线性 $J-V$ 方程的三阶系数的乘积[3]。因此，非线性表面电流密度可以表示为

$$J_{zp}^{n+\frac{1}{2}}(i,j,k)=\delta a_3\,(Z_1(i,j,k))^3\,(J_{z0}^{n+\frac{1}{2}}(i,j,k))^3 \tag{6-44}$$

然后，可以使用以下从方程(6－22)中导出的方程来更新接触界面周围的非线性部分磁场强度：

$$H_{xp}^{n+\frac{1}{2}}(i,j-1,k)=\delta a_3\,(Z_l(i,j,k))^3\,(J_{z0}^{n+\frac{1}{2}}(i,j,k))^3 \tag{6-45}$$

总之，方程(6－43)～方程(6－45)可用于表示非线性界面边界条件，只需提前知道 δa_3 和 Z_1 即可计算三阶 PIM 功率。

通过将式(6－43)～式(6－45)的更新方程添加到传统的 FDTD 电磁仿真流程中，可以计算接触非线性 PIM 功率。图 6－8 给出了主要计算流程。其中数字带通滤波器用于将所需的信号分量从总采样信号中分离出来。

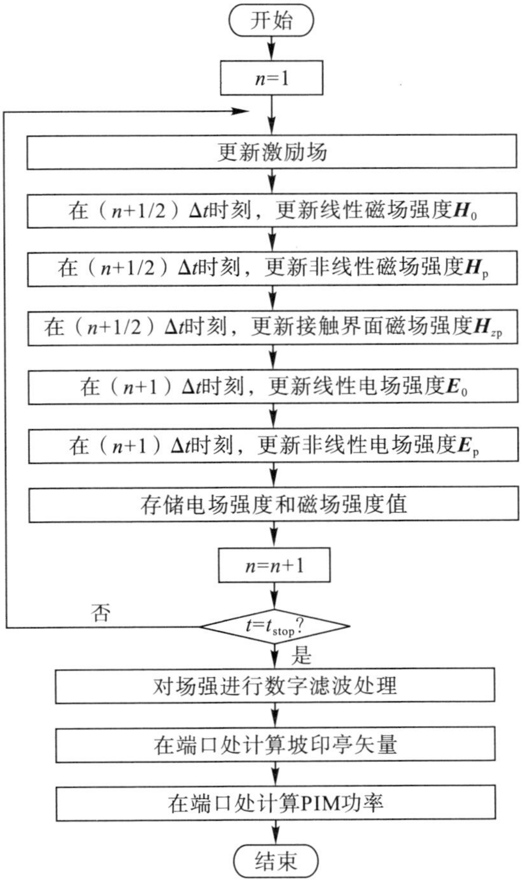

图 6－8　基于非线性界面边界条件及线性-非线性分离 FDTD 算法的 PIM 仿真流程图

6.3.3 矩形波导法兰面接触 PIM 仿真

本小节利用推导出的 LNS FDTD 方法仿真 S 波段镀银矩形波导的 PIM 规律。

波导的结构如图 6－9 所示。波导的矩形横截面的长为 72.14 mm，宽为 34.04 mm。在输入和输出端口设置卷积完美匹配层(Convolutional Perfectly Matched Layer，CPML)边界条件，在其他边界设置 PEC 边界条件。非线性界面边界条件设置在法兰面连接位置。对于三阶 PIM 功率计算，这里把非线性参数 a_3 作为一个可调整的参数。

使用功率为 20 W、频率分别为 2.62 GHz 和 2.55 GHz 的 TE10 模式双音信号源激励波导。为了计算 PIM 功率，需要监控输入端口的非线性部分场。然后计算坡印亭矢量。最后，在输入端口对坡印亭矢量进行积分，即可获得波导法兰面连接的反射 PIM 功率。监控输入端口处 2.62 GHz PIM 信号的瞬态入射功率和 2.55 GHz PIM 信号的输入瞬态功率，如图 6－10 所示。仿真时间步长设置为 4.53 ps。整个模拟时间为 203.7 ns。也就是说，我们进行了大约 4.4×10^4 次迭代的仿真模拟，从图 6－10 可以看出，仿真结果是稳定的。

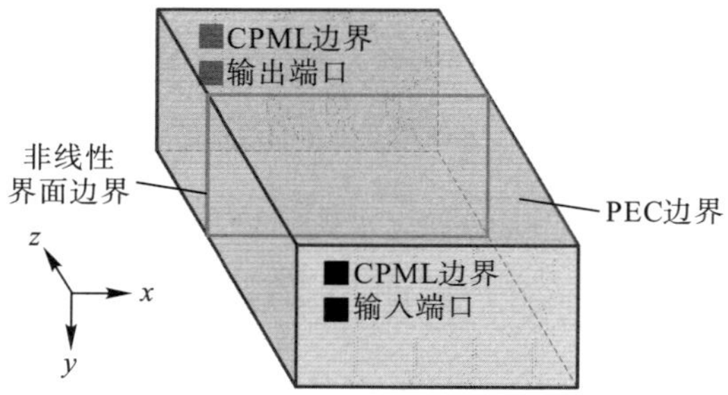

图 6－9 用于 PIM 仿真的矩形波导结构和边界条件设置示意图

根据瞬态功率仿真结果，输入载波功率计算结果为 19.52 W(平均功率是瞬时功率幅值的一半)，这与输入 20 W 载波基本一致。对于 PIM 信号，图 6－10(c)和(d)中显示的瞬态功率值是负的，这是因为我们规定入射电磁波传播方向为正，则负的功率值代表反射信号。负值意味着 PIM 信号传播方向与输入信号传播方向相反，即该 PIM 信号是反射 PIM 信号，这符合我们的预期。根据瞬态功率结果，我们可以计算得到 PIM 平均功率，即瞬态功率幅值的一半。

当非线性系数 a_3 设为 3×10^{-9} A/(V^3m^2)，接触阻抗 Z_l 设为 160 Ω·m 时，PIM 功率为－78 dBm。在第 3.3.3 节中，我们推导了用于矩形波导 PIM 功率计算的解析 PIM 方程，其中未知参数为辐射电阻 C、非线性系数 $a_3=\xi g_3$

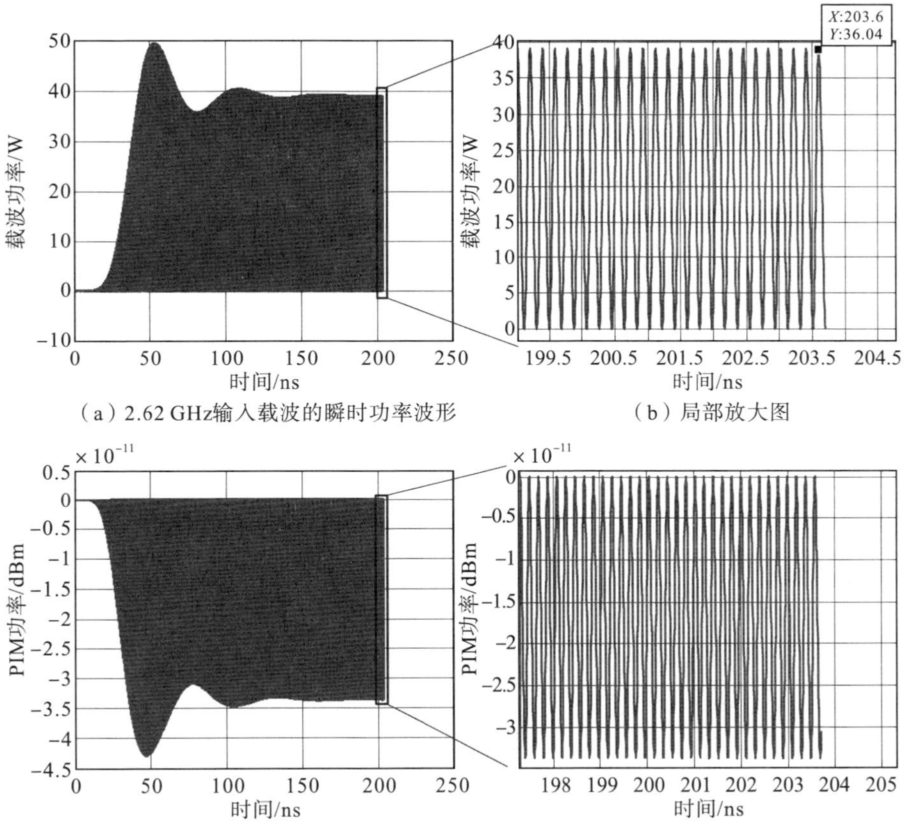

（a）2.62 GHz输入载波的瞬时功率波形　　（b）局部放大图

（c）2.55 GHz反射PIM信号瞬时功率波形　　（d）局部放大图，时间步长为4.53 ps，仿真总时间为203.7 ns

图 6-10　监控端口处 2.62 GHz 信号的瞬态入射载波功率波形和 2.55 GHz PIM 信号的瞬态 PIM 功率波形

和接触阻抗 $Z=Z_{c,s}$。对于 LNS FDTD 方法，未知参数为非线性系数 a_3 和接触阻抗 $Z_1=Z_{c,s}/\delta$。因此，我们可以通过将解析方程结果与 LNS FDTD 仿真的结果进行比较，提取辐射电阻为 $C\approx 53\ \Omega$。

图 6-11 示出了 FDTD 仿真、第 3.3.3 节解析计算和实验测量 PIM 功率结果。用于 PIM 功率计算的 $Z_{c,s}$通过接触电阻除以波导法兰的连接面积来估算。根据计算，可以推测银涂层波导法兰的非线性系数 a_3 约为 10^{-9} A/(V^3m^2)。

由于全波仿真可以获得电场和磁场分布。因此可以给出 PIM 信号的瞬态场分布，如图 6-12 所示。PIM 场分布的可视化，可以帮助我们从电磁波传播的角度指导低 PIM 功率部件的设计，即可以指导我们设置合适的连接位置

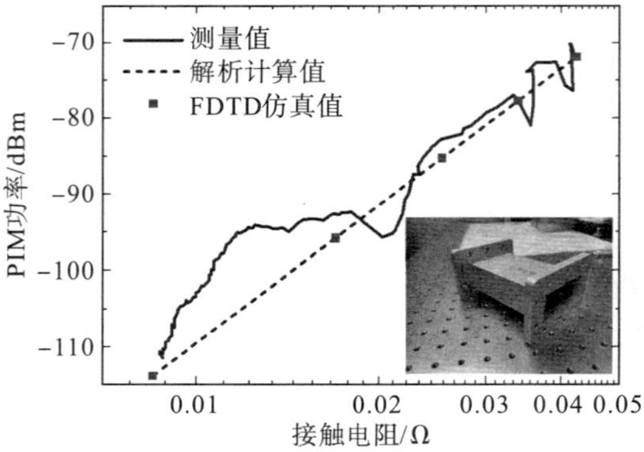

图 6-11　FDTD 仿真、解析计算和实验测量 PIM 功率的比较

（注：内插图为实验中所用波导照片。）

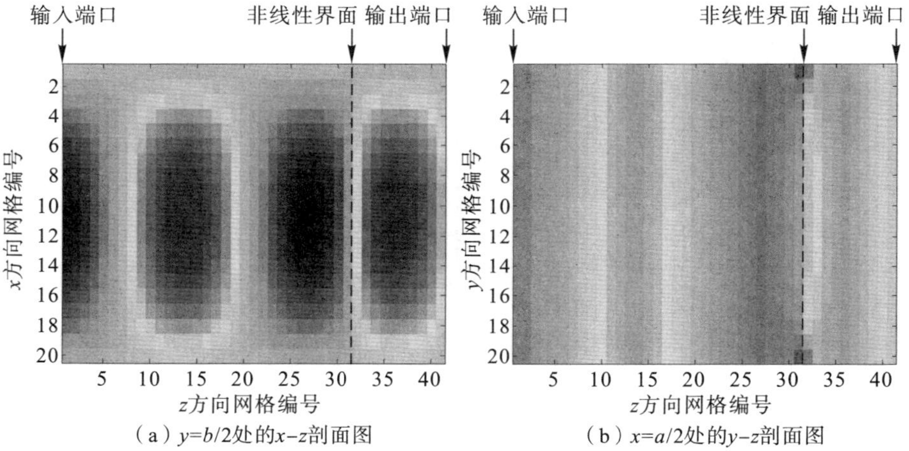

图 6-12　PIM 瞬时信号的 *y* 方向电场分布

（注：空间步长 $\Delta x=3.607$ mm，$\Delta y=1.702$ mm，$\Delta z=7.50$ mm，

a 为矩形波导宽边尺寸，b 为矩形波导窄边尺寸。）

以避免高 PIM 功率风险的连接方式。由图 6-12 可见，PIM 信号在非线性界面处产生，然后传播到输入和输出端口。可以看出，当 PIM 电磁波在波导中传播时，其模式迅速变为 TE10 模，这也验证了第 3 章中关于这一点的假设是合理的。

至此，本节介绍了金属接触非线性 PIM 的全波仿真方法。采用非线性界面边界条件描述实际的非理想金属接触，可以耦合微观金属接触特性和宏观电磁场传播行为。同时，为了用 FDTD 方法实现非线性界面边界条件，采用了线性-非线性分离方法以避免计算中的非线性迭代，从而提高了计算效率和精度。以波导法兰面连接为例，验证了仿真结果与实验结果的一致性，并基于此提取了镀银波导法兰面的非线性系数。利用该仿真方法还可提取 PIM 信号的电磁场分布，能够对 PIM 信号传播实现可视化，有助于从电磁场分布角度指导低 PIM 射频腔体部件设计。

6.4 材料非线性 PIM 的 FDTD 仿真

根据第 1 章分析，磁导率、介电常数及电导率均可能是电磁场的函数[14]，即本构方程表现出非线性关系。本节针对材料非线性，介绍通过构造非线性本构方程进行 PIM 仿真的 FDTD 数值算法。

6.4.1 非线性麦克斯韦方程及 LNS 求解算法

为了在传统的 FDTD 方法中的引入材料非线性效应，我们通过如下非线性本构方程，给出这些非线性关系：

$$\boldsymbol{D}=\varepsilon\boldsymbol{E}+f_1(\boldsymbol{E}) \tag{6-46}$$

$$\boldsymbol{B}=\mu\boldsymbol{H}+g_1(\boldsymbol{H}) \tag{6-47}$$

$$\boldsymbol{J}_c=\sigma^e\boldsymbol{E}+f_2(\boldsymbol{E}) \tag{6-48}$$

$$\boldsymbol{M}_c=\sigma^h\boldsymbol{H}+g_2(\boldsymbol{H}) \tag{6-49}$$

式中：$\boldsymbol{D}$、$\boldsymbol{E}$、$\boldsymbol{B}$ 和 $\boldsymbol{H}$ 分别是电位移、电场强度、磁感应强度和磁场强度；ε 和 μ 分别是介质的线性介电常数和磁导率；$\boldsymbol{J}_c$ 和 $\boldsymbol{M}_c$ 分别是电流密度和磁流密度；σ^e 和 σ^h 分别是线性电导率和磁导率；函数 $f_1(\boldsymbol{E})$、$g_1(\boldsymbol{H})$、$f_2(\boldsymbol{E})$ 和 $g_2(\boldsymbol{H})$ 用于描述介电常数、磁导率、电导率和磁导率(Ω/m)的非线性。

通过方程(6-46)～方程(6-49)描述的非线性本构关系。我们可以用场 $\boldsymbol{E}$ 和 $\boldsymbol{H}$ 表示非线性麦克斯韦旋度方程：

$$\nabla\times\boldsymbol{H}=\varepsilon\frac{\partial\boldsymbol{E}}{\partial t}+\sigma^e\boldsymbol{E}+\boldsymbol{J}+\frac{\partial f_1(\boldsymbol{E})}{\partial t}+f_2(\boldsymbol{E}) \tag{6-50}$$

$$\nabla\times\boldsymbol{E}=-\mu\frac{\partial\boldsymbol{H}}{\partial t}-\sigma^h\boldsymbol{H}-\boldsymbol{M}-\frac{\partial g_1(\boldsymbol{H})}{\partial t}-g_2(\boldsymbol{H}) \tag{6-51}$$

式中：$\boldsymbol{J}$ 和 $\boldsymbol{M}$ 分别表示外部电流密度和磁流密度；t 是时间。

通过求解方程(6-50)和方程(6-51)，我们可以得到 $\boldsymbol{E}$ 和 $\boldsymbol{H}$。这里我们使用迭代法求解这些方程。

零级近似可以通过省略方程(6-50)和方程(6-51)中的非线性项来推导，即零级近似 $\boldsymbol{E}_0$ 和 $\boldsymbol{H}_0$ 可以根据以下方程计算：

$$\nabla\times\boldsymbol{H}_0=\varepsilon\frac{\partial\boldsymbol{E}_0}{\partial t}+\sigma^e\boldsymbol{E}_0+\boldsymbol{J} \tag{6-52}$$

$$\nabla\times\boldsymbol{E}_0=-\mu\frac{\partial\boldsymbol{H}_0}{\partial t}-\sigma^h\boldsymbol{H}_0-\boldsymbol{M} \tag{6-53}$$

第 m 阶近似解 $\boldsymbol{E}_{\mathrm{m}}$ 和 $\boldsymbol{H}_{\mathrm{m}}$：

$$\nabla\times\boldsymbol{H}_{\mathrm{m}}=\varepsilon\frac{\partial\boldsymbol{E}_{\mathrm{m}}}{\partial t}+\sigma^{\mathrm{e}}\boldsymbol{E}_{\mathrm{m}}+\boldsymbol{J}+\frac{\partial f_1(\boldsymbol{E}_{\mathrm{m}-1})}{\partial t}+f_2(\boldsymbol{E}_{\mathrm{m}-1}) \tag{6-54}$$

$$\nabla\times\boldsymbol{E}_{\mathrm{m}}=-\mu\frac{\partial\boldsymbol{H}_{\mathrm{m}}}{\partial t}-\sigma^{h}\boldsymbol{H}_{\mathrm{m}}-\boldsymbol{M}-\frac{\partial g_1(\boldsymbol{H}_{\mathrm{m}-1})}{\partial t}-g_2(\boldsymbol{H}_{\mathrm{m}-1}) \tag{6-55}$$

式中：角标 $m=1$，2，3…。

通常，无源器件中的寄生非线性效应非常弱。例如，PIM 功率通常比载波信号电平低 100～160 dBc。因此，一阶近似 $\boldsymbol{E}_1$ 和 $\boldsymbol{H}_1$ 足以精确提取 PIM 信号。

值得一提的是，PIM 信号包含在 $\boldsymbol{E}_1$ 和 $\boldsymbol{H}_1$ 中。为了获得 PIM 功率，我们应该通过快速傅里叶变换、滤波及其他方法在频域中对来自 $\boldsymbol{E}_1$ 和 $\boldsymbol{H}_1$ 中的 PIM 信号进行分离。然而，由于非线性效应非常弱，PIM 信号也将非常弱，很难以较小的数值误差从 $\boldsymbol{E}_1$ 和 $\boldsymbol{H}_1$ 中提取这些信号。为了解决这个问题，我们应该分别计算信号中的“线性部分”和“非线性部分”，即使用 6.2 节提出的“线性-非线性分离”(LNS)方法进行分析。

如果我们将一阶近似解 $\boldsymbol{E}_1$ 和 $\boldsymbol{H}_1$ 表示为

$$\boldsymbol{H}_1=\boldsymbol{H}_0+\boldsymbol{H}_{\mathrm{p},1} \tag{6-56}$$

$$\boldsymbol{E}_1=\boldsymbol{E}_0+\boldsymbol{E}_{\mathrm{p},1} \tag{6-57}$$

式中：$\boldsymbol{H}_{\mathrm{p},1}$和 $\boldsymbol{E}_{\mathrm{p},1}$分别表示 $\boldsymbol{H}_1$ 和 $\boldsymbol{E}_1$ 的非线性部分。我们将式(6－56)和式(6 –57)分别代入等式方程(6－54)和方程(6－55)，然后分别减去式(6－52)和式(6－53)，则可以推导出“非线性部分”信号 $\boldsymbol{H}_{\mathrm{p},1}$和 $\boldsymbol{E}_{\mathrm{p},1}$满足的方程：

$$\nabla\times\boldsymbol{H}_{\mathrm{p},1}=\varepsilon\frac{\partial\boldsymbol{E}_{\mathrm{p},1}}{\partial t}+\sigma^{\mathrm{e}}\boldsymbol{E}_{\mathrm{p},1}+\boldsymbol{J}_{\mathrm{p},0} \tag{6-58}$$

$$\nabla\times\boldsymbol{E}_{\mathrm{p},1}=-\mu\frac{\partial\boldsymbol{H}_{\mathrm{p},1}}{\partial t}-\sigma^{h}\boldsymbol{H}_{\mathrm{p},1}-\boldsymbol{M}_{\mathrm{p},0} \tag{6-59}$$

式中：

$$\boldsymbol{J}_{\mathrm{p},0}=\frac{\partial f_1(\boldsymbol{E}_0)}{\partial t}+f_2(\boldsymbol{E}_0) \tag{6-60}$$

$$\boldsymbol{M}_{\mathrm{p},0}=\frac{\partial g_1(\boldsymbol{H}_0)}{\partial t}+g_2(\boldsymbol{H}_0) \tag{6-61}$$

可以注意到，在式(6－52)和式(6－53)中，$\boldsymbol{J}$ 和 $\boldsymbol{M}$ 分别是外部电流密度和磁流密度，而在式(6－58)和式(6－59)中，$\boldsymbol{J}_{\mathrm{p},0}$和 $\boldsymbol{M}_{\mathrm{p},0}$分别是由线性场 $\boldsymbol{E}_0$ 和 $\boldsymbol{H}_0$ 控制的等效电源和磁电流源。因此，线性部分场可以用由输入载波激励的传统 FDTD 方法进行求解，而非线性部分场则用由线性部分场控制的等效激励源来计算。在每一个时间步，我们首先用方程(6－52)和方程(6－53)计算线性部分 $\boldsymbol{E}_0$ 和 $\boldsymbol{H}_0$，然后用方程(6－58)和方程(6－59)计算非线性部分

$\boldsymbol{H}_{p,1}$ 和 $\boldsymbol{E}_{p,1}$。计算流程图如图 6-13 所示。

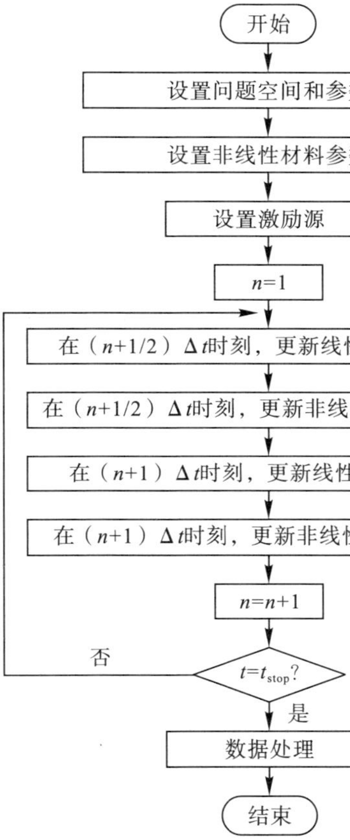

图 6-13　基于线性-非线性分离 FDTD 算法的材料非线性 PIM 仿真流程图

根据 FDTD 原理及方程(6-58)和方程(6-60)，我们可以得到，在 $n+1$ 时间步，$\boldsymbol{E}_{p,1}$ 的值可以利用第 n 时间步场量的取值计算得到。应该注意的是，$\boldsymbol{H}_{p,1}$ 和 $\boldsymbol{E}_{p,1}$ 都是向量。因此，应该计算 x、y 和 z 方向的所有分量。

电场强度非线性部分 x 方向分量的近似解 $E_{xp,1}$ 所满足的差分方程表达式为

$$\begin{gathered}E_{xp,1}^{n+1}(i,\ j,\ k)=C_{\text{exe}}(i,\ j,\ k)\times E_{xp,1}^{n}(i,\ j,\ k)+\\ C_{\text{exhz}}(i,\ j,\ k)\times\left(H_{zp,1}^{n+\frac{1}{2}}(i,\ j,\ k)-H_{zp,1}^{n+\frac{1}{2}}(i,\ j-1,\ k)\right)+\\ C_{\text{exhy}}(i,\ j,\ k)\times\left(H_{yp,1}^{n+\frac{1}{2}}(i,\ j,\ k)-H_{yp,1}^{n+\frac{1}{2}}(i,\ j,\ k-1)\right)+C_{\text{exj}}(i,\ j,\ k)\times\\ \left(\frac{f_{1x}(E_0^{n+1}(i,\ j,\ k))-f_{1x}(E_0^{n}(i,\ j,\ k))}{\Delta t}+f_{2x}\left(\frac{E_0^{n+1}(i,\ j,\ k)+E_0^{n}(i,\ j,\ k)}{2}\right)\right)\end{gathered}\tag{6-62}$$

式中：

$$C_{\mathrm{exe}}(i,\ j,\ k)=\frac{2\varepsilon_x(i,\ j,\ k)-\Delta t\sigma_x^{\mathrm{e}}(i,\ j,\ k)}{2\varepsilon_x(i,\ j,\ k)+\Delta t\sigma_x^{\mathrm{e}}(i,\ j,\ k)} \tag{6-63}$$

$$C_{\mathrm{exhz}}(i,\ j,\ k)=\frac{2\Delta t}{(2\varepsilon_x(i,\ j,\ k)+\Delta t\sigma_x^{\mathrm{e}}(i,\ j,\ k))\Delta y} \tag{6-64}$$

$$C_{\mathrm{exhy}}(i,\ j,\ k)=-\frac{2\Delta t}{(2\varepsilon_x(i,\ j,\ k)+\Delta t\sigma_x^{\mathrm{e}}(i,\ j,\ k))\Delta z} \tag{6-65}$$

$$C_{\mathrm{exj}}(i,\ j,\ k)=-\frac{2\Delta t}{2\varepsilon_x(i,\ j,\ k)+\Delta t\sigma_x^{\mathrm{e}}(i,\ j,\ k)} \tag{6-66}$$

电场强度非线性部分的 y 方向分量的近似解 $E_{\mathrm{yp,1}}$ 所满足的差分方程表达式为

$$\begin{aligned}E_{\mathrm{yp,1}}^{n+1}(i,\ j,\ k)=&C_{\mathrm{eye}}(i,\ j,\ k)\times E_{\mathrm{yp,1}}^{n}(i,\ j,\ k)+\\&C_{\mathrm{eyhz}}(i,\ j,\ k)\times(H_{\mathrm{zp,1}}^{n+\frac{1}{2}}(i,\ j,\ k)-H_{\mathrm{zp,1}}^{n+\frac{1}{2}}(i-1,\ j,\ k))+\\&C_{\mathrm{eyhx}}(i,\ j,\ k)\times(H_{\mathrm{xp,1}}^{n+\frac{1}{2}}(i,\ j,\ k)-H_{\mathrm{xp,1}}^{n+\frac{1}{2}}(i,\ j,\ k-1))+C_{\mathrm{eyj}}(i,\ j,\ k)\times\\&\left(\frac{f_{1y}(E_0^{n+1}(i,\ j,\ k))-f_{1y}(E_0^{n}(i,\ j,\ k))}{\Delta t}+f_{2y}\left(\frac{E_0^{n+1}(i,\ j,\ k)+E_0^{n}(i,\ j,\ k)}{2}\right)\right)\end{aligned} \tag{6-67}$$

式中：

$$C_{\mathrm{eye}}(i,\ j,\ k)=\frac{2\varepsilon_y(i,\ j,\ k)-\Delta t\sigma_y^{\mathrm{e}}(i,\ j,\ k)}{2\varepsilon_y(i,\ j,\ k)+\Delta t\sigma_y^{\mathrm{e}}(i,\ j,\ k)} \tag{6-68}$$

$$C_{\mathrm{eyhz}}(i,\ j,\ k)=-\frac{2\Delta t}{(2\varepsilon_y(i,\ j,\ k)+\Delta t\sigma_y^{\mathrm{e}}(i,\ j,\ k))\Delta x} \tag{6-69}$$

$$C_{\mathrm{eyhx}}(i,\ j,\ k)=\frac{2\Delta t}{(2\varepsilon_y(i,\ j,\ k)+\Delta t\sigma_y^{\mathrm{e}}(i,\ j,\ k))\Delta z} \tag{6-70}$$

$$C_{\mathrm{eyj}}(i,\ j,\ k)=-\frac{2\Delta t}{2\varepsilon_y(i,\ j,\ k)+\Delta t\sigma_y^{\mathrm{e}}(i,\ j,\ k)} \tag{6-71}$$

电场强度非线性部分的 z 方向分量的近似解 $E_{\mathrm{zp,1}}$ 所满足的差分方程表达式为

$$\begin{aligned}E_{\mathrm{zp,1}}^{n+1}(i,\ j,\ k)=&C_{\mathrm{eze}}(i,\ j,\ k)\times E_{\mathrm{zp,1}}^{n}(i,\ j,\ k)+\\&C_{\mathrm{ezhy}}(i,\ j,\ k)\times(H_{\mathrm{yp,1}}^{n+\frac{1}{2}}(i,\ j,\ k)-H_{\mathrm{yp,1}}^{n+\frac{1}{2}}(i-1,\ j,\ k))+\\&C_{\mathrm{ezhx}}(i,\ j,\ k)\times(H_{\mathrm{xp,1}}^{n+\frac{1}{2}}(i,\ j,\ k)-H_{\mathrm{xp,1}}^{n+\frac{1}{2}}(i,\ j-1,\ k))+C_{\mathrm{ezj}}(i,\ j,\ k)\times\\&\left(\frac{f_{1z}(E_0^{n+1}(i,\ j,\ k))-f_{1z}(E_0^{n}(i,\ j,\ k))}{\Delta t}+f_{2z}\left(\frac{E_0^{n+1}(i,\ j,\ k)+E_0^{n}(i,\ j,\ k)}{2}\right)\right)\end{aligned} \tag{6-72}$$

式中：

$$C_{\mathrm{eze}}(i,\ j,\ k)=\frac{2\varepsilon_z(i,\ j,\ k)-\Delta t\sigma_z^{\mathrm{e}}(i,\ j,\ k)}{2\varepsilon_z(i,\ j,\ k)+\Delta t\sigma_z^{\mathrm{e}}(i,\ j,\ k)} \tag{6-73}$$

$$C_{\mathrm{ezhy}}(i,\ j,\ k)=\frac{2\Delta t}{(2\varepsilon_z(i,\ j,\ k)+\Delta t\sigma_z^{\mathrm{e}}(i,\ j,\ k))\Delta x} \tag{6-74}$$

$$C_{\mathrm{ezhx}}(i,\ j,\ k)=-\frac{2\Delta t}{(2\varepsilon_z(i,\ j,\ k)+\Delta t\sigma_z^{\mathrm{e}}(i,\ j,\ k))\Delta y} \tag{6-75}$$

$$C_{\mathrm{ezj}}(i,\ j,\ k)=-\frac{2\Delta t}{2\varepsilon_z(i,\ j,\ k)+\Delta t\sigma_z^{\mathrm{e}}(i,\ j,\ k)} \tag{6-76}$$

磁场强度非线性部分的 x 方向分量的近似解 $H_{xp,1}$ 所满足的差分方程表达式为

$$\begin{aligned}H_{xp,1}^{n+\frac{1}{2}}(i,\ j,\ k)=&C_{\mathrm{hxh}}(i,\ j,\ k)\times H_{xp,1}^{n-\frac{1}{2}}(i,\ j,\ k)+\\&C_{\mathrm{hxey}}(i,\ j,\ k)\times(E_{yp,1}^{n}(i,\ j,\ k+1)-E_{yp,1}^{n}(i,\ j,\ k))+\\&C_{\mathrm{hxez}}(i,\ j,\ k)\times(E_{zp,1}^{n}(i,\ j+1,\ k)-E_{zp,1}^{n}(i,\ j,\ k))+C_{\mathrm{hxm}}(i,\ j,\ k)\times\\&\left(\frac{g_{1x}(H_0^{n+\frac{1}{2}}(i,\ j,\ k))-g_{1x}(H_0^{n-\frac{1}{2}}(i,\ j,\ k))}{\Delta t}+\right.\\&\left.g_{2x}\left(\frac{H_0^{n+\frac{1}{2}}(i,\ j,\ k)+H_0^{n-\frac{1}{2}}(i,\ j,\ k)}{2}\right)\right)\end{aligned} \tag{6-77}$$

式中：

$$C_{\mathrm{hxh}}(i,\ j,\ k)=\frac{2\mu_x(i,\ j,\ k)-\Delta t\sigma_x^{\mathrm{h}}(i,\ j,\ k)}{2\mu_x(i,\ j,\ k)+\Delta t\sigma_x^{\mathrm{h}}(i,\ j,\ k)} \tag{6-78}$$

$$C_{\mathrm{hxey}}(i,\ j,\ k)=\frac{2\Delta t}{(2\mu_x(i,\ j,\ k)+\Delta t\sigma_x^{\mathrm{h}}(i,\ j,\ k))\Delta z} \tag{6-79}$$

$$C_{\mathrm{hxez}}(i,\ j,\ k)=-\frac{2\Delta t}{(2\mu_x(i,\ j,\ k)+\Delta t\sigma_x^{\mathrm{h}}(i,\ j,\ k))\Delta y} \tag{6-80}$$

$$C_{\mathrm{hxm}}(i,\ j,\ k)=-\frac{2\Delta t}{2\mu_x(i,\ j,\ k)+\Delta t\sigma_x^{h}(i,\ j,\ k)} \tag{6-81}$$

磁场强度非线性部分 y 方向分量的近似解 $H_{yp,1}$ 所满足的差分方程表达式为

$$\begin{aligned}H_{yp,1}^{n+\frac{1}{2}}(i,\ j,\ k)=&C_{\mathrm{hyh}}(i,\ j,\ k)\times H_{yp,1}^{n-\frac{1}{2}}(i,\ j,\ k)+\\&C_{\mathrm{hyez}}(i,\ j,\ k)\times(E_{zp,1}^{n}(i+1,\ j,\ k)-E_{zp,1}^{n}(i,\ j,\ k))+\\&C_{\mathrm{hyex}}(i,\ j,\ k)\times(E_{xp,1}^{n}(i,\ j,\ k+1)-E_{xp,1}^{n}(i,\ j,\ k))+C_{\mathrm{hym}}(i,\ j,\ k)\times\\&\left(\frac{g_{1y}(H_0^{n+\frac{1}{2}}(i,\ j,\ k))-g_{1y}(H_0^{n-\frac{1}{2}}(i,\ j,\ k))}{\Delta t}+\right.\\&\left.g_{2y}\left(\frac{H_0^{n+\frac{1}{2}}(i,\ j,\ k)+H_0^{n-\frac{1}{2}}(i,\ j,\ k)}{2}\right)\right)\end{aligned} \tag{6-82}$$

式中：

$$C_{\text{hyh}}(i,\ j,\ k)=\frac{2\mu_y(i,\ j,\ k)-\Delta t\sigma_y^{\text{h}}(i,\ j,\ k)}{2\mu_y(i,\ j,\ k)+\Delta t\sigma_y^{\text{h}}(i,\ j,\ k)} \tag{6-83}$$

$$C_{\text{hyez}}(i,\ j,\ k)=\frac{2\Delta t}{(2\mu_y(i,\ j,\ k)+\Delta t\sigma_y^{\text{h}}(i,\ j,\ k))\Delta x} \tag{6-84}$$

$$C_{\text{hyex}}(i,\ j,\ k)=-\frac{2\Delta t}{(2\mu_y(i,\ j,\ k)+\Delta t\sigma_y^{\text{h}}(i,\ j,\ k))\Delta z} \tag{6-85}$$

$$C_{\text{hym}}(i,\ j,\ k)=-\frac{2\Delta t}{2\mu_y(i,\ j,\ k)+\Delta t\sigma_y^{\text{h}}(i,\ j,\ k)} \tag{6-86}$$

磁场强度非线性部分的 z 方向分量的近似解 $H_{z\text{p},1}$ 所满足的差分方程表达式为

$$\begin{aligned}H_{z\text{p},1}^{n+\frac{1}{2}}(i,\ j,\ k)=&C_{\text{hzh}}(i,\ j,\ k)\times H_{z\text{p},1}^{n-\frac{1}{2}}(i,\ j,\ k)+\\&C_{\text{hzex}}(i,\ j,\ k)\times(E_{x\text{p},1}^{n}(i,\ j+1,\ k)-E_{x\text{p},1}^{n}(i,\ j,\ k))+\\&C_{\text{hzey}}(i,\ j,\ k)\times(E_{y\text{p},1}^{n}(i+1,\ j,\ k)-E_{y\text{p},1}^{n}(i,\ j,\ k))+C_{\text{hzm}}(i,\ j,\ k)\times\\&\left(\frac{g_{1z}(H_0^{n+\frac{1}{2}}(i,\ j,\ k))-g_{1z}(H_0^{n-\frac{1}{2}}(i,\ j,\ k))}{\Delta t}+\right.\\&\left.g_{2z}\left(\frac{H_0^{n+\frac{1}{2}}(i,\ j,\ k)+H_0^{n-\frac{1}{2}}(i,\ j,\ k)}{2}\right)\right)\end{aligned} \tag{6-87}$$

式中：

$$C_{\text{hzh}}(i,\ j,\ k)=\frac{2\mu_z(i,\ j,\ k)-\Delta t\sigma_z^{\text{h}}(i,\ j,\ k)}{2\mu_z(i,\ j,\ k)+\Delta t\sigma_z^{\text{h}}(i,\ j,\ k)} \tag{6-88}$$

$$C_{\text{hzex}}(i,\ j,\ k)=\frac{2\Delta t}{(2\mu_z(i,\ j,\ k)+\Delta t\sigma_z^{\text{h}}(i,\ j,\ k))\Delta y} \tag{6-89}$$

$$C_{\text{hzey}}(i,\ j,\ k)=-\frac{2\Delta t}{(2\mu_z(i,\ j,\ k)+\Delta t\sigma_z^{\text{h}}(i,\ j,\ k))\Delta x} \tag{6-90}$$

$$C_{\text{hzm}}(i,\ j,\ k)=-\frac{2\Delta t}{2\mu_z(i,\ j,\ k)+\Delta t\sigma_z^{\text{h}}(i,\ j,\ k)} \tag{6-91}$$

6.4.2 介电非线性 PIM 的 FDTD 仿真

本小节我们使用微带线 PIM 计算来演示所提出的材料非线性 PIM 的 LNS FDTD 仿真方法。这里假设介质存在如式(6－46)所描述的介电非线性。首先，我们应该确定非线性函数 $f_1(\boldsymbol{E})$。

根据非线性光学理论，我们可以通过磁化率将极化写成 $\boldsymbol{E}$ 的幂级数形式，因此

$$f_1(\boldsymbol{E})=\varepsilon_0\boldsymbol{\chi}^{(2)}\boldsymbol{E}^2+\varepsilon_0\boldsymbol{\chi}^{(3)}\boldsymbol{E}^3+\cdots \tag{6-92}$$

式中：$\boldsymbol{\chi}^{(2)}$ 和 $\boldsymbol{\chi}^{(3)}$ 分别是二阶和三阶磁化率。通常 $\chi^{(2)}$ 和 $\chi^{(3)}$ 取值非常小，可以忽略不计，除非 $\boldsymbol{E}$ 足够大，可以观察到明显的非线性效应。为了简化分析，我们只考虑三阶磁化率，即假设 $f_1(\boldsymbol{E})\approx\varepsilon_0\boldsymbol{\chi}^{(3)}\boldsymbol{E}^3$，它可用于计算三阶

PIM 效应。应该注意到，$\boldsymbol{\chi}^{(3)}$ 是一个张量。幸运的是，只有平行于覆铜板厚度方向的电场分量 $\boldsymbol{E}_z$ 在微带线中占主导地位。因此，我们只需考虑 z 方向的分量。在下面的讨论中，我们使用 $\chi^{(3)}=1.9\times10^{-15}\ \mathrm{m^2/V^2}$，这与第 4.5.3 节中得到的实验提取值接近。

用于仿真的微带线的长度为 140 mm，特性阻抗为 50 Ω，并采用线性相对介电常数为 3.5、介质厚度为 1 mm 的覆铜板设计。为了模拟 PIM 效应，我们使用频率分别为 728 MHz 和 746 MHz 的双音正弦信号作为激励源。

上节 LNS FDTD 方法仿真得到的输入端口的时域信号如图6 - 14所示。输入功率为 36 dBm。显然，与线性部分信号相比，非线性部分信号显示出失真状态，并且非线性信号的幅值比线性部分信号的电压幅值小得多，这与仿真系统非常弱的介电非线性效应一致。为了从非线性信号中分离出 PIM 信号，使用了快速傅里叶变换，如图 6 - 15 所示。

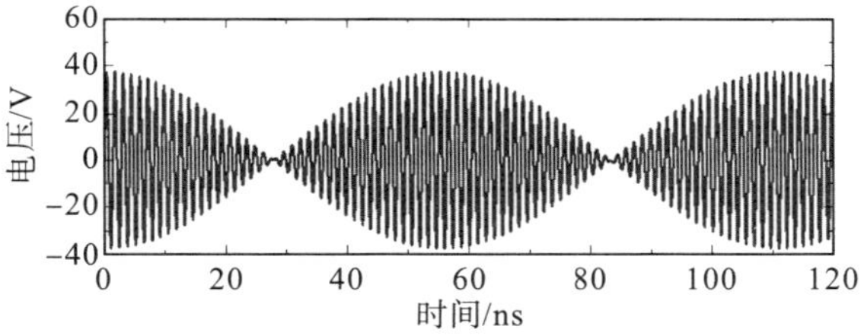

（a）线性部分

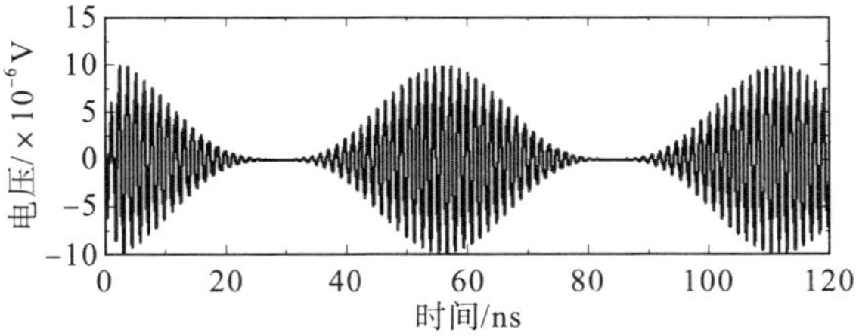

（b）非线性部分

图 6 - 14　输入端口电压线性部分和非线性部分的时域波形仿真结果

在图 6 - 16 中，我们将 LNS FDTD 仿真结果与第 4.5.3 节实验结果[15]及解析计算模型结果进行了比较。为了获得 PIM 功率，这里使用中心频率为 710 MHz 的十级切比雪夫Ⅱ型数字带通滤波器从所计算的时域非线性信号中滤波得到 PIM 信号功率。在第 4.5 节中，我们推导出了具有介电非线性微带线的 PIM 功率解析表达式。可以注意到，使用 LNS FDTD 方法计算的 PIM 功率与实验结果接近，并且还表明传输 PIM 功率大于反射 PIM 功率。其他研究人员报道的实验和理论结果也证实了如果微带线存在分布非线性，则传输 PIM 功率大于反射 PIM 功率。这里仿真结果和预期一致，表明本节给出

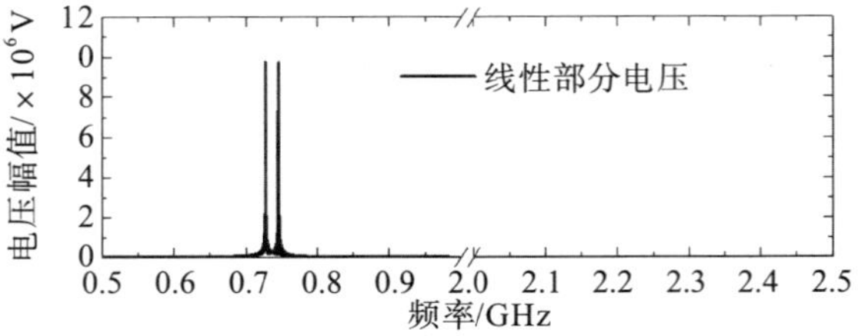

(a) 线性部分

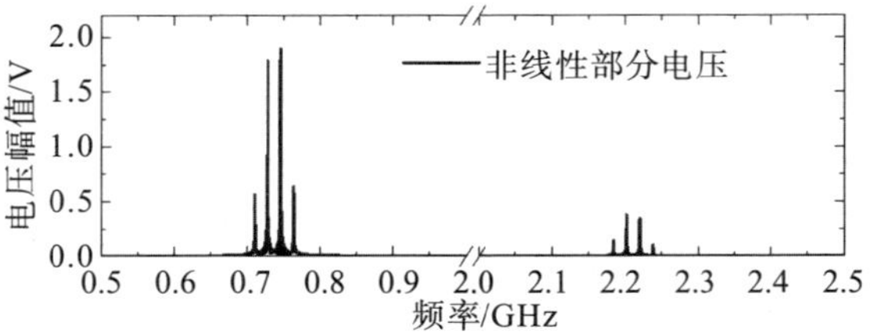

(b) 非线性部分

图 6-15　输入端口电压信号线性部分和非线性部分的快速傅里叶变换结果

的 LNS FDTD 方法是计算微带线非线性 PIM 功率的有效方法。

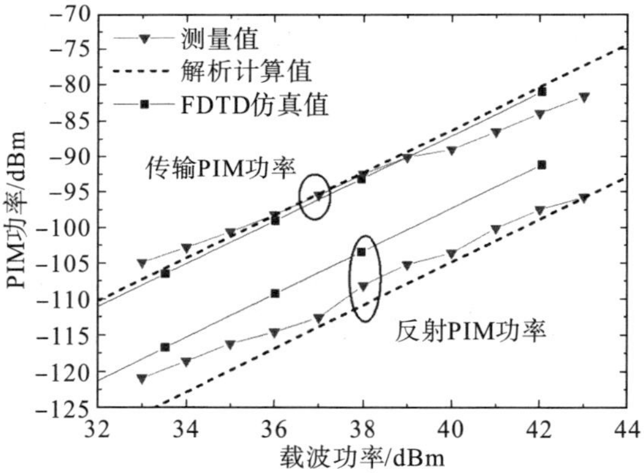

图 6-16　基于 LNS FDTD 仿真、解析计算模型和实验测量的微带线传输和反射 PIM 功率比较

至此，本节介绍了一种基于非线性麦克斯韦方程的 LNS FDTD 方法来数值计算微带电路中的弱非线性效应。通过非线性本构方程将材料非线性引入麦克斯韦方程中，并利用 LNS 方法避免了时域信号中大的线性场与小的非线性场的叠加，降低了数值误差。LNS 方法的思路是对各个场分量的线性部分和非线性部分分别进行交替计算，主要流程：①基于弱非线性条件，首先忽略非线性条件，计算各个场分量的线性部分；②利用场分量线性部分，计算出场分量非线性部分的等效激励源；③利用等效激励源获得各个场分量的非线性部分；④利用快速傅里叶变换或滤波方法，从非线性部分中提取 PIM 信号。

6.5　射频铁氧体 PIM 的 FDTD 仿真

20 世纪 60 年代中期，林肯实验室展开了 PIM 问题的第一次大规模研究，研究人员研究了土星运载工具检测过程中产生的 PIM 问题。研究结果表明，PIM 产物是由普通钢的非线性磁化特性及金属接触引起的。由该研究可得诱发 PIM 效应的根源主要包含铁磁材料自身的材料非线性效应和金属接触非线性效应。1964 年 Krstansky 等人[16]研究了“锈栓效应”，他们将铁磁材料用一种非磁性材料电镀后，PIM 影响减小，由此提出铁磁材料是 PIM 干扰产生的主要根源[16]。随后在 1975 年，美国海军研究所对含有铁磁材料的射频连接器中部分零件的 PIM 性能进行了相关测试，实验结果表明，射频连接器中所用的铁磁材料，如铁、镍、钴及它们的合金，是产生 PIM 干扰的重要来源。铁、镍等磁性材料产生 PIM 效应的物理机制主要源于外加磁场时材料内部磁场强度和磁矩具有非线性关系。磁性材料引入的非线性一般统称为磁滞非线性[17-19]。

亚铁磁性材料，如铁氧体，由于其在射频频率下具有低损耗、高磁导率等优势[20]，被广泛应用于环形器、隔离器、移相器等射频部件中。亚铁磁材料具有与铁磁材料相似的磁性。陆续有研究表明环形器因其内置铁氧体的磁滞非线性，具有高于接触非线性引入的 PIM 水平[21-23]。Bailey 等人[24]发现外加射频场强的相对磁场方向、磁畴结构等都会影响磁性材料的磁滞非线性程度。

通常在通信系统中避免在镀层中使用铁磁材料来提高射频部件的低 PIM 性能。但是在镀层工艺中有时会采用镍作为打底层材料，例如铝合金基板的镀金工艺中，可能会采用先镀镍再镀金的方式，此时为避免镍镀层引起的 PIM 效应，通常要求金的厚度大于趋肤深度。然而，对于基于磁性材料特性的射频部件，如铁氧体器件，磁滞非线性往往不可避免。

基于铁氧体材料的射频部件，在外部直流磁场偏置下，可以实现信号的非互易传输。铁氧体部件的非互易特性依赖于铁氧体在外加直流偏置磁场下所诱导的磁各向异性。在传统的电磁仿真软件中，通常将铁氧体的磁导率设置为各向异性磁导率张量，从而可以实现铁氧体部件的仿真设计。然而，铁氧体材料由于具有非线性的磁矩-磁场强度关系，因此，通常具有显著的 PIM 和谐波等非线性效应。第 6.4 节介绍的材料 PIM 仿真方法也可用于铁氧体 PIM 仿真，所不同的是，需要将标量磁导率替换为等效的张量磁导率，并考虑每个磁导率分量与磁场强度的依赖关系。

铁氧体磁滞非线性实质上来源于磁矩在磁场下的运动，因此，也可以直接从磁矩的运动方程出发，建立 PIM 仿真方法。这一仿真方法的好处是避免了使用等效磁导率张量，而能够直接将铁氧体的磁矩-磁场强度非线性关系与 PIM 效应关联起来，可以揭示 PIM 效应的根源。

本节首先简要介绍铁氧体的非线性特性，以及基于磁矩运动方程的 PIM 仿真方法，最后利用仿真示例进一步说明该 PIM 仿真方法。

6.5.1 铁氧体非线性

射频部件所用的铁氧体是 Fe_2O_3 与其他金属氧化物混合而成的材料，大多属于多晶体，采用陶瓷工艺制备。不施加外部磁场时，铁氧体是各向同性的。

如果给铁氧体外加直流磁场，则可以测得铁氧体的总磁矩与外加磁场强度存在非线性关系，如图 6－17 所示。磁矩 $\boldsymbol{M}$ 随着外加磁场强度 $\boldsymbol{H}_c$ 先近似线性增加，而后趋于饱和。把饱和时的磁矩，叫作饱和磁化强度，用 $\boldsymbol{M}_s$ 表示。大多数射频铁氧体器件中，铁氧体工作在饱和状态。

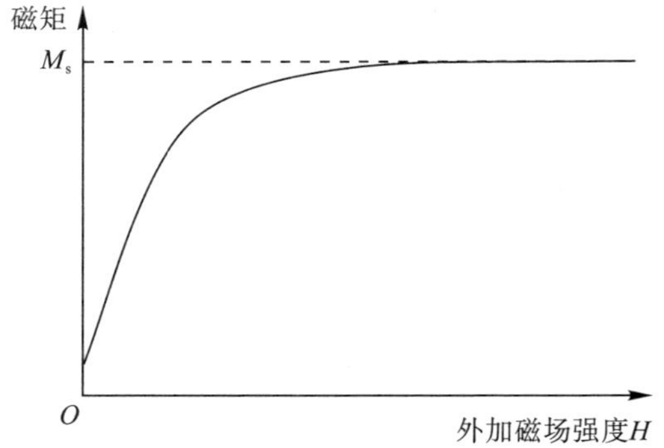

图 6－17 铁氧体材料的磁矩随着外加磁场强度变化的关系曲线

假设外加磁场的方向为 z 方向，则在饱和区工作点附近铁氧体的 $\boldsymbol{M}-\boldsymbol{H}$ 曲线，可以用方程表示为

$$\boldsymbol{M}_z=\boldsymbol{M}_s+f_z(\boldsymbol{H}_z) \tag{6-93}$$

式中：$\boldsymbol{M}_z$ 为 z 方向的磁矩；$f_z(\boldsymbol{H}_z)$ 为饱和工作点附近的局部非线性函数，描述了 $M-H$ 曲线非线性导致的非线性效应。通常情况下，工作在磁饱和状态的铁氧体的非线性效应较弱，即 $f_z(H)<M_s$。

对于外加 z 方向直流磁场，则感应的磁矩也沿着 z 方向。此时，若 x 和 y 方向存在交流磁场分量，那么 x 和 y 方向感应的磁矩也可能存在非线性效应。由于 z 方向的非线性效应更加显著，因此，我们在下一小节主要讨论 z 方向的非线性效应。

6.5.2　基于磁矩运动方程的 PIM 仿真方法

在铁氧体中，有如下麦克斯韦方程：

$$\nabla\times\boldsymbol{H}_{\mathrm{t}}=\frac{\partial\boldsymbol{D}}{\partial t}+\boldsymbol{J} \tag{6-94}$$

$$\nabla\times\boldsymbol{E}=-\frac{\partial\boldsymbol{B}}{\partial t} \tag{6-95}$$

考虑磁矩的运动方程：

$$\frac{\partial\boldsymbol{M}_{\mathrm{t}}}{\partial t}=-\mu_0\gamma\boldsymbol{M}_{\mathrm{t}}\times\boldsymbol{H}_{\mathrm{t}} \tag{6-96}$$

式中：$\boldsymbol{M}_{\mathrm{t}}$、$\boldsymbol{H}_{\mathrm{t}}$ 分别为总磁矩和总磁场强度；γ 为旋磁比，取值为 1.759×10^{11} C/kg。

铁氧体中的本构方程：

$$\boldsymbol{D}=\varepsilon\boldsymbol{E} \tag{6-97}$$

$$\boldsymbol{B}=\mu_0(\boldsymbol{M}_{\mathrm{t}}+\boldsymbol{H}_{\mathrm{t}}) \tag{6-98}$$

对于传导电流，有

$$\boldsymbol{J}=\sigma^{\mathrm{e}}\boldsymbol{E} \tag{6-99}$$

将式(6-97)～式(6-99)带入式(6-94)～式(6-96)中，可得铁氧体中的电场强度、磁场强度和磁矩所满足的方程：

$$\nabla\times\boldsymbol{H}_{\mathrm{t}}=\varepsilon\frac{\partial\boldsymbol{E}}{\partial t}+\sigma^{\mathrm{e}}\boldsymbol{E} \tag{6-100}$$

$$\nabla\times\boldsymbol{E}=-\mu_0\frac{\partial\boldsymbol{H}_{\mathrm{t}}}{\partial t}-\mu_0\frac{\partial\boldsymbol{M}_{\mathrm{t}}}{\partial t} \tag{6-101}$$

$$\frac{\partial\boldsymbol{M}_{\mathrm{t}}}{\partial t}=-\mu_0\gamma\boldsymbol{M}_{\mathrm{t}}\times\boldsymbol{H}_{\mathrm{t}} \tag{6-102}$$

在铁氧体中施加外加磁场 $\boldsymbol{H}_{\mathrm{c}}$，方向为 z 方向，则

$$\boldsymbol{H}_{\mathrm{t}}=\boldsymbol{H}_{\mathrm{c}}\hat{z}+\boldsymbol{H} \tag{6-103}$$

式中：$\boldsymbol{H}$ 表示交流分量磁场强度；$\hat{z}$表示 z 方向的单位向量。

考虑铁氧体通常工作在饱和状态下，在外加磁场 $\boldsymbol{H}_c$ 工作点附近的 $\boldsymbol{M}-\boldsymbol{H}$ 非线性关系，可以表示为

$$\boldsymbol{M}_{\mathrm{t}}=(\boldsymbol{M}_{\mathrm{s}}+f(\boldsymbol{H}_{\mathrm{t}}))\hat{z}+\boldsymbol{M} \tag{6-104}$$

式中：$\boldsymbol{M}$ 是 Oxy 平面上的由 $\boldsymbol{H}$ 造成的附加磁化强度；$f(\boldsymbol{H}_t)$描述了由 $\boldsymbol{M}-\boldsymbol{H}$ 曲线非线性造成的 z 方向上的非线性效应。

(1)对方程(6－102)的处理：

$$\frac{\partial \boldsymbol{M}_{\mathrm{t}}}{\partial t}=\frac{\partial(f(\boldsymbol{H}_{\mathrm{t}}))\hat{z}}{\partial t}+\frac{\partial \boldsymbol{M}}{\partial t}=-\mu_0\gamma\boldsymbol{M}_{\mathrm{t}}\times\boldsymbol{H}_{\mathrm{t}}=-\mu_0\gamma[(\boldsymbol{M}_{\mathrm{s}}+f(\boldsymbol{H}_{\mathrm{t}}))\hat{z}+\boldsymbol{M}]\times\boldsymbol{H}_{\mathrm{t}}$$
$$=-\mu_0\gamma[(\boldsymbol{M}_{\mathrm{s}}+f(\boldsymbol{H}_{\mathrm{t}}))\hat{z}\times\boldsymbol{H}_{\mathrm{t}}+\boldsymbol{M}\times\boldsymbol{H}_{\mathrm{t}}] \tag{6－105}$$

拆分成三个方向上的分量：

x 方向：

$$\frac{\partial \boldsymbol{M}_x}{\partial t}=-(\mu_0\gamma\boldsymbol{H}_{\mathrm{c}})\boldsymbol{M}_y+(\mu_0\gamma\boldsymbol{M}_{\mathrm{s}})\boldsymbol{H}_y+[\mu_0\gamma(\boldsymbol{M}_z\boldsymbol{H}_y-\boldsymbol{M}_y\boldsymbol{H}_z+f(\boldsymbol{H}_{\mathrm{t}})\boldsymbol{H}_y)] \tag{6－106}$$

y 方向：

$$\frac{\partial \boldsymbol{M}_y}{\partial t}=(\mu_0\gamma\boldsymbol{H}_{\mathrm{c}})\boldsymbol{M}_x-(\mu_0\gamma\boldsymbol{M}_{\mathrm{s}})\boldsymbol{H}_x-[\mu_0\gamma(\boldsymbol{M}_z\boldsymbol{H}_x-\boldsymbol{M}_x\boldsymbol{H}_z+f(\boldsymbol{H}_{\mathrm{t}})\boldsymbol{H}_x)] \tag{6－107}$$

z 方向：

$$\frac{\partial \boldsymbol{M}_z}{\partial t}=-\mu_0\gamma\boldsymbol{M}_x\boldsymbol{H}_y+\mu_0\gamma\boldsymbol{M}_y\boldsymbol{H}_x-\frac{\partial(f(\boldsymbol{H}_{\mathrm{t}}))}{\partial t} \tag{6－108}$$

$\boldsymbol{M}_{x,m}$代表第 m 阶近似解，$m=1$，2，3…，有。

$$\boldsymbol{M}_{x,m}=\boldsymbol{M}_{x0}+\boldsymbol{M}_{x\mathrm{p},m} \tag{6－109}$$
$$\boldsymbol{M}_{y,m}=\boldsymbol{M}_{y0}+\boldsymbol{M}_{y\mathrm{p},m} \tag{6－110}$$
$$\boldsymbol{M}_{z,m}=\boldsymbol{M}_{z0}+\boldsymbol{M}_{z\mathrm{p},m} \tag{6－111}$$

磁场强度：

$$\boldsymbol{H}_{x,m}=\boldsymbol{H}_{x0}+\boldsymbol{H}_{x\mathrm{p},m} \tag{6－112}$$
$$\boldsymbol{H}_{y,m}=\boldsymbol{H}_{y0}+\boldsymbol{H}_{y\mathrm{p},m} \tag{6－113}$$
$$\boldsymbol{H}_{z,m}=\boldsymbol{H}_{z0}+\boldsymbol{H}_{z\mathrm{p},m} \tag{6－114}$$

电场强度：

$$\boldsymbol{E}_{x,m}=\boldsymbol{E}_{x0}+\boldsymbol{E}_{x\mathrm{p},m} \tag{6－115}$$
$$\boldsymbol{E}_{y,m}=\boldsymbol{E}_{y0}+\boldsymbol{E}_{y\mathrm{p},m} \tag{6－116}$$
$$\boldsymbol{E}_{z,m}=\boldsymbol{E}_{z0}+\boldsymbol{E}_{z\mathrm{p},m} \tag{6－117}$$

零阶近似解满足的方程：

$$\frac{\partial \boldsymbol{M}_{x0}}{\partial t}=-(\mu_0\gamma\boldsymbol{H}_{\mathrm{c}})\boldsymbol{M}_{y0}+(\mu_0\gamma\boldsymbol{M}_{\mathrm{s}})\boldsymbol{H}_{y0} \tag{6－118}$$

$$\frac{\partial \boldsymbol{M}_{y0}}{\partial t}=(\mu_0\gamma\boldsymbol{H}_{\mathrm{c}})\boldsymbol{M}_{x0}-(\mu_0\gamma\boldsymbol{M}_{\mathrm{s}})\boldsymbol{H}_{x0} \tag{6－119}$$

因为 z 方向磁化达到了饱和，因此该方向磁矩不随外加电场变化，则 $\boldsymbol{M}_{z0}=\boldsymbol{0}$。

第 m 阶近似解的非线性部分满足的方程：

$$\frac{\partial \boldsymbol{M}_{xp,m}}{\partial t}=-(\mu_0\gamma\boldsymbol{H}_c)\boldsymbol{M}_{yp,m}+(\mu_0\gamma\boldsymbol{M}_s)\boldsymbol{H}_{yp,m}+$$
$$[\mu_0\gamma(\boldsymbol{M}_{z,m-1}\boldsymbol{H}_{y,m-1}-\boldsymbol{M}_{y,m-1}\boldsymbol{H}_{z,m-1}+f(\boldsymbol{H}_{t,m-1})\boldsymbol{H}_{y,m-1})] \tag{6-120}$$

$$\frac{\partial \boldsymbol{M}_{yp,m}}{\partial t}=(\mu_0\gamma\boldsymbol{H}_c)\boldsymbol{M}_{xp,m}-(\mu_0\gamma\boldsymbol{M}_s)\boldsymbol{H}_{xp,m}-$$
$$[\mu_0\gamma(\boldsymbol{M}_{z,m-1}\boldsymbol{H}_{x,m-1}-\boldsymbol{M}_{x,m-1}\boldsymbol{H}_{z,m-1}+f(\boldsymbol{H}_{t,m-1})\boldsymbol{H}_{x,m-1})] \tag{6-121}$$

$$\frac{\partial \boldsymbol{M}_{zp,m}}{\partial t}=-\mu_0\gamma\boldsymbol{M}_{x,m-1}\boldsymbol{H}_{y,m-1}+\mu_0\gamma\boldsymbol{M}_{y,m-1}\boldsymbol{H}_{x,m-1}-\frac{\partial(f(\boldsymbol{H}_{t,m-1}))}{\partial t} \tag{6-122}$$

(2)对方程(6－100)的处理：

$$\nabla\times\boldsymbol{H}_t=\nabla\times(\boldsymbol{H}_c\hat{z}+\boldsymbol{H})=\nabla\times\boldsymbol{H}=\varepsilon\frac{\partial \boldsymbol{E}}{\partial t}+\sigma^e\boldsymbol{E} \tag{6-123}$$

即

$$\nabla\times\boldsymbol{H}=\varepsilon\frac{\partial \boldsymbol{E}}{\partial t}+\sigma^e\boldsymbol{E} \tag{6-124}$$

(3)对方程(6－101)的处理：

$$\nabla\times\boldsymbol{E}=-\mu_0\frac{\partial \boldsymbol{H}_t}{\partial t}-\mu_0\frac{\partial \boldsymbol{M}_t}{\partial t}=-\mu_0\frac{\partial \boldsymbol{H}}{\partial t}-\mu_0\frac{\partial((f(\boldsymbol{H}_t))\hat{z}+\boldsymbol{M})}{\partial t} \tag{6-125}$$

拆分为三个方向上的分量：

x 方向：

$$\frac{\partial \boldsymbol{E}_z}{\partial y}-\frac{\partial \boldsymbol{E}_y}{\partial z}=-\mu_0\frac{\partial \boldsymbol{H}_x}{\partial t}-\mu_0\frac{\partial \boldsymbol{M}_x}{\partial t} \tag{6-126}$$

y 方向：

$$\frac{\partial \boldsymbol{E}_x}{\partial z}-\frac{\partial \boldsymbol{E}_z}{\partial x}=-\mu_0\frac{\partial \boldsymbol{H}_y}{\partial t}-\mu_0\frac{\partial \boldsymbol{M}_y}{\partial t} \tag{6-127}$$

z 方向：

$$\frac{\partial \boldsymbol{E}_y}{\partial x}-\frac{\partial \boldsymbol{E}_x}{\partial y}=-\mu_0\frac{\partial \boldsymbol{H}_z}{\partial t}-\mu_0\frac{\partial(f(\boldsymbol{H}_t)+\boldsymbol{M}_z)}{\partial t} \tag{6-128}$$

至此，我们得到了 $\boldsymbol{E}$、$\boldsymbol{H}$ 和 $\boldsymbol{M}$ 满足的偏微分方程组，通过时间和空间离散转化为差分方程，即可方便地求解。空间离散依旧采用 Yee 网格。其中磁矩矢量 $\boldsymbol{M}$ 取值的空间位置与磁场强度 $\boldsymbol{H}$ 取值空间位置重合，$\boldsymbol{M}$ 和 $\boldsymbol{H}$ 取值均在 $n+1/2$ 时刻，$\boldsymbol{E}$ 取值在 n 时刻，如图 6－18 所示。

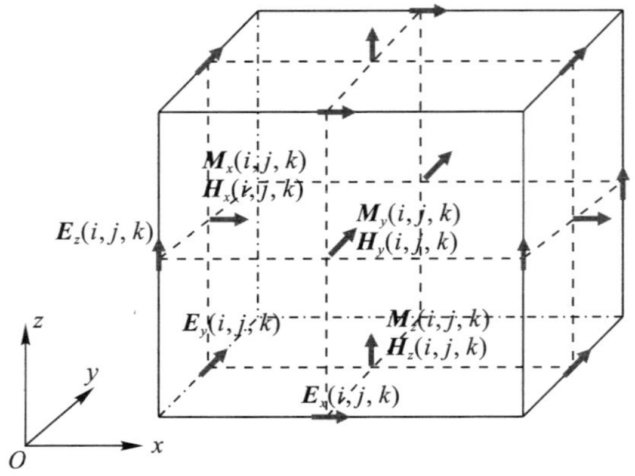

图 6-18　电场强度、磁场强度和磁矩矢量在 Yee 网格中取值的空间位置

6.5.3　铁氧体 PIM 仿真示例

下面以图 6-19 所示的平行平板仿真结构的三阶 PIM 求解为例，说明上小节介绍的基于磁矩运动方程的射频铁氧体 PIM 的 FDTD 仿真。图 6-19 所示的平行平板仿真结构中，平行平板处于铁氧体材料内部。由于通常情况下射频部件三阶 PIM 效应主要与三次非线性项有关，因此，铁氧体的非线性特性采用数学关系 $f(\boldsymbol{H}_z)=a_3\cdot\boldsymbol{H}_z^3$ 近似表达。

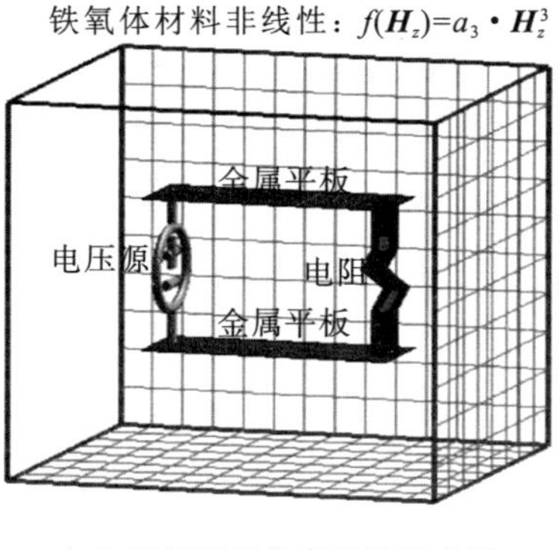

（a）平行平板仿真结构示意图

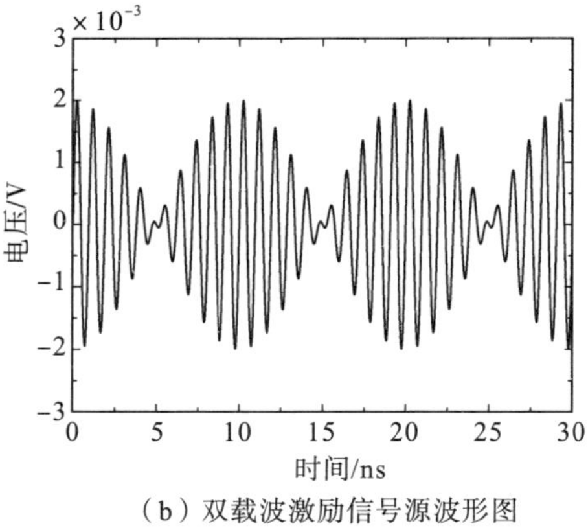

（b）双载波激励信号源波形图

图 6-19　平行平板仿真结构及双载波激励信号源波形图

平行平板一端接电压源，一端接电阻负载。电压源激励波形采用如图 6-19(b)所示的双载波信号，频率分别为 1 GHz 和 1.1 GHz。计算所得的各个场分量的迭代初值，对应各个场分量求解结果中的线性部分，基于此，可以获得负载电阻端的线性部分电压波形图如图 6-20(a)所示。获得的非线性部

分电压波形图如图 6 - 20(b)所示。对图 6 - 20 所示的时域仿真结果进行快速傅里叶变换，结果如图 6 - 21 所示，即可提取三阶 PIM 信号。可以看出计算所得非线性部分的电压值虽然比线性部分的电压值小 12 个数量级，但 PIM 信号依然可以准确地分离出来，表明该仿真方法具有较高的 PIM 仿真精度。

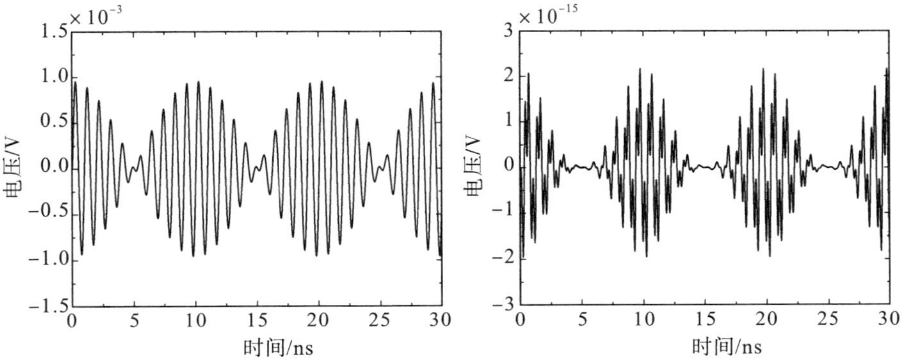

（a）线性部分电压波形图　　（b）非线性部分电压波形图

图 6 - 20　电阻端获得的线性部分和非线性部分电压波形图

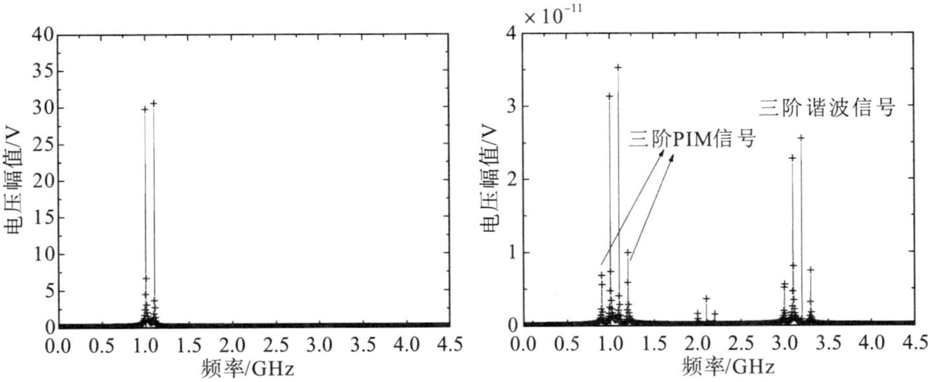

（a）线性部分电压波形FFT图　　（b）非线性部分电压波形FFT图

图 6 - 21　电阻端获得的线性部分和非线性部分电压波形快速傅里叶变换(FFT)图

至此，本节介绍了一种射频铁氧体器件的 FDTD 仿真方法，能够仿真磁化强度与外加磁场强度非线性关系及磁化强度和磁场强度乘积非线性导致的铁氧体射频部件的 PIM 效应，并根据所施加的激励信号的不同评估单音、双音、多音及调制信号等多种不同激励信号作用条件下的 PIM 信号规律。其次，在数值求解中利用线性与非线性分离的计算方法，避免了非线性成分远小于线性分量而被忽略带来的求解误差大的问题，提高了 PIM 仿真精度。

6.6 本章小节

当下射频元器件设计已经离不开数值仿真。本章主要介绍基于 FDTD 的 PIM 效应全波仿真方法。电磁全波仿真实质是求解本构方程和边界条件约束下的麦克斯韦方程。通过本构方程引入材料非线性机制，并通过边界条件引入接触非线性机制，可以实现材料非线性和接触非线性 PIM 的数值仿真。对于铁氧体磁滞非线性机制，可以通过各向异性磁导率张量的引入，也可以通过磁矩运动方程的引入，实现材料 PIM 仿真计算。

参考文献

[1] BOND C D, GUENZER C S, CAROSELLA C A. Intermodulation generation by electron tunneling through aluminum - oxide films[J]. Proc. IEEE, 1979, 67(12): 1643 - 1652.

[2] VICENTE C, HARTAGEL H L. Passive - intermodulation analysis between rough rectangular waveguide flanges [J]. IEEE Trans. Microwave Theory Tech., 2005, 53(8): 2515 - 2525.

[3] ZHAO X, HE Y, YE M, et al. Analytic passive intermodulation model for flange connection based on metallic contact nonlinearity approximation [J]. IEEE Trans. Microwave Theory Tech., 2017, 65(7): 2279 - 2287.

[4] JIN Q, GAO J, FLOWERS G, et al. Modeling of passive intermodulation with electrical contacts in coaxial connectors[J]. IEEE Trans. Microwave Theory Tech., 2018, 66(9): 4007 - 4016.

[5] YANG H, WEN H, QI Y, et al. An equivalent circuit model to analyze passive intermodulation of loose contact coaxial connectors[J]. IEEE Ttans. Electromagn. Compat., 2018, 60(5): 1180 - 1189.

[6] HENRIE J, CHRISTIANSON A, CHAPPELL W J. Prediction of passive intermodulation from coaxial connectors in microwave networks [J]. IEEE Trans. Microwave Theory Tech., 2008, 56(1): 209 - 216.

[7] WANG X, CUI W, WANG J, et al. 2D PIM simulation based on COMSOL [C]. 29th Progress in Electromagnetics Research Symposium, The Electromagnetics Academy, 2011.

[8] LI T, ZHAI W, LI X, et al. A finite difference time domain method for passive intermodulation analysis of nonlinear metal metal contact[J]. Appl. Comput. Electrom., 2018, 33(9): 935 - 942.

[9] YOU J, ZHANG J, GU W, et al. Numerical analysis of passive intermodulation arisen from nonlinear contacts in HPMW devices[J]. IEEE Trans. Electromagn. Compat., 2018, 60(5): 1470 - 1480.

[10] WENDT T, YANG C, SCHUSTER C, et al. Numerical complexity study of solving hybrid multiport field - circuit problems for diode grids[C]. International Conference on Electromagnetics in Advanced Applications, 2019.

[11] LINDELL I V, SIHVOLA V. Boundary conditions in electromagnetics [M]. Mew York: John Wiley & Sons, 2019.

[12] ZHAO X, HE Y, ZHANG A. Linearity - nonlinearity - separation FDTD method for nonlinearity analysis of passive microstrip circuits [J]. IEEE Microw. Wirel. Tech., 2023, 33(10): 1407 - 1410.

[13] ELSHERBENI A, DEMIR V. The finite - difference time - domain method: electromagnetics with MATLAB simulations[M]. 2nd ed. Croatia: Rijeka, 2016.

[14] ZELENCHUK DE, SHITVOV AP, SCHUCHINSKY AG, et al. Discrimination of passive intermodulation sources on microstrip lines [C]. International Workshop in Multipactor, Corona and Passive Intermodulation, Valencia, Spain, 2008.

[15] ZHAO X, YE M, ZHANG S, et al. Passive intermodulation in microstrip circuits due to dielectric nonlinearity[J]. Acta Electron. Sin., 2020, 48(12): 2289 - 2296.

[16] KRSTANSK J J, ELSNER R F. Environment - generated intermodulation in communication complexes [J]. Tri - Service Conference on Electromagnetic Compatibility, 1964, (11): 77 - 85.

[17] DURIN M G. Microscopic foundations of the Rayleigh law of hysteresis[J]. J. Magn. Magn. Mater., 2002, (242 - 245): 987 - 997.

[18] CASORIA S, SYBILLE G, BRUNELLE P. Hysteresis modeling in the MATLAB/power systemblockset[J]. Math. Comput. Simulat., 2003, 63(3 - 5): 237 - 248.

[19] SABATA A D, IGNEA A. Passive intermodulation distortions induced by ferromagnetic materials at GSM frequencies [C]. International Symposium on Signals, Circuits and Systems, 2013.

[20] LUCYSZYN S. Microwave characterization of nickel [J]. Piers

Online, 2008, 4(6): 686 - 690.

[21] WU Y, KU W H, ERICKSON J E. A study of nonlinearities and intermodulation characteristics of 3 - port distributed circulators[J]. IEEE Trans. Microwave Theory Tech., 1976, 24(2): 69 - 77.

[22] HOTON H, VITTORIA C, SCHMIDT R. Nonlinear intermodulation coupling in ferrite circulator junctions[J]. IEEE Trans. Microwave Theory Tech., 1997, 45(2): 245 - 252.

[23] LYNCH D J, PIERCE B. Third order intermodulation performance of above resonance circulators[C]. IEE Colloquium on Advances in Passive Microwave Components (Digest No: 1997/154), 1997.

[24] BAILEY GC, EHRLICH AC. Study of RF nonlinearities in nickel[J]. J. Appl. Phys., 1979, 50(1): 453 - 461.

第 7 章　无源有源非线性干扰的行为模型

在前面章节我们介绍了 PIM 的物理模型和射频时频行为特性，可以用来指导低 PIM 功率射频部件设计。然而，对于系统工程师，如果想在现有元器件的基础上进一步降低系统的 PIM 功率，则可以采用数字对消的方法。无源互调数字对消(Passive Intermodulation Digital Cancellation，PDC)是在数字域利用发射信号生成与 PIM 失真相反的信号来对其进行抵消。对于图 1-1 所示的收发机架构，在 DAC 和 ADC 左侧的基带电路部分处理的是数字信号，而在右侧处理的则为模拟信号。在发射链路上产生的 PIM 信号将会传递给接收链路，因此接收链路包含了 PIM 干扰。该 PIM 干扰是由发射信号激励而来的，因此必然与发射信号有关。如果能够利用发射信号产生一个信号来抵消 PIM 干扰，则可以改善接收信号质量，这一过程是在数字域进行的，因此称为数字对消。

采用发射信号产生与 PIM 干扰相反的信号，则必须知道发射信号与 PIM 信号的数学关系，这个关系通常利用行为模型表达。由于目前 PIM 对消所采用的行为模型大多借鉴功放数字预失真(Digital Predistortion，DPD)模型，因此，本章将首先对功放数字预失真进行简要介绍，然后介绍 PIM 对消技术及几类典型的行为模型，最后提出一种物理信息约束行为模型建模方法，指导获得较小记忆深度和非线性阶数行为模型的建立。

7.1　功放有源互调效应及数字预失真

7.1.1　功放数字域非线性表现

为了充分利用功放性能，提升功放效率，通常需要功放能够在 1 dB 压缩点附近工作，这使得功放面临非线性的挑战性问题。PAE(Power - Added Efficiency，功率附加效率，$PAE=(P_{RFOUT}-P_{RFIN})/P_{DC}$，$P_{RFOVT}$为输出射频功率；$P_{RFIN}$为输入射频功率；$P_{DC}$为直流电源功耗)和线性度通常是相互矛盾的。为了更优的 PAE 数据，需要较高的增益(通常需要大于 10 dB)，然而高增益晶体管通常非线性效应差[1]。5G 系统的功率密度更高、带宽更宽(>500 MHz)，同时 GaN 器件存在的热效应和陷阱效应，使得 5G 系统的非线性问题更加复杂。

功放的非线性在基带数字域表现为 AM/AM(幅值非线性)和 AM/PM(相位非线性)失真，如图 7-1 所示。如果进行频域观察，可以看到功放输出信号出现频谱再生，产生了领近信道干扰，如图 7-2 所示。

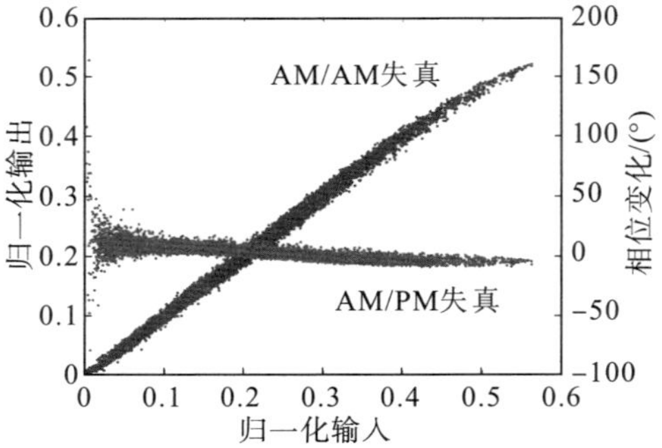

图 7-1 AM/AM 和 AM/PM 失真示意图

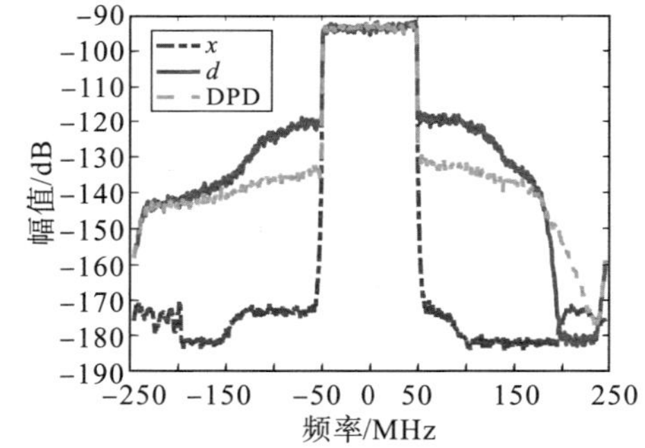

图 7-2 输入数据 x 和输出数据 d 的频谱图，以及进行 DPD 处理后的频谱图

常用的衡量这种非线线性失真的量化指标有两种，归一化均方根误差(Normalized Mean Square Error，NMSE)和邻信道功率比(Adjacent Channel Power Ratio，ACPR)。NMSE 指标更多体现的是带内失真，ACPR 则主要体现的是带外失真。

$$\text{NMSE (dB)} = 10\lg \frac{\sum_{n=1}^{L} |y(n) - \tilde{y}(n)|^2}{\sum_{n=1}^{L} |y(n)|^2} \tag{7-1}$$

式中：$y(n)$为测量的输出信号；$\tilde{y}(n)$是估计值；L 是数据样本的数量。通常期望 NMSE 能够达到 −40 dB，但真实场景中往往难以达到，通常小于 −35 dB就可以接受。

$$\mathrm{ACPR}=\frac{\int_{\omega_{\mathrm{adj}}-\frac{\mathrm{BW}_{\mathrm{adj}}}{2}}^{\omega_{\mathrm{adj}}+\frac{\mathrm{BW}_{\mathrm{adj}}}{2}} S_{\mathrm{adj}}(\omega)\mathrm{d}\omega}{\int_{\omega_{\mathrm{carrier}}-\frac{\mathrm{BW}_{\mathrm{carrier}}}{2}}^{\omega_{\mathrm{carrier}}+\frac{\mathrm{BW}_{\mathrm{carrier}}}{2}} S_{\mathrm{carrier}}(\omega)\mathrm{d}\omega} \tag{7-2}$$

式中：$S_{\mathrm{adj}}(\omega)$为邻频道功率谱密度；$S_{\mathrm{carrier}}(\omega)$为主频带信号功率谱密度；BW为带宽；$\omega_{\mathrm{adj}}$为邻频道中心角频率；$\omega_{\mathrm{carrier}}$为主频带信号的中心频率。需要注意的是功放的非线性不仅与当前时刻输入有关，而且与过去的输入和输出信号有关，即表现出记忆特性。对于记忆系统，在某种程度上可以采用滤波器模型进行描述，记忆特性的这种滤波作用将在频域中表现为频谱的非对称特性。Hammi[2-3]提出采用频谱非对称指数(Spectrum Asymmetry Index，SAI)来衡量记忆特性。通过 SAI 与带宽的关系研究表明，随着带宽的增加记忆效应显著增强[3]。

$$\mathrm{SAI}=\frac{1}{K}\sum_{f_n=f_{n,\min}}^{f_n=f_{n,\max}}|P(f_n)-P(-f_n)| \tag{7-3}$$

式中：K 为归一化系数；f_n 为正频率点；$-f_n$ 为对应的负频率点；$P(f_n)$为频率 f_n 处的功率谱密度；$P(-f_n)$为频率 $-f_n$ 处的功率谱密度。

因此对于宽带系统，记忆效应的影响在非线性建模中不可忽视，这正是 5G 带宽系统所面临的主要挑战。采用记忆多项式模型对功放进行建模，可以发现带宽增加导致建模误差显著增大，并且当模型中考虑更多的记忆项时，模型表达的精度会随之提高[4]。一般来讲，功放的非线性效应主要与晶体管本身特性及功放结构有关，而记忆效应来自滤波器群延时、匹配网络的频率响应、偏置网络的响应，以及晶体管的非线性电容、热效应和缺陷效应。

7.1.2　功放数字预失真技术

需要注意的是，数字预失真是在数字域进行的，即利用发送和采样的数字信号在数字域基于预失真算法实现的。如图 7-3 所示，被发送的数字信号经过 DAC、调制及变频器、滤波器之后送入功放，我们希望通过引入预失真器，尽可能地抑制功放输出中包含的失真。可见发送信号是数字信号，而功放输出信号是模拟信号，直接建立数字信号和模拟信号关系的数学模型是困难的。因此，我们增加一个采样链路，将功放的输出信号经过耦合器、滤波器、变频及解调器和 ADC 转换到数字域，这样发送信号和采样信号都在数字域中。要求采样链路相比发送链路非线性效应可忽略，并且延时需要足够小以使得采样和发送的数字信号能够实时对齐。因此，在数字预失真技术中，我们经常使用“功放非线性模型”一词，实际上指的是描述发射和采样数字信号关系的数学模型。

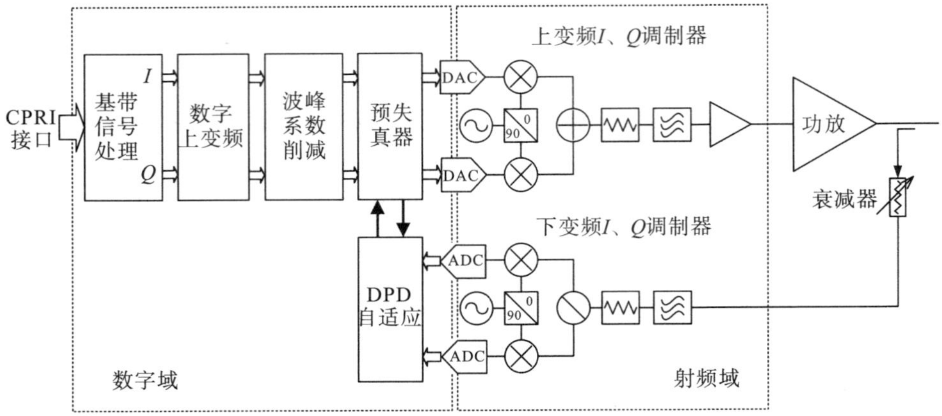

图 7-3 采用 DPD 技术的系统原理框图

传统的数字预失真技术主要采用“黑盒模型”，即纯数学模型进行分析。沃尔泰拉级数（Volterra series）模型可以看作是一种纯数学的系统模型，即“通用数学模型”，如果假定参数数量不限且可以被精确提取，则该模型被认为可以精确地对功放非线性进行建模。然而，单纯地通过增加模型参数以提高精度的做法会导致占用更多硬件资源而使得模型的可用性不强，并且由于训练集数据存在误差使得参数越多越难以准确提取，使得模型泛化性能变差。因此在实际应用中，通常采用基于经验信息对沃尔泰拉级数进行精简后的数学模型，即“精简数学模型”，包括维纳-哈默斯坦（Wiener - Hammerstein）、记忆多项式和广义记忆多项式等模型。然而这些模型在应用到 GaN 功放系统中时，由于 GaN 功放的长记忆效应，使得现有的经典数学模型无法达到预期效果。另一类数学模型是基于神经网络的模型，然而尚未在实际通信系统中应用。

相对于纯数学模型，非线性效应也可以通过物理模型表达。在射频功放设计过程中，包含非线性效应的大信号模型被采用，以便于更准确地评估电路的效率、1 dB 压缩点和三阶交调点等参数。因此利用全物理的分析过程，理论上也可以获得精确的非线性表达模型，即“全物理模型”。然而，可惜的是目前并没有可用于 DPD 技术的全物理模型。不过，物理先验知识的重要性，已开始被该领域研究所关注。一些“半物理模型”（如白盒模型和黑盒模型）已经被提出[5]。Barradas 等人[5]通过在广义记忆多项式（Generalized Memory Polynomial，GMP）模型的基础上，引入热和陷阱记忆效应的影响，提高了对 GaN 功放记忆非线性的建模精度，对 NMSE 的改善幅度可达 5 dB。

可以预见的是，随着模型中物理信息的引入，必然带来非线性模型精度的提高和复杂度的降低。图 7-4 给出了通用数学模型、精简数学模型/半物理模型和全物理模型在复杂度和精度方面预期的优势和劣势。

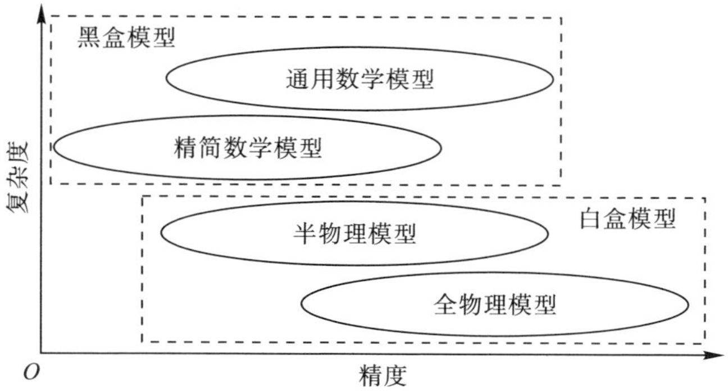

图 7-4　通用数学模型、精简数学模型/半物理模型和全物理模型在复杂度和精度方面预期的优势和劣势

7.2　PIM 数字对消技术及行为模型

7.2.1　PIM 数字对消技术

在 PIM 数字对消技术中，通过引入对消器，消除接收端数字信号中的 PIM 干扰，如图 7-5 所示。因此，PIM 数字对消中，无须额外增加采样链路，而是直接采用发射机发送和接收机接收的数字信号，通过非线性的自适应拟合算法模型，抵消接收信号中的 PIM 干扰[6]。

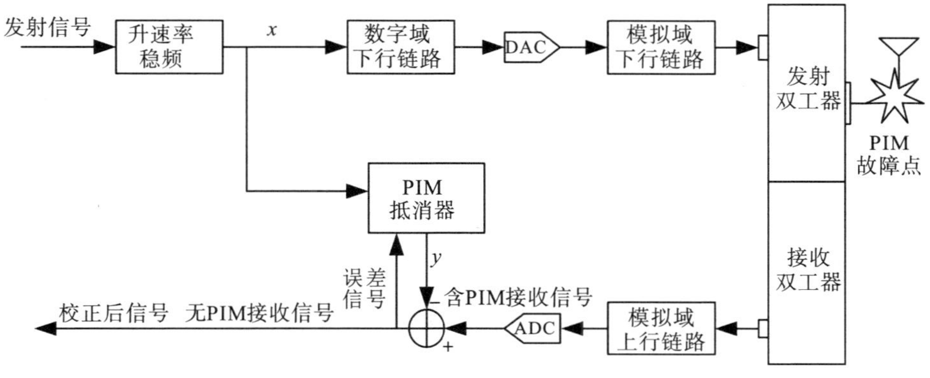

图 7-5　PIM 数字对消技术的系统原理框图

对比图 7-3 和图 7-5，可见功放数字预失真是在发送端引入预失真器，而 PIM 数字对消是在接收端引入对消器。但两者所关心的都是 DAC 之前的发送信号和 ADC 之后的采样或接收信号之间的非线性数学模型。

7.2.2 PIM 失真的行为模型

非线性行为模型中最为基础的是多项式模型，如本书 1.1 节介绍 PIM 概念时所用的模型。

$$y(n) = x(n) \cdot \sum_{k=1}^{k=p} b_k \left| x_n \right|^{k-1} \tag{7-4}$$

式中：$y(n)$为模型输出信号；$x(n)$为输入信号；b_k 为第 k 阶线性系数；p 为多项式最高阶；$|x(n)|$为输入信号的幅度。

然而，多项式模型未考虑记忆效应。对于 PIM 信号，通常热效应、射频部件等效电容和电感的存在，会导致记忆效应。因此，高精度建模必须考虑记忆效应。

对多项式表达扩展，可以获得可用于描述记忆非线性系统的沃尔泰拉级数模型：

$$y(n)=H[x(n)]=y_1(n)+y_3(n)+y_5(n)+\cdots \tag{7-5}$$

式中：$y(n)$为系统输出信号；$x(n)$为输入信号；$y_i(n)$为第 i 阶沃尔泰拉核输出。

$$\begin{aligned} y_i(n) = & \sum_{m_1=0}^{M} \sum_{m_2=m_1}^{M} \cdots \sum_{m_{\frac{i+1}{2}}=m_{\frac{i-1}{2}}}^{M} \times \\ & \sum_{m_{\frac{i+3}{2}}=0}^{M} \cdots \sum_{m_i=m_{i-1}}^{M} h_i(m_1, m_2, \cdots, m_i) \times \\ & x(n-m_1)x(n-m_2)\cdots x(n-m_{\frac{i+1}{2}}) \times \\ & x^*(n-m_{\frac{i+3}{2}})\cdots x^*(n-m_i) \end{aligned} \tag{7-6}$$

式中：$y_i(n)$为第 i 阶输出信号；$h_i(m_1, \cdots, m_i)$为第 i 阶沃尔泰拉核；M 为记忆深度；$x^*(n-m_j)$为输入信号的复共轭。

图 7-6 给出了沃尔泰拉级数通用数学模型的参数个数随记忆深度和非线性阶数的变化关系。可见，随着记忆深度的增加，模型参数个数呈指数增长，这使得模型参数的准确提取变得更加困难，并且在实际应用中将占用更多的硬件计算资源。因此实际使用的行为模型是沃尔泰拉级数的简化模型，包括：维纳-哈默斯坦模型、记忆多项式和广义记忆多项式等。

维纳-哈默斯坦模型认为记忆非线性系统可以视作线性时不变系统、无记忆非线性系统和线性时不变系统依次级联，也被称为多盒模型。数学表达可以写为

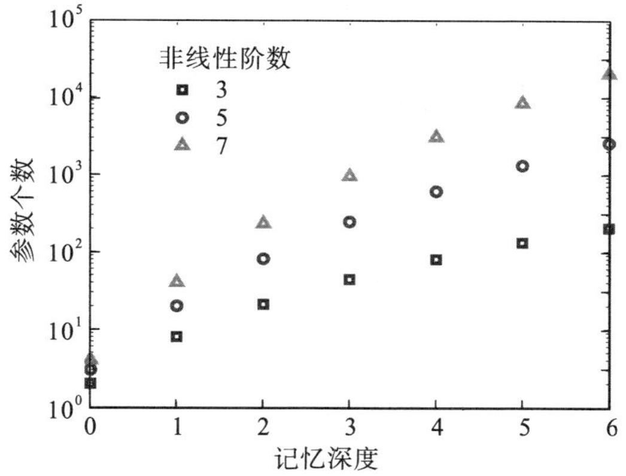

图 7-6　沃尔泰拉级数通用数学模型的参数个数随记忆深度和非线性阶数的变化关系

$$y_{\mathrm{WH}}(n)=\sum_{m_2=0}^{M}a_{m_2}\sum_{k=1}^{M}b_k x$$

$$\left[\sum_{m_1=0}^{M}a_{m_1}x(n-m_1-m_2)-\left|\sum_{m_1=0}^{M}a_{m_1}\cdot x(n-m_1-m_2)\right|^{k-1}\right] \quad (7-7)$$

式中：$y_{\mathrm{WH}}(n)$为模型输出信号；x 为输入信号；M 为记忆深度；k 为非线性阶数；a_{m_1} 和 a_{m_2} 均为线性时不变系统的系数；b 为无记忆非线性系统的系数；m_1 和 m_2 均为时间延迟变量。

记忆多项式模型，保留了沃尔泰拉级数模型的主对角线上的基函数，模型为

$$y_{\mathrm{MP}}(n)=\sum_{m=0}^{M}\sum_{k=1}^{K}a_{mk}x(n-m)\mid x(n-m)\mid^{k-1} \quad (7-8)$$

式中：$y_{\mathrm{MP}}(n)$为模型输出信号；M 和 K 分别代表记忆深度和非线性阶数。

广义记忆多项式模型，则使用了沃尔泰拉级数模型的主对角线和副对角线上的基函数，模型为

$$\begin{aligned}y_{\mathrm{GMP}}(n)=&\sum_{m=0}^{M}\sum_{k=1}^{K_a}a_{mk}\cdot x(n-m)\mid x(n-m)\mid^{k-1}+\\&\sum_{m=0}^{M_a}\sum_{k=2}^{K_b}\sum_{i=1}^{I'}b_{mki}\cdot x(n-m)\mid x(n-m-i)\mid^{k-1}+\\&\sum_{m=0}^{M_a}\sum_{k=3}^{K_c}\sum_{j=1}^{J}b_{mkj}\cdot x(n-m)\mid x(n-m+j)\mid^{k-1}\end{aligned} \quad (7-9)$$

式中：$y_{\mathrm{GMP}}(n)$为模型输出信号；x 为输入信号；M 为主记忆深度；M_a 为副记忆深度；K_a 为主非线性阶数；K_b 和 K_c 均为副非线性阶数；I'为主对角线

偏移阶数；J 为副对角线偏移阶数；a_{mk} 为主对角线基函数系数；b_{mkj} 和 c_{mkj} 均为副对角线基函数系数。

广义记忆多项式模型的复杂度适中，且精度较高，因此具有较为广泛的应用。

神经网络模型：

$$\begin{cases} o_{k(l)} = \sum_{j=1}^{N_{l-1}} w_{ik} t_i + b_k \\ a_{k(l)} = f(o_{k(l)}) \end{cases} \tag{7-10}$$

式中：$o_{k(l)}$ 为第 k 个神经元的加权输入；$a_{k(l)}$ 为第 k 个神经元的激活输出；t_i 为第 i 个输入信号；w_{ik} 为连接第 i 个输入到第 k 个神经元的权重；b_k 为第 k 个神经元的偏置项；$f(\ )$为激活函数；N_{l-1}为前一层神经元。

通常基带数字信号为一复数序列，实部和虚部分别对应正交调制和解调的 I 路和 Q 路信号。在神经网络模型中，通常将 I 路和 Q 路信号拆分，分别进行建模：

$$\begin{aligned} I_{\text{out}}(k) &= f_I(I_{\text{in}},\ Q_{\text{in}}) \\ Q_{\text{out}}(k) &= f_Q(I_{\text{in}},\ Q_{\text{in}}) \end{aligned} \tag{7-11}$$

式中：$I_{\text{out}}(k)$和 $Q_{\text{out}}(k)$分别为输出信号的同相和正交分量；I_{in}和 Q_{in}分别为输入信号的同相和正交分量；f_I 和 f_Q 分别为对应 I 路和 Q 路的非线性映射函数。

对于行为模型建模，首先确定模型的形式，然后提取模型中的参数。以上我们介绍了几种常用的行为模型，除神经网络模型，其模型参数解算一般都转换为最小二乘问题进行求解。

行为模型的难点在于获得低复杂度高精度的数学模型，显然通常这两点是矛盾的，因此必须引入额外信息才能获得折中的满足高精度的低复杂度模型，这一信息通常来源于实际的硬件通信系统模型。因此未来将前面章节介绍的 PIM 物理模型获得的关键信息引入行为模型建模中，有望获得更加优化的模型结构。

7.3 物理信息约束行为模型建模方法

无论是功放非线性的数字预失真还是 PIM 数字对消，都期望获得低复杂度高精度的行为模型。在基于沃尔泰拉级数的黑盒模型中，我们希望提取模型中的关键项，去掉模型中的冗余项，从而降低模型复杂度。那么如何识别关键项和冗余项，是一个挑战性问题。从硬件系统的角度来看，行为模型必须满足硬件系统中的物理过程。因此，硬件系统的物理信息，可以作为筛选关键项和冗余项的依据，我们把这种模型可以称为“物理信息约束行为模型”。

7.3.1　物理信息约束行为模型

观察如图 7－7 所示的 DPD 系统，可以看到最终的输入输出数据为基带域的离散时间序列。而非线性的来源是功放及功放之后连接的无源器件，这些器件工作在频带连续时域内。因此，行为模型应该包含从频带连续时域模型表达到基带离散时域表达的转换过程。然而传统黑盒模型是将整个系统视为一个整体，因此这些转换过程的信息并没有被有效利用。

现在我们从信号转换过程角度重新审视非线性模型。功放及其后端无源器件的非线性模型，我们可以用 $y(x(t))=0$ 的隐函数表示，式中 $x(t)$ 为频带连续时域的输入信号。该模型回退到上下变频和正交调制器解调之前，则转换为了基带连续时域模型，该过程使用算符 Γ 表示。该模型再进一步回退到 ADC 或 DAC 之前，则被转换为基带离散时域模型，该过程使用算符 H 表示。基于此，我们从硬件系统角度出发，给出基于物理信息约束的一般行为模型表达：

$$y(x(n))=H\Gamma[y(x(t))]=0 \tag{7-12}$$

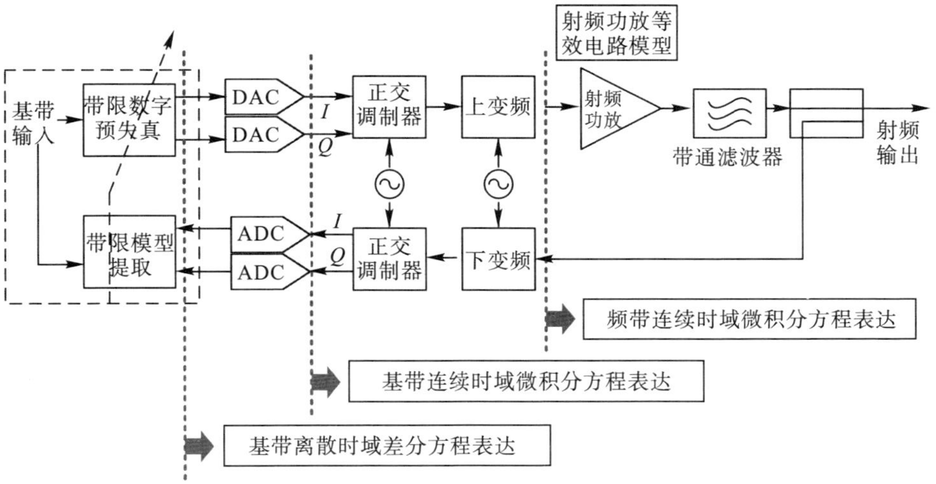

图 7－7　射频发射机中的数字基带、模拟基带和模拟射频域信号转换

主要建模步骤包括(建模流程见图 7－8)：

(1)建立频带连续时域模型，可以采用微积分方程表达；

(2)化简、整理步骤(1)所得的频带连续时域微积分方程，使其转换为频带连续时域有记忆线性子系统微积分方程组与频带连续时域无记忆非线性子系统方程组的组合。具体可通过状态空间法选择状态变量作为未知量消去其他未知量实现，目的是降低微积分方程中未知量个数及方程数目，达到简化方程表达的目的。

(3)利用谐波平衡法将频带连续时域方程转换为基带连续时域方程，包括将步骤(2)获得的频带连续时域有记忆线性子系统微积分方程组转换为基带连续时域有记忆线性子系统微积分方程组，以及将步骤(2)获得的频带连续时域无记忆非线性子系统方程组转换为基带连续时间域无记忆非线性子系统方程组。具体通过将输入信号的 I 路和 Q 路信号的载波调制时域表达式带入步骤(2)所得方程组中，然后利用谐波平衡法整理基波项以实现。

(4)对转换得到的基带连续时域有记忆线性子系统微积分方程组进行拉普拉斯变换；

(5)利用双线性 z 变换将步骤(4)获得的拉普拉斯变换表达式转换为离散频域方程组；

(6)对步骤(5)所得离散频域方程组，进行逆 z 变换，并整理，得到常系数差分方程组；

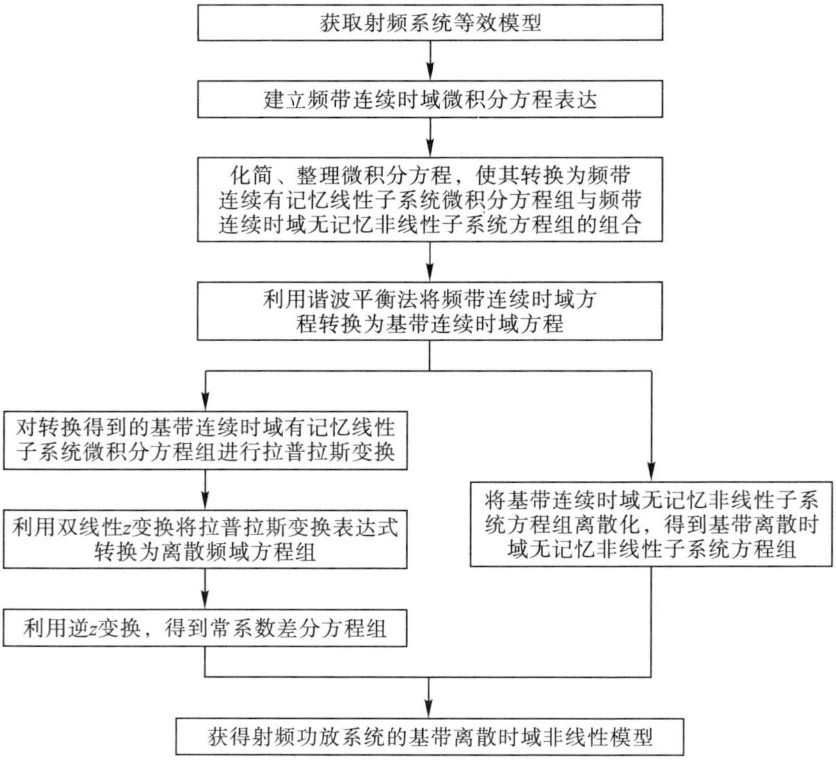

图 7-8　物理信息约束行为模型建模流程图

(7)对步骤(3)得到的基带连续时域无记忆非线性子系统方程组进行离散化，并整理，得到基带离散时域无记忆非线性子系统方程组；

(8)整理步骤(6)得到的常系数差分方程组和步骤(7)得到的基带离散时域无记忆非线性子系统方程组，获得射频功放系统的基带离散时域非线性模型。

7.3.2　物理信息约束行为模型建模示例

下面以射频功放数字预失真为例，说明上节给出的物理信息约束行为模型的建模方法。假设射频功放模块的等效电路如图 7-9 所示。需要说明的是，该建模过程对有源互调和无源互调非线性建模都是适用的，这里以射频功放为例，目的是能够采用电路仿真软件方便地进行模型验证。

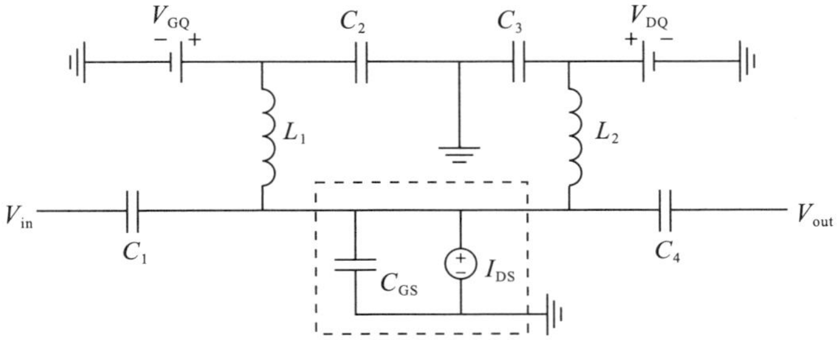

图 7-9　射频功放模块等效电路示例

图 7-9 所示的射频功放电路示例中晶体管采用栅源电容 C_{GS}和漏源电流 I_{DS}等效，偏置网络由电感和电容组成，输入和输出匹配网络只保留耦合电容。

下面基于上节给出的源于硬件系统描述的物理信息约束行为模型正向综合方法，对图 7-9 所示射频功放电路提取非线性模型。

(1)获取射频功放电路等效电路模型，如图 7-9 所示。

(2)建立频带连续时域微积分方程表达。

$$V_{GS}=V_{GQ}+v_{GS} \tag{7-13}$$

$$V_{DS}=V_{DQ}+v_{DS} \tag{7-14}$$

$$v_{GS}=L_1\frac{di_1}{dt} \tag{7-15}$$

$$v_{DS}=L_2\frac{di_2}{dt} \tag{7-16}$$

$$C_1\frac{d(v_{GS}-v_{in})}{dt}+i_1+C_{GS}\frac{dv_{GS}}{dt}=0 \tag{7-17}$$

$$C_4\frac{d(v_{DS}-v_{out})}{dt}+i_2+I_{DS}=0 \tag{7-18}$$

$$C_4\frac{\mathrm{d}(v_{\mathrm{DS}}-v_{\mathrm{out}})}{\mathrm{d}t}=\frac{v_{\mathrm{out}}}{R_{\mathrm{out}}} \tag{7-19}$$

$$I_{\mathrm{DS}}=\beta_n(V_{\mathrm{GS}}-V_{\mathrm{TH}})^2(1+\lambda V_{\mathrm{DS}}) \tag{7-20}$$

式中：V_{GS}和V_{DS}分别为栅极电压和漏极电压；V_{GQ}和V_{DQ}分别为栅极和漏极直流偏置电压；v_{GS}和v_{DS}分别为栅极和漏极交流电压；L_1和L_2为电感；i_1和i_2为电流；t为时间；C_1和C_4为电容；v_{in}和v_{out}分别为输入和输出交流电压；I_{DS}为漏极极电流。β_n为放大倍数；V_{TH}为阈值电压；λ为沟道长度调制系数；R_{out}为负载电阻。

(3)化简、整理微积分方程，使其转换为频带连续有记忆线性子系统微积分方程组与频带连续时域无记忆非线性子系统方程组的组合。

频带连续有记忆线性子系统微积分方程组：

$$\frac{\mathrm{d}x_1}{\mathrm{d}t}=\frac{1}{L_1}x_3 \tag{7-21}$$

$$\frac{\mathrm{d}x_2}{\mathrm{d}t}=\frac{1}{L_2}x_4 \tag{7-22}$$

$$\frac{\mathrm{d}x_3}{\mathrm{d}t}=\frac{C_1}{C_1+C_{\mathrm{GS}}}\frac{\mathrm{d}V_{\mathrm{in}}}{\mathrm{d}t}-\frac{1}{C_1+C_{\mathrm{GS}}}x_1 \tag{7-23}$$

$$\frac{\mathrm{d}x_4}{\mathrm{d}t}=\frac{1}{R_{\mathrm{out}}C_4}y+\frac{\mathrm{d}y}{\mathrm{d}t} \tag{7-24}$$

式中：x_1、x_2、x_3和x_4分别为未知状态变量；y为输出。

频带连续时域无记忆非线性子系统方程：

$$y=[-(x_2+I_{\mathrm{DQ}})-\beta_n((x_3+V_{\mathrm{GQ}})-V_{\mathrm{TH}})^2(1+\lambda(x_4+V_{\mathrm{DQ}}))]R_{\mathrm{out}} \tag{7-25}$$

式中：I_{DQ}为漏极偏置电流。

(4)利用谐波平衡法将频带连续时域方程转换为基带连续时域方程。

令

$$x_{\mathrm{in}}=S_{\mathrm{i}}\cos(\omega_{\mathrm{c}}t)+S_{\mathrm{q}}\sin(\omega_{\mathrm{c}}t)\text{或}x_{\mathrm{in}}=S_{\mathrm{i}}\cos(\omega_{\mathrm{c}}t)-S_{\mathrm{q}}\sin(\omega_{\mathrm{c}}t)$$

式中：S_{i}和S_{q}分别代表输入的I路和Q路信号；ω_{c}为载波角频率。将其带入步骤(3)中的方程式中，并利用谐波平衡法，提取$\cos(\omega_{\mathrm{c}}t)$和$\sin(\omega_{\mathrm{c}}t)$项前面的系数得到基带连续时域方程：

$$L_2\frac{\mathrm{d}X_2}{\mathrm{d}t}-\mathrm{i}L_2\omega_{\mathrm{c}}X_2=Y \tag{7-26}$$

$$\frac{\mathrm{d}^2X_3}{\mathrm{d}t^2}-(\omega_{\mathrm{c}})^2X_3-\mathrm{i}2\omega_{\mathrm{c}}\frac{\mathrm{d}X_3}{\mathrm{d}t}+\frac{1}{C_1+C_{\mathrm{GS}}}\frac{1}{L_1}X_3=\frac{C_1}{C_1+C_{\mathrm{GS}}}\left[\frac{\mathrm{d}^2X_{\mathrm{in}}}{\mathrm{d}t^2}-(\omega_{\mathrm{c}})^2X_{\mathrm{in}}-\mathrm{i}2\omega_{\mathrm{c}}\frac{\mathrm{d}X_{\mathrm{in}}}{\mathrm{d}t}\right] \tag{7-27}$$

$$\frac{Y}{-R_{\text{out}}}-\beta_n\lambda\left(V_{\text{GQ}}-V_{\text{TH}}\right)^2Y=X_2+2\beta_n\left(V_{\text{GQ}}-V_{\text{TH}}\right)\left(1+\lambda V_{\text{DQ}}\right)X_3+\beta_n\lambda\left[\frac{1}{2}Y\left|X_3\right|^2+\frac{1}{4}Y^*\left(X_3\right)^2\right] \tag{7-28}$$

式中：X_{in}代表输入基带信号；Y 代表基带输出信号；X_2 和 X_3 为状态变量；i 为虚数单位；Y^* 代表 Y 的共轭。

(5)对转换得到的基带连续时域有记忆线性子系统微积分方程组进行拉普拉斯变换。

$$\frac{X_{2,\text{s}}}{Y_{\text{s}}}=\frac{1}{sL_2-\text{i}L_2\omega_{\text{c}}} \tag{7-29}$$

$$\frac{\text{d}^2X_3}{\text{d}t^2}-(\omega_{\text{c}})^2X_3-\text{i}2\omega_{\text{c}}\frac{\text{d}X_3}{\text{d}t}+\frac{1}{C_1+C_{\text{GS}}}\frac{1}{L_1}X_3=\frac{C_1}{C_1+C_{\text{GS}}}\left[\frac{\text{d}^2X_{\text{in}}}{\text{d}t^2}-(\omega_{\text{c}})^2X_{\text{in}}-\text{i}2\omega_{\text{c}}\frac{\text{d}X_{\text{in}}}{\text{d}t}\right] \tag{7-30}$$

式中：角标 s 代表相应变量的拉普拉斯变换；变量 s 为复频率变量。

(6)利用双线性 z 变换将拉普拉斯变换表达式转换为离散频域方程组。

令 $s=\frac{2}{T}\left(\frac{z-1}{z+1}\right)$，式中 T 为基带域采样周期，z 为参数。将其代入步骤(5)获得的方程中，整理得到离散频域方程组：

$$\frac{X_{2,\text{s}}}{Y_{\text{s}}}=\frac{\dfrac{1}{\frac{2}{T}L_2-\text{i}L_2\omega_{\text{c}}}+\dfrac{1}{\frac{2}{T}L_2-\text{i}L_2\omega_{\text{c}}}z^{-1}}{1+\dfrac{-\text{i}L_2\omega_{\text{c}}-\frac{2}{T}L_2}{\frac{2}{T}L_2-\text{i}L_2\omega_{\text{c}}}z^{-1}} \tag{7-31}$$

$$\frac{X_{3,\text{s}}}{X_{\text{in,s}}}=\frac{\dfrac{\frac{C_1}{C_1+C_{\text{GS}}}}{\left[\left(\frac{2}{T}-\text{i}\omega_{\text{c}}\right)^2+\frac{1}{C_1+C_{\text{GS}}}\frac{1}{L_1}\right]}\left[\left(\frac{2}{T}-\text{i}\omega_{\text{c}}\right)^2-2\left[\left(\frac{2}{T}\right)^2+(\omega_{\text{c}})^2\right]z^{-1}+\left(\frac{2}{T}+\text{i}\omega_{\text{c}}\right)^2z^{-2}\right]}{1+\dfrac{2\left[\frac{1}{C_1+C_{\text{GS}}}\frac{1}{L_1}-(\omega_{\text{c}})^2-\left(\frac{2}{T}\right)^2\right]}{\left[\left(\frac{2}{T}-\text{i}\omega_{\text{c}}\right)^2+\frac{1}{C_1+C_{\text{GS}}}\frac{1}{L_1}\right]}z^{-1}+\dfrac{\left[\left(\frac{2}{T}+\text{i}\omega_{\text{c}}\right)^2+\frac{1}{C_1+C_{\text{GS}}}\frac{1}{L_1}\right]}{\left[\left(\frac{2}{T}-\text{i}\omega_{\text{c}}\right)^2+\frac{1}{C_1+C_{\text{GS}}}\frac{1}{L_1}\right]}z^{-2}} \tag{7-32}$$

(7)对步骤(6)所得方程，进行逆 z 变换，并整理，得到常系数差分方程组。

$$X_2(n)=-\left[\frac{-\mathrm{i}L_2\omega_c-\dfrac{2}{T}L_2}{\dfrac{2}{T}L_2-\mathrm{i}L_2\omega_c}\right]X_2(n-1)+\left[\frac{1}{\dfrac{2}{T}L_2-\mathrm{i}L_2\omega_c}\right]Y(n)+$$

$$\left[\frac{1}{\dfrac{2}{T}L_2-\mathrm{i}L_2\omega_c}\right]Y(n-1) \tag{7-33}$$

$$X_3(n)=-\left[2\frac{\dfrac{1}{C_1+C_{GS}}\dfrac{1}{L_1}-(\omega_c)^2-\left(\dfrac{2}{T}\right)^2}{\left(\dfrac{2}{T}-\mathrm{i}\omega_c\right)^2+\dfrac{1}{C_1+C_{GS}}\dfrac{1}{L_1}}\right]X_3(n-1)-$$

$$\left[\frac{\left(\dfrac{2}{T}+\mathrm{i}\omega_c\right)^2+\dfrac{1}{C_1+C_{GS}}\dfrac{1}{L_1}}{\left(\dfrac{2}{T}-\mathrm{i}\omega_c\right)^2+\dfrac{1}{C_1+C_{GS}}\dfrac{1}{L_1}}\right]X_3(n-2)+\left[\frac{\dfrac{C_1}{C_1+C_{GS}}}{\left(\dfrac{2}{T}-\mathrm{i}\omega_c\right)^2+\dfrac{1}{C_1+C_{GS}}\dfrac{1}{L_1}}\right]\times$$

$$\left[\left(\frac{2}{T}-\mathrm{i}\omega_c\right)^2X_{in}(n)-2\left[\left(\frac{2}{T}\right)^2+(\omega_c)^2\right]X_{in}(n-1)+\left(\frac{2}{T}+\mathrm{i}\omega_c\right)^2X_{in}(n-2)\right] \tag{7-34}$$

式中：n 为离散时间序号。

(8)对步骤(4)得到的基带连续时域无记忆非线性子系统方程组进行离散化，并整理，得到基带离散时域无记忆非线性子系统方程组。

$$\begin{aligned}&\left[-\frac{1}{R_{out}}-\beta_n\lambda\ (V_{GQ}-V_{TH})^2\right]Y(n)\\&=X_2(n)+2\beta_n(V_{GQ}-V_{TH})(1+\lambda V_{DQ})X_3(n)+\\&\beta_n\lambda\left[\frac{1}{2}Y(n)\,|X_3(n)|^2+\frac{1}{4}Y^*(n)(X_3(n))^2\right]\end{aligned} \tag{7-35}$$

(9)整理步骤(7)和步骤(8)所得表达式，获得射频功放系统的基带离散时域非线性模型。

$$\begin{aligned}&\left(\frac{1}{2}\beta_n\lambda\ |X_3(n)|^2+k_y\right)Y(n)+\frac{1}{4}\beta_n\lambda\ (X_3(n))^2\ Y^*(n)\\&=-(X_{21}(n)+k_3X_3(n))\end{aligned} \tag{7-36}$$

$$X_{21}(n)=-a_{21,1}X_{21}(n-1)+b_{y,1}Y(n-1) \tag{7-37}$$

$$\begin{aligned}X_3(n)=&-a_{3,1}X_3(n-1)-a_{3,2}X_3(n-2)+\\&[b_{in,0}X_{in}(n)+b_{in,1}X_{in}(n-1)+b_{in,2}X_{in}(n-2)]\end{aligned} \tag{7-38}$$

式中：X_{21} 为状态变量；

$$k_3=2\beta_n(V_{GQ}-V_{TH})(1+\lambda V_{DQ}) \tag{7-39}$$

$$k_y=\left[\frac{1}{R_{out}}+\beta_n\lambda\ (V_{GQ}-V_{TH})^2+\frac{1}{\dfrac{2}{T}L_2-\mathrm{i}L_2\omega_c}\right] \tag{7-40}$$

$$a_{21,1}=\frac{-\mathrm{i}L_2\omega_c-\frac{2}{T}L_2}{\frac{2}{T}L_2-\mathrm{i}L_2\omega_c} \tag{7-41}$$

$$b_{y,1}=\left[1-\left(\frac{-\mathrm{i}L_2\omega_c-\frac{2}{T}L_2}{\frac{2}{T}L_2-\mathrm{i}L_2\omega_c}\right)\right]\left(\frac{1}{\frac{2}{T}L_2-\mathrm{i}L_2\omega_c}\right) \tag{7-42}$$

$$a_{3,1}=2\,\frac{\frac{1}{C_1+C_{GS}}\frac{1}{L_1}-(\omega_c)^2-\left(\frac{2}{T}\right)^2}{\left(\frac{2}{T}-\mathrm{i}\omega_c\right)^2+\frac{1}{C_1+C_{GS}}\frac{1}{L_1}} \tag{7-43}$$

$$a_{3,2}=\frac{\left(\frac{2}{T}+\mathrm{i}\omega_c\right)^2+\frac{1}{C_1+C_{GS}}\frac{1}{L_1}}{\left(\frac{2}{T}-\mathrm{i}\omega_c\right)^2+\frac{1}{C_1+C_{GS}}\frac{1}{L_1}} \tag{7-44}$$

$$b_{\mathrm{in},0}=\left(\frac{2}{T}-\mathrm{i}\omega_c\right)^2\left[\frac{\frac{C_1}{C_1+C_{GS}}}{\left(\frac{2}{T}-\mathrm{i}\omega_c\right)^2+\frac{1}{C_1+C_{GS}}\frac{1}{L_1}}\right] \tag{7-45}$$

$$b_{\mathrm{in},1}=-2\left[\left(\frac{2}{T}\right)^2+(\omega_c)^2\right]\left[\frac{\frac{C_1}{C_1+C_{GS}}}{\left(\frac{2}{T}-\mathrm{i}\omega_c\right)^2+\frac{1}{C_1+C_{GS}}\frac{1}{L_1}}\right] \tag{7-46}$$

$$b_{\mathrm{in},2}=\left(\frac{2}{T}+\mathrm{i}\omega_c\right)^2\left[\frac{\frac{C_1}{C_1+C_{GS}}}{\left(\frac{2}{T}-\mathrm{i}\omega_c\right)^2+\frac{1}{C_1+C_{GS}}\frac{1}{L_1}}\right] \tag{7-47}$$

如图 7－10 所示，给出了步骤(9)获得的非线性模型所对应的系统结构图。图 7－11 给出了步骤(9)获得的非线性模型计算的输出信号频谱与基于 ADS 电路仿真软件得到的输出信号频谱的比较。可见，基于物理信息约束的建模方法所获得的结果与电路级仿真结果一致，证明了该方法的有效性。通过图 7－10 和图 7－11，表明该方法能够为功放非线性数字预失真技术中的射频功放模型建立提供准确的模型结构和初始参数，在此基础上如果进行进一步优化，可以获得高精度低复杂度的射频功放预失真模型。

综上所述，本节提供的物理信息约束行为模型建模方法，通过将频带连续时域模型，经过 Γ 和 H 算符操作，转换为基带离散时域模型，为功放非线性数字预失真及 PIM 对消技术中非线性模型的建立提供准确的模型结构和初始参数。该方法能够充分利用非线性系统的先验知识，获得最符合物理本质的非线性模型结构，能够指导较小记忆深度和非线性阶数行为模型的建立，并且该建模过程可有望利用软件实现自动综合。

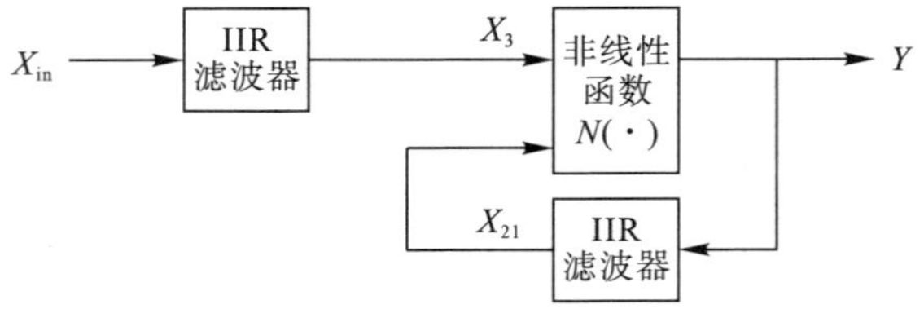

图 7-10　射频功放非线性模型对应的结构图

（注：IIR，Infinite Impulse Response，无限脉冲响应。）

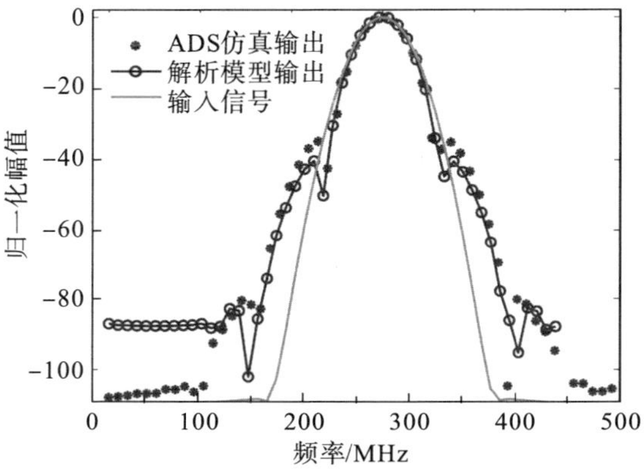

图 7-11　非线性模型计算出的输出信号频谱与基于 ADS 电路仿真软件仿真得到的输出信号频谱的对比图

7.4　本章小节

数字对消技术的基础是行为模型。本章首先介绍了功放有源互调效应及数字预失真行为模型，然后简要介绍了 PIM 数字对消技术及几种常用模型，最后讨论了一种物理信息约束行为模型的建模思路，即充分利用器件、电路和系统的已知信息“综合”得到行为模型。行为模型必须满足物理定律约束，这为数学行为模型的精简提供了依据，为低复杂度、高精度和强泛化性模型的建立提供了新思路。

参考文献

[1] ANGELOV I，THORSELL M，ANDERSSON K，et al. On the large - signal modeling of high power AlGaN/GaN HEMTs[C]. Microwave

Symposium Digest. IEEE, 2012.

[2] HAMMI O. Quantification of power amplifiers′ static and dynamic distortions using frequency domain metrics[C]. IEEE International RF and Microwave Conference (RFM), Penang, Malaysia, 2013.

[3] HAMMI O. Asymmetry index for memory effects quantification in wireless transmitters and power amplifiers driven by broadband - modulated signals [J]. Arabian J. Sci. Eng. , 2014, 39(5): 4013 - 4021.

[4] KIM J, KONSTANTINOU K. Digital predistortion of wideband signals based on power amplifier model with memory[J]. Electron. Lett. , 2001, 37(23): 1417.

[5] BARRADAS F M, NUNES L C, CUNHA T R, et al. Compensation of long - term memory effects on gan hemt - based power amplifiers[J]. IEEE Trans. Microwave Theory Tech. , 2017, PP(9): 1 - 10.

[6] 王昊，王磊，陈莹莹 . 接收信号的方法和装置：CN 114204962B[P]. 2020 - 09 - 18.

附　录

附录 1　波导法兰连接 PIM 波动性的蒙特卡罗计算程序

本程序用于压力分布不均匀导致的 PIM 波动特性的仿真计算。

```
% % Setting parameters
a = 72.14e - 3; b = 34.04e - 3; mu = 4 * pi * 1e - 7; % H/m
w = 2 * pi * (2.62 + 2.69)/2 * 1e9; % rad
Rebeta = 2 * pi/(3e8/((2.62 + 2.69)/2 * 1e9)); % m^-1
% % Setting carrier power
P10 = 20; % W
A10 = sqrt(P10 * 4 * pi^2/(w * mu * a^3 * b * Rebeta));
beta = Rebeta;
% % Setting meshgrids
deltaL = 7.28e - 3; % Long side
deltaW = 17e - 3; % Short side
deltaA = deltaL * deltaW; % area of one grid
Atot = (a + 20e - 3 * 2) * 20e - 3 * 2 + b * 20e - 3 * 2; % Total area of flange connection
Ntot = round(Atot/deltaA); % Total number of grids
NL = round(a/deltaL); % Number of grids for long side
% % Current distribution of long side
x = ((0: NL - 1) + 1/2) * deltaL;
Jl = beta * a/pi * A10 * sin(pi * x/a);
figure(1);
plot(x, Jl)
% % Monte - Carlo simulation
NRc = 150;
Nrand = 1;
PIMR = zeros(NRc, Nrand);
Rct = zeros(1, NRc);
forik = 1: NRc
% % Random generation of DC contact resistance
```

```
Rc = 10^(rand(1) * 4 - 5);
Rct(ik) = Rc;
sumRAr = 1/(Rc * deltaA);

% % Generating impedance distribution
y = (randfixedsum(Ntot, 1, sumRAr, 0, sumRAr))';
% y = randfixedsum_2(Ntot, sumRAr);
Zi = 1./y;
% Zi(Zi>(0.1 * deltaA)) = (0.1 * deltaA);
% % Calculating PIM
PIM_temp = (sum((Zi(1:NL).^3 + Zi((NL + 1):2 * NL).^3).* Jl.^3 * deltaL))^2;
PIM = 10 * log10(PIM_temp/1e-3) + 80;

if PIM>-30
    PIM = -30;
end
PIMR(ik,:) = PIM;
% % Plotting figures
figure(2);
semilogx(ones(1, Nrand) * Rc, PIM, '*');
hold on

end
% % Experimental data:
exp_data =
[1.97        -105
8.62        -99.9
25.8        -69
46.3        -69.3
8.6         -75.7
11.7        -72
20.2        -65.3
21.9        -81.7
18.9        -82
31.6        -90.6
53.9        -87.5
96.3        -83.7
110.1       -83.1
107.9       -72
```

46.9	−81.8
81.8	−88.5
516	−72
158	−68.3
47.5	−57.1
36.3	−70.5
59.5	−71.6
24	−75
8.7	−72.2
31.4	−57.7
109.2	−66.2
41.6	−94.2
11.5	−75.4
23.3	−64.7
65	−57.2
154.8	−72.4
119.3	−75.4
133.1	−60.6
91.7	−58.5
90.5	−69.3
29.3	−67.3
11.3	−57.6
13.5	−55.3
11.5	−83.4
33.8	−60.7
14.7	−73.9
1.5	−89.2
4.6	−93.9
6.9	−106.7
2.4	−83.2
4.2	−75.5
9.8	−94.9
11.7	−75.5
6.6	−73.2
1.9	−82.7
3.5	−69.9
4.5	−83.5
9.9	−97.5
6.2	−71.2

8.3	−61.7
1.2	−65.6
1.8	−72.9
2.1	−70.1
4.6	−66.5
1.3	−85.5
2.1	−53
3.3	−45
1.6	−125
1.2	−78.3
4.1	−101.9
6.2	−83.1
5.1	−67.1
5.1	−115.8
3.5	−103.6
4.7	−127
6	−103.1
3.9	−94.5
3.5	−129
2.0	−127
2.5	−115
2.4	−127
2.5	−130
2.4	−109
2.0	−96.5
2.8	−83.4
1.6	−126
2.3	−124
3.1	−130
0.56	−86.5
1.08	−108
2.36	−75
1.55	−75.5
1.33	−80.5
0.94	−114
4.25	−99.5
2.81	−82.5
2.81	−79.3
5.0	−86.3

```
3.62        -110.7
6.1         -97.3
5.03        -109.7
3.41        -117.6
3.63        -123.1
1.99        -103.4
2.65        -114.3
2.1         -122
1.58        -125
0.229       -96.5
0.201       -113
0.193       -122
0.191       -108
0.19        -114
0.188       -116
0.187       -117.5
0.188       -119
0.187       -119];
%% Ploting experimental and Monte-Carlo data togather
figure(2);
plot(exp_data(:, 1)*1e-3, exp_data(:, 2), 'r-');
hold off
output = [Rct'*1000, PIMR];
```

附录 2　电热耦合机制的微带线和微带滤波器 PIM 仿真计算程序

本程序用于均匀微带线和阶跃阻抗滤波器的 PIM 仿真计算，可用于分析不同结构微带线和滤波器结构的 PIM 信号变化规律。

附录 2.1　均匀微带线 PIM 计算

1. PIM _ results. m 源程序

```
clear;
clc;
%%%%%%%%%%%%%%%%%%
length_line_x = linspace(0, 0.5, 500); % --- microstrip line length
%thm_cond_D_x = logspace(-1, 3, 100); % --- microstrip line length
%width_M_x = linspace(0.2, 5, 20) * 1e-3; % --- metal width
freq_x = linspace(0.01e9, 10e9, 500); % --- carrier frequency
%wd_x = logspace(6, 8, 100) * 2 * pi; % --- carrier frequency offset
%rough_x = linspace(0.5e-6, 5e-6, 50); % --- metal roughness
%die_const_D_x = linspace(1.01, 13, 500); % --- metal width
%elec_tand_D_x = logspace(-4, -1, 50);
% --- select the materials ------- %
Copper;
FR_4_lossy;
rough = 0; % --- input surface roughness
%thick_D_x = width_M_x * d_w;
% -- input transmission line parameters -- %
length_line = 53.7e-3; % m
width_M = 0.3854e-3; % m
%thick_D = 0.5e-3;
freq = 2.6e9; % Hz
wd = 2 * pi * 10e6; % Hz
%%%%%%%%%%%%%%%%%%%
% ----- the variable parameter ------- %
if exist('length_line_x','var')
  num_point = length(length_line_x);
end
if exist('elec_tand_D_x','var')
  num_point = length(elec_tand_D_x);
end
if exist('die_const_D_x','var')
  num_point = length(die_const_D_x);
```

```
end
if exist('freq_x','var')
  num_point = length(freq_x);
end
if exist('wd_x','var')
  num_point = length(wd_x);
end
if exist('thm_cond_D_x','var')
  num_point = length(thm_cond_D_x);
end
if exist('width_M_x','var')
  num_point = length(width_M_x);
end
if exist('rough_x','var')
  num_point = length(rough_x);
end
%--------------------------------------%
PIM_R = zeros(1, num_point);
PIM_F = zeros(1, num_point);
forik = 1: num_point
    if exist('length_line_x','var')
  length_line = length_line_x(ik);
    end
    if exist('elec_tand_D_x','var')
  elec_tand_D = elec_tand_D_x(ik);
    end
    if exist('die_const_D_x','var')
  die_const_D = die_const_D_x(ik);
d_w = 0.0001 * die_const_D^3 - 0.0013 * die_const_D^2 + 0.0963 * die_const_
D + 0.1127;
    end
    if exist('freq_x','var')
  freq = freq_x(ik);
    end
    if exist('wd_x','var')
  wd = wd_x(ik);
    end
    if exist('thm_cond_D_x','var')
  thm_cond_D = thm_cond_D_x(ik);
```

```
    end
    if exist('width_M_x','var')
  width_M = width_M_x(ik);
    end
    if exist('rough_x','var')
  rough = rough_x(ik);
    end
PIM;
PIM_R(ik) = PIM_ref;
PIM_F(ik) = PIM_fow;
end
%---------- Plot graph -----------%
    if exist('length_line_x','var')
plot(length_line_x, PIM_R,'-b', length_line_x, PIM_F,'-r')
xlabel('length(m)');
    end
    if exist('elec_tand_D_x','var')
semilogx(elec_tand_D_x, PIM_R,'-b', elec_tand_D_x, PIM_F,'-r')
xlabel('elec_tand_D');
    end
    if exist('freq_x','var')
plot(freq_x, PIM_R,'-b', freq_x, PIM_F,'-r')
xlabel('freq(Hz)');
    end
    if exist('wd_x','var')
semilogx(wd_x/(2*pi), PIM_R,'-b', wd_x/(2*pi), PIM_F,'-r')
xlabel('wd/2pi(Hz)');
    end
    if exist('width_M_x','var')
plot(width_M_x, PIM_R,'-b', width_M_x, PIM_F,'-r')
xlabel('width(m)');
    end
    if exist('rough_x','var')
plot(rough_x*1e6, PIM_R,'-b', rough_x*1e6, PIM_F,'-r')
xlabel('surface roughness(um)');
    end
    if exist('die_const_D_x','var')
plot(die_const_D_x, PIM_R,'-b', die_const_D_x, PIM_F,'-r')
xlabel('dielectric constant(um)');
```

```
    end
    if exist('thm_cond_D_x','var')
plot(thm_cond_D_x, PIM_R,'-b', thm_cond_D_x, PIM_F,'-r')
xlabel('thermal conductivity(W/(mK))');
    end
ylabel('PIM(dBm)@carriers 43dBm');
legend('PIM\_R','PIM\_F');
grid on;
```

2. PIM.m 源程序

```
basic_const;
thick_D = width_M * d_w;
skin_dep = sqrt(mat_res_M/(u0 * freq * pi));
epsilon2 = die_const_D * elec_tand_D;
%------ surface roughness model ------%
RF = 2; % roughness factor, defines maximal growth of losses due to metal roughness
Ksr = 1 + (2/pi * atan(1.4 * (rough/skin_dep)^2)) * (RF - 1);
%%%%%%%%%%%%%%%%%%%
Rs = mat_res_M/skin_dep * Ksr;
ZL = 50;
k0 = 2 * pi * freq * sqrt(epsilon0 * u0);
epsiloneff = (die_const_D + 1)/2 + (die_const_D - 1)/2 * 1/sqrt(1 + 12 * d_w);
alpha_d = k0 * die_const_D * (epsiloneff - 1) * elec_tand_D/(2 * sqrt
(epsiloneff) * (die_const_D - 1));
alpha_c = Rs/(ZL * width_M);
alpha = alpha_d + alpha_c;
beta = k0 * sqrt(epsiloneff);
%%%%%%%%%%%%%%%%%%%
kTM = sqrt(mat_dens_M * thm_cap_M * wd/(2 * thm_cond_M));
THETA = sqrt(2)/(1 + sqrt((thm_cap_D * mat_dens_D * thm_cond_D)/(thm_cap
_M * mat_dens_M * thm_cond_M))) * ...
sqrt((1/(1 + (1 + skin_dep * kTM)^2) + 1/2 * alpha_d/alpha_c * ((thm_cap_D *
mat_dens_D)/(thm_cap_M * mat_dens_M) + 1))^2 + ...
((1 + skin_dep * kTM)/(1 + (1 + skin_dep * kTM)^2) + 1/2 * alpha_d/alpha_c *
((thm_cap_D * mat_dens_D)/(thm_cap_M * mat_dens_M) + 1) + ...
1/(thick_D * kTM) * alpha_d/alpha_c * sqrt((thm_cap_D * mat_dens_D * thm_
cond_D)/(thm_cap_M * mat_dens_M * thm_cond_M)))^2);
LENGT_ref = 1 + exp(-8 * alpha * length_line)- 2 * exp(-4 * alpha * length_line)
.* cos(2 * beta * length_line);
```

```
LENGT_fow = (1 - exp(-2 * alpha * length_line)).^2. * exp(-2 * alpha * length_line);
%%%%%%%%%%%%%%%%%%%
PIM_ref = LENGT_ref * mat_res_temp_M^2 * THETA^2 * Rs^4/(4 * thm_cap_M * mat_dens_M * thm_cond_M * wd * width_M^6 * beta^2 * ZL^4) * 20^3;
PIM_fow = LENGT_fow * mat_res_temp_M^2 * THETA^2 * Rs^4/(4 * thm_cap_M * mat_dens_M * thm_cond_M * wd * width_M^6 * alpha^2 * ZL^4) * 20^3;
PIM_ref = 10 * log10(PIM_ref/1e-3);
PIM_fow = 10 * log10(PIM_fow/1e-3);
```

3. 材料参数

basic_const.m 文件：

```
q = 1.602e-19; %C
epsilon0 = 8.854e-12; %F/m
u0 = 4 * pi * 1e-7; %H/m
```

Al_2O_3.m 文件：

```
%%materialpropeties
thm_cond_D = 35; %W/(mK), thermal conductivity coefficient
thm_cap_D = 0.74; %J/(gK), thermal capacity
mat_dens_D = 4.05e6; %g/m^3, material density
elec_tand_D = 0.00007;
die_const_D = 11.6; %relative dielectric constant
d_w = 2.4525/2;
```

Aluminum.m 文件：

```
%%materialpropeties
thm_cond_M = 205; %W/(mK), thermal conductivity coefficient
thm_cap_M = 0.897; %J/(gK), thermal capacity
mat_dens_M = 2.7e6; %g/m^3, material density
mat_res_M = 26.5e-9; %ohm/m material resistivity
mat_res_temp_M = 4.29e-3; % /K material resistivity temperature coefficient
```

FR_4_lossy.m 文件：

```
%%materialpropeties
thm_cond_D = 0.3; %W/(mK), thermal conductivity coefficient
thm_cap_D = 0.6; %J/(gK), thermal capacity
mat_dens_D = 1.85e6; %g/m^3, material density
elec_tand_D = 0.01;
```

```
die_const_D=4.4; % relative dielectric constant
d_w=1.038/2;
```

Gold.m 文件：

```
%%materialpropeties
thm_cond_M=314; %W/(mK), thermal conductivity coefficient
thm_cap_M=0.129; %J/(gK), thermal capacity
mat_dens_M=19.32e6; %g/m^3, material density
mat_res_M=22.1e-9;  %ohm/m, material resistivity
mat_res_temp_M=4.04e-3; % /K, material resistivity temperature coefficient
```

Polyimide.m 文件：

```
%%materialpropeties
thm_cond_D=300; %W/(mK), thermal conductivity coefficient
thm_cap_D=1.09; %J/(gK), thermal capacity
mat_dens_D=1.42e6; %g/m^3, material density
elec_tand_D=0.005;
die_const_D=3.2; %relative dielectric constant
d_w=0.8246/2;
```

Silver.m 文件：

```
%%materialpropeties
thm_cond_M=406; %W/(mK), thermal conductivity coefficient
thm_cap_M=0.24; %J/(gK), thermal capacity
mat_dens_M=10.49e6; %g/m^3, material density
mat_res_M=16e-9;  %ohm/m, material resistivity
mat_res_temp_M=3.8e-3;  % /K,     material resistivity temperature coefficient
```

SiO_2.m 文件：

```
%%materialpropeties
thm_cond_D=1.44; %W/(mK), thermal conductivity coefficient
thm_cap_D=0.67; %J/(gK), thermal capacity
mat_dens_D=2.2e6; %g/m^3, material density
elec_tand_D=0.0008;
die_const_D=3.8;
d_w=0.9315/2;
```

附录 2.2　阶跃阻抗滤波器 PIM 仿真计算

1. Spam _ PIM _ calculation. m 源程序

```
%%
clear;
close all
clc;
basic_const;
globalthm_cond_M thm_cap_M mat_dens_M mat_res_M mat_res_temp_M
globalthm_cond_D thm_cap_D mat_dens_D elec_tand_D die_const_D d_w
%%
Copper;
%Dielectric_M;
FR_4_lossy;
%%
Pin=20;
iratio=1;
frequencyf=linspace(0.01, 10, 500)*1e9;
wd=2*pi*10e6;
%%
Zh=120;
Zl=20;
Z0=50;
widthh=0.0508e-3;
widthl=1.39e-3;
fc=2.5e9;
thick=0.2e-3;
zuipingtan_yuanxing;
gi=g6;
filter_dimension;
flip_filter=0;
ifflip_filter==1
Z0i=fliplr(Z0i);
width_i=fliplr(width_i);
length_line_i=fliplr(length_line_i);
end
%%%%%%%%%%%%%%%%%%
Z0i=[50, Z0i, 50];
width=[0.3854e-3, width_i, 0.3854e-3];
```

```
length_line = [15e-3, length_line_i, 15e-3];
%%
w = 2 * pi * frequencyf;
NK = length(frequencyf);
S11lgf = zeros(1, NK);
S12lgf = zeros(1, NK);
S21lgf = zeros(1, NK);
S22lgf = zeros(1, NK);
PIM_Ff = zeros(1, NK);
PIM_Rf = zeros(1, NK);
for n = 1: NK
      frequency = frequencyf(n);
      wik = 2 * pi * frequency;
    filter1_pim;
    S11lgf(n) = S11lg;
S12lgf(n) = S12lg;
S21lgf(n) = S21lg;
S22lgf(n) = S22lg;
PIM_Ff(n) = PIM_F;
PIM_Rf(n) = PIM_R;
end
h = plotyy(frequencyf/1e9, [S11lgf; S21lgf], frequencyf/1e9, [PIM_Ff; PIM_Rf]);
xlabel('frequency (GHz)');
ylabel(h(1),'S parameter (dB)');
legend(h(1),'S11','S21');
axis(h(1), [min(frequencyf)/1e9, max(frequencyf)/1e9, -70, 0]);
grid on
ylabel(h(2),'PIM (dBm)');
legend(h(2),'forward PIM','reverse PIM');
axis(h(2), [min(frequencyf)/1e9, max(frequencyf)/1e9, -150, -70]);
grid on
```

2. filter1_pim.m 源程序

```
format long
filter1;
A_parameter_pim = zeros(2, 2, NN);
S_pim = zeros(2, 1, NN);
forik = 1: NN
```

```
    [A, B, C, D, Sv, Si] = A_pam_PIM(wik, thick, width(ik), length_line(ik),
Z0i(ik), ...
        [i_p(ik), i_n(ik)], iratio, wd);
    A_parameter_pim(1, 1, ik) = A;
    A_parameter_pim(1, 2, ik) = B;
    A_parameter_pim(2, 1, ik) = C;
    A_parameter_pim(2, 2, ik) = D;
    S_pim(1, 1, ik) = Sv;
    S_pim(2, 1, ik) = Si;
    end
    piA = A_parameter_pim(:,:, 1);
    forik = 2: NN
        piA = piA * A_parameter_pim(:,:, ik);
    end

    Y = A_parameter_pim(:,:, 1) * S_pim(:,:, 2) + S_pim(:,:, 1);
    forik = 3: NN
        X = A_parameter_pim(:,:, 1);
        fornk = 2: ik - 1
    X = X * A_parameter_pim(:,:, nk);
        end
        Y = X * S_pim(:,:, ik) + Y;
    end

    c11 = 1;
    c21 = -1/Z0;
    XXX = -piA * [1; 1/Z0];
    c12 = XXX(1, 1);
    c22 = XXX(2, 1);
    s1 = Y(1, 1);
    s2 = Y(2, 1);

    CC = [c11, c12; c21, c22];
    SS = [s1; s2];

    MM = CC \ SS;
    vr = MM(1, 1);
    vf = MM(2, 1);
    PIM_F = 1/2 * (abs(vf)).^2/Z0;
```

```
PIM_R = 1/2 * (abs(vr)).^2/Z0;
PIM_F = 10 * log10(PIM_F/1e-3);
PIM_R = 10 * log10(PIM_R/1e-3);
```

3. filter1.m 源程序

```
NN = length(Z0i);
A_parameter = zeros(2, 2, NN);

forik = 1: NN
    [A_parameter(1, 1, ik), A_parameter(1, 2, ik), A_parameter(2, 1, ik), A_parameter(2, 2, ik)] = A_pam(wik, mat_res_M, die_const_D, elec_tand_D, thick, width(ik), length_line(ik), Z0i(ik));
end

    A_pam_tot = A_parameter(:,:, 1);
forik = 2: NN
    A_pam_tot =
A_pam_tot * A_parameter(:,:, ik);
end

[S11, S12, S21, S22] = A2S(A_pam_tot(1, 1), A_pam_tot(1, 2), A_pam_tot(2, 1), A_pam_tot(2, 2), Z0);
X7 = abs(A_pam_tot(1, 1) + A_pam_tot(1, 2)/Z0 + A_pam_tot(2, 1) * Z0 + A_pam_tot(2, 2));
vout = sqrt(8 * Z0 * Pin)/X7;
iout = vout/Z0;
v_i = zeros(2, 1, NN + 1);
v_i(:,:, NN + 1) = [vout; iout];
fornn = NN: -1: 1

A = [A_parameter(1, 1, nn), A_parameter(1, 2, nn); A_parameter(2, 1, nn), A_parameter(2, 2, nn)];
    v_i(:,:, nn) = A * v_i(:,:, nn + 1);
end

%%%%%%%%%%%%%%%%%%%
i_p = zeros(1, NN);
i_n = zeros(1, NN);
forik = 1: NN
```

```
i_p(ik) = (v_i(1, 1, ik) + Z0i(ik). * v_i(2, 1, ik))./(2 * Z0i(ik));
i_n(ik) = (v_i(1, 1, ik)- Z0i(ik). * v_i(2, 1, ik))./(2 * Z0i(ik));
end
J_p = i_p./width;
J_n = i_n./width;

S11lg = 20 * log10(abs(S11));
S12lg = 20 * log10(abs(S12));
S21lg = 20 * log10(abs(S21));
S22lg = 20 * log10(abs(S22));
```

4. filter_dimension.m 源程序

```
wc = 2 * pi * fc;
k0 = wc * sqrt(u0 * epsilon0);
epsilon_effh = (die_const_D + 1)/2 + (die_const_D - 1)/2 * 1/sqrt(1 + 12 *
thick/widthh);
epsilon_effl = (die_const_D + 1)/2 + (die_const_D - 1)/2 * 1/sqrt(1 + 12 *
thick/widthl);

betah = k0 * sqrt(epsilon_effh);
betal = k0 * sqrt(epsilon_effl);

Ngi = length(gi);
length_line_i = zeros(1, Ngi - 1);
width_i = zeros(1, Ngi - 1);
Z0i = zeros(1, Ngi - 1);
forik = 1: Ngi - 1
if mod(ik, 2) = = 1
length_line_i(ik) = gi(ik) * Zl/Z0/betal;
width_i(ik) = widthl;
Z0i(ik) = Zl;
else
length_line_i(ik) = gi(ik) * Z0/Zh/betah;
width_i(ik) = widthh;
Z0i(ik) = Zh;
end
end
```

5. zuipingtan _ yuanxing. m 源程序

```
g1 = [2, 1];
g2 = [1.4142, 1.4142, 1];
g3 = [1, 2, 1, 1];
g4 = [0.7654, 1.8478, 1.8478, 0.7654, 1];
g5 = [0.618, 1.618, 2, 1.618, 0.618, 1];
g6 = [0.5176, 1.4142, 1.9318, 1.9318, 1.4142, 0.5176, 1];
g7 = [0.445, 1.247, 1.8019, 2, 1.8019, 1.247, 0.445, 1];
g8 = [0.3902, 1.1111, 1.6629, 1.9615, 1.9615, 1.6629, 1.1111, 0.3902, 1];
g9 = [0.3473, 1, 1.5321, 1.8794, 2, 1.8794, 1.5321, 1, 0.3473, 1];
g10 = [0.3129, 0.908, 1.4142, 1.782, 1.9754, 1.9754, 1.782, 1.4142, 0.908,
0.3129, 1];
```

6. A _ pam _ PIM. m 源程序

```
function[A, B, C, D, Sv, Si] = A _ pam _ PIM(w, thick, width, length _ line,
Z0, ...
    Jpn, iratio, wd)
globalthm _ cond _ M thm _ cap _ M mat _ dens _ M mat _ res _ M mat _ res _ temp _ M
globalthm _ cond _ D thm _ cap _ D mat _ dens _ D elec _ tand _ D die _ const _ D d _ w

J2p = Jpn(1) * iratio;
J2n = Jpn(2) * iratio;
Xi = [abs(3/4 * Jpn(1)^2 * J2p), abs(3/4 * J2p * Jpn(2)^2), abs(- 3/4 * Jpn(1)^2 *
J2n), abs(- 3/4 * Jpn(2)^2 * J2n), ...

abs(- 3/2 * Jpn(1) * J2p * Jpn(2)), abs(3/2 * Jpn(1) * Jpn(2) * J2n)];
% Xi = Xi. * [0, 0, 0, 0, 0, 1];
basic _ const;
k0 = w * sqrt(u0 * epsilon0);
epsilon _ eff = (die _ const _ D + 1)/2 + (die _ const _ D - 1)/2 * 1/sqrt(1 + 12 *
thick/width);
beta = k0 * sqrt(epsilon _ eff);
skin _ dep = sqrt(2 * mat _ res _ M/(u0 * w));
Rs = mat _ res _ M/skin _ dep;
alpha _ c = Rs/(Z0 * width);
alpha _ d = k0 * die _ const _ D * (epsilon _ eff - 1) * elec _ tand _ D/(2 * sqrt
(epsilon _ eff) * (die _ const _ D - 1));
alpha = alpha _ c + alpha _ d;
```

```
etai = [3, -1, 1, -3, 1, -1];
kpimi = [beta, -3 * beta, 3 * beta, -beta, -beta, beta];
phi11 = angle(Jpn(1));
phi21 = phi11;
phi12 = angle(Jpn(2));
phi22 = phi12;
phiii = [2 * phi11 - phi21, 2 * phi12 - phi21, 2 * phi11 - phi22, 2 * phi12 - phi22, phi11 + phi12 - phi21, phi11 + phi12 - phi22];
gamma = alpha + 1i * beta;
A = 1/2 * (exp(gamma * length_line) + exp(-gamma * length_line));
B = 1/2 * (exp(gamma * length_line)- exp(-gamma * length_line)) * Z0;
C = B/Z0^2;
D = A;
kTM = sqrt(mat_dens_M * thm_cap_M * wd/(2 * thm_cond_M));

THETA = sqrt(2)/(1 + sqrt((thm_cap_D * mat_dens_D * thm_cond_D)/(thm_cap_M * mat_dens_M * thm_cond_M))) * ...

(1/(1 + 1i * (1 + skin_dep * kTM)) + alpha_d/alpha_c * (1/2 * ((thm_cap_D * mat_dens_D)/(thm_cap_M * mat_dens_M) + 1) * (1 - 1i)- ...
1i/(thick * kTM) * sqrt((thm_cap_D * mat_dens_D * thm_cond_D)/(thm_cap_M * mat_dens_M * thm_cond_M))));
r3 = 4/3 * mat_res_temp_M * Rs^2/width^3 * sqrt(1/(thm_cap_M * mat_dens_M * thm_cond_M * wd)) * THETA;
yi = r3 * Xi. * (etai * alpha + 1i * kpimi). /((etai * alpha + 1i * kpimi). ^2 - gamma^2);
ci = r3 * Xi * gamma. /((etai * alpha + 1i * kpimi). ^2 - gamma^2);

Sv = sum(-1/2 * (((yi + ci) * exp(gamma * length_line) + (yi - ci) * exp(-gamma * length_line)). * ...
exp(-etai * alpha * length_line). * exp(1i * (-kpimi * length_line + phiii))) + yi. * exp(1i * phiii));
Si = sum(-1/2 * 1/Z0 * (((yi + ci) * exp(gamma * length_line)-(yi - ci) * exp(-gamma * length_line)). * ...
exp(-etai * alpha * length_line). * exp(1i * (-kpimi * length_line + phiii))) + 1/Z0 * ci. * exp(1i * phiii));
```

7. A2S. m 源程序

```
function[S11, S12, S21, S22] = A2S(A, B, C, D, Z0)
X = A + B/Z0 + C * Z0 + D;
S11 = (A + B/Z0 - C * Z0 - D)/X;
S12 = (2 * (A * D - B * C))/X;
S21 = 2/XX;
S22 = (- A + B/Z0 - C * Z0 + D)/X;
```